高等职业教育土建类"教、学、做"理实一体化特色教材

工程项目招投标与合同管理

主 编 樊宗义 倪宝艳 徐向东

中国水利水电出版社

www.waterpub.com.cn

·北京·

内 容 提 要

本书是安徽省地方技能型高水平大学建设项目重点专业——工程造价专业的理实一体化教材之一,依据与工程项目建设有关的现行法律、法规,并结合工程实践编写而成。全书共分7章,主要内容包括工程项目招标投标基本知识,工程项目施工招标,工程项目施工投标,工程项目施工开标、评标与定标,工程合同法律概述,建设工程合同管理,工程项目施工索赔。每章都有学习目标、案例及配套习题。

本书可作为高等职业院校、高等专科学校土木工程类相关专业的教材和指导书,也可供土木工程类人员参考。

图书在版编目(CIP)数据

工程项目招投标与合同管理 / 樊宗义,倪宝艳,徐向东主编. -- 北京:中国水利水电出版社,2017.1
高等职业教育土建类"教、学、做"理实一体化特色教材
ISBN 978-7-5170-5137-4

Ⅰ. ①工… Ⅱ. ①樊… ②倪… ③徐… Ⅲ. ①建筑工程-招标-高等职业教育-教材②建筑工程-投标-高等职业教育-教材③建筑工程-合同-管理-高等职业教育-教材 Ⅳ. ①TU723

中国版本图书馆CIP数据核字(2017)第007305号

书 名	高等职业教育土建类"教、学、做"理实一体化特色教材 **工程项目招投标与合同管理** GONGCHENG XIANGMU ZHAOTOUBIAO YU HETONG GUANLI	
作 者	主编 樊宗义 倪宝艳 徐向东	
出版发行	中国水利水电出版社 (北京市海淀区玉渊潭南路1号D座 100038) 网址:www.waterpub.com.cn E-mail:sales@waterpub.com.cn 电话:(010)68367658(营销中心)	
经 售	北京科水图书销售中心(零售) 电话:(010)88383994、63202643、68545874 全国各地新华书店和相关出版物销售网点	
排 版	中国水利水电出版社微机排版中心	
印 刷	三河市鑫金马印装有限公司	
规 格	184mm×260mm 16开本 15.25印张 381千字	
版 次	2017年1月第1版 2017年1月第1次印刷	
印 数	0001—2500册	
定 价	**42.00元**	

凡购买我社图书,如有缺页、倒页、脱页的,本社营销中心负责调换

前 言

本书是安徽省地方技能型高水平大学建设项目重点专业——工程造价专业建设与课程改革的重要成果，是"教、学、做"理实一体化特色教材。本书依据与工程项目建设有关的现行法律、法规，并结合工程实践编写而成。工程招投标与合同管理是将整个建筑市场主体联系在一起的主要途径，是工程建设中十分重要的工作。本书的主要目的是培养学生参与工程招投标的竞争能力以及培养学生掌握招投标实务、工程合同管理的内容、基本理论和方法。通过对本书的学习，学生能够完成某特定工程的招投标文件的编制、合同书的签订，具备初步工程谈判、案例分析和工程索赔的能力。

本书根据高等职业技术教育培养目标和教学要求，针对高职高专院校工程造价、工程管理等相关专业进行编写。本书编写时以培养面向生产一线的应用型人才为目的，注重理论与实践相结合，内容丰富，案例翔实，体系完备，并附有习题供读者练习。本书系统、全面地介绍了工程项目招投标与合同管理的理论、方法、实用知识和经验，体现了职业岗位核心技能要求和工学结合、校企合作的特点。

本书内容可按 48～64 学时安排。推荐学时安排：第 1 章 4～6 学时，第 2 章 8～10 学时，第 3 章 10～12 学时，第 4 章 8～10 学时，第 5 章 6～10 学时，第 6 章 6～8 学时，第 7 章 6～8 学时。教师可根据不同的授课专业灵活安排学时。

本书由樊宗义、倪宝艳、徐向东担任主编，艾思平、蒋红、吴勇担任副主编。第 1、第 2 章由安徽水利水电职业技术学院倪宝艳编写，第 3 章由安徽水利水电职业技术学院黄远明编写，第 4 章由安徽水利水电职业技术学院刘天宝、张志编写，第 5 章由安徽省鼎源工程股份有限公司徐向东、吴勇编写，第 6 章由安徽水利水电职业技术学院艾思平、蒋红编写，第 7 章由安徽水利水电职业技术学院樊宗义编写。全书由樊宗义负责统稿，张思梅主审。

本书在编写过程中参考了大量文献，在此向这些文献的作者致以诚挚的谢意。由于编写时间仓促，编者的经验和水平有限，书中难免有不妥和疏漏之处，恳请读者和专家批评指正。

编者

2017 年 1 月

前言

第 1 章　工程项目招标投标基本知识 ·································· 1

　1.1　招标投标的起源与发展 ······························· 1

　1.2　建设市场的基本知识 ································· 11

　1.3　建设项目基本知识 ·································· 18

　1.4　工程项目招标投标相关法规 ···························· 23

　习题 ··· 26

第 2 章　工程项目施工招标 ································· 28

　2.1　工程项目施工招标概述 ······························· 28

　2.2　工程项目招标程序 ·································· 39

　2.3　工程项目施工招标文件的编制 ··························· 51

　2.4　工程项目招标控制价的编制 ···························· 76

　2.5　工程项目施工招标案例 ······························· 83

　习题 ··· 96

第 3 章　工程项目施工投标 ································· 98

　3.1　工程项目施工投标的概念 ······························ 98

　3.2　工程项目施工投标的程序 ······························ 99

　3.3　工程项目投标决策 ································· 105

　3.4　工程项目施工投标文件的编制 ·························· 110

　3.5　工程项目施工投标报价 ······························ 115

　习题 ·· 121

第 4 章　工程项目施工的开标、评标与定标 ····················· 124

　4.1　工程项目施工开标 ································· 125

　4.2　工程项目施工评标 ································· 126

　4.3　工程项目施工定标及签订合同 ·························· 137

　习题 ·· 141

第 5 章　工程合同法律概述 ································ 148

　5.1　合同法概述 ···································· 148

　5.2　合同的订立 ···································· 150

5.3 合同的效力 ………………………………………………………… 154

5.4 合同的履行、变更、转让及终止 …………………………………… 157

5.5 违约责任与合同争议的解决 ………………………………………… 161

5.6 合同担保 …………………………………………………………… 163

习题…………………………………………………………………………… 166

第 6 章 建设工程合同的管理 …………………………………………… 170

6.1 建设工程合同概述 ………………………………………………… 170

6.2 建设工程施工合同 ………………………………………………… 173

6.3 建设工程施工合同的管理 ………………………………………… 176

习题…………………………………………………………………………… 196

第 7 章 工程项目施工索赔 ……………………………………………… 202

7.1 工程项目施工索赔概述 …………………………………………… 202

7.2 工程项目施工索赔的起因及分类 ………………………………… 203

7.3 工程项目施工索赔的程序 ………………………………………… 205

7.4 工程项目施工索赔的计算 ………………………………………… 207

习题…………………………………………………………………………… 213

附录一 中华人民共和国招标投标法 ………………………………… 217

附录二 中华人民共和国招标投标法实施条例 ……………………… 225

第1章　工程项目招标投标基本知识

【学习目标】

（1）了解工程项目招标投标的发展历史。

（2）建筑市场的含义和特点。

（3）掌握我国工程项目招标投标的相关法规和最新规定。

1.1　招标投标的起源与发展

招标投标制度自起源以来，至今已有220多年的历史了。经过世界各国及国际组织的理论探索和实践总结，现在招标投标制度已非常成熟，形成了一整套行之有效并被国际组织通用的操作规程，在国际工程交易和货物、服务采购中被广泛使用。招标投标制度最被人称道之处就是"公开、公平、公正"的三公原则以及择优原则。正因如此，招标投标被看作市场经济中高级的、规范的、有组织的交易方式，而招标投标制度也被世界各国推崇为符合市场经济原则的规范和有效的竞争机制，成为实现社会资源优化配置的有力推手。

1.1.1　招标投标的含义与起源

招标投标是国际上普遍应用的、有组织的一种市场交易行为，是贸易中工程、货物或服务的一种买卖方式。

招标是指在一定范围内公开货物、工程或服务采购的条件和要求，邀请众多投标人参加投标，并按照规定程序从中选择交易对象的一种市场交易行为。

招标投标是商品经济的产物，出现于资本主义发展的早期阶段。招标投标起源于1782年的英国。当时的英国政府首先从政府采购入手，在世界上第一个进行货物和服务类别的招标采购。由于招标投标制度具有其他交易方式所不具备的公开性、公平性、公正性、组织性和一次性等特点，以及符合社会通行的、规范的操作程序，招标投标从诞生之日起就具备了旺盛的生命力，并被世界各国沿用至今。

1.1.2　招标投标的特征、意义与作用

1.1.2.1　招标投标的主要特征

概括地说，招标投标的主要特征是"两明、三公和一锤子买卖"。"两明"，即用户或业主明确，招标的要求明确；"三公"，即指招标的全过程做到公开、公平、公正；"一锤子买卖"，即招标过程是一次性的。

（1）用户或业主明确。必须是某一特定的用户（也可几家用户联合）或者业主，提出需要购买重要的物品或者建设某项工程，也就是说招标人必须明确。

（2）招标的要求明确。招标时，必须以文字方式（招标文件），明确提出招标方的具体要求，如对投标人的资格要求、招标内容的技术要求、交货或者完成工程的时间和地点、付款方式等细节都必须明确提出。

（3）招标必须公开竞争。就是说招标过程必须有高度的透明度，依据相关法律、法规，必须将招标信息、招标程序、开标过程、中标结果都公开，使每一个投标人都获得同等的信息。

（4）评标必须公平、公正。"公平"，即要求给所有投标人同等的机会，不得设置限制来排除某些潜在的投标人；"公正"，即要按照事先确定的评标原则和方法进行，不得随意指定中标人。

（5）"一锤子买卖"。在招标投标过程中，投标报价与成交签订合同的过程不允许反复地讨价还价，这是"一锤子买卖"的第一层意思；第二，同一个项目的招标，每个投标人只允许递交一份投标文件，不允许提交多份投标文件，即所谓的"一标一投"；第三，就是通过评标委员会确定中标人后，招标人和中标人应及时签订合同，不允许反悔或者放弃。

1.1.2.2　招标投标的意义

招标投标对保证市场经济健康运行具有重要意义。市场经济是法治的经济，其基本要求是市场公正、机会均等、自由开放、公平竞争。只有资本要素在社会上自由、畅通地运行，资源才能在全社会范围内实现优化配置。招标投标的"三公"原则，契合了市场经济的发展要求，也保证了市场经济的顺利发展。同时，对建筑工程的招标投标来说，工程项目招标投标是培育和发展建筑市场的重要环节，能够促进我国建筑业与国际接轨。招标投标不仅对提高资金的使用效益和质量、适应经济结构战略性调整的要求、发挥市场配置资源的基础性作用具有重要意义，对致力于营造公开、公平、公正竞争的市场秩序，提高工程质量也具有重要意义。

1.1.2.3　招标投标的作用

1. 促进有效竞争和市场公平

招标投标制度实行"三公"原则，特别是招标过程的程序公开，每个环节都进行信息公示。因此，招标投标能促进市场各方的有效竞争，促进市场的公平交易。市场经济中最有效的机制是通过市场配置资源的机制，而市场机制中最为关键的、起主导作用的就是自由竞争机制。市场经济中的竞争机制能顺利地发挥作用，很大程度上取决于竞争方式的优劣和竞争是否充分、是否有效，而竞争机制发挥的程度，最终会对资源配置的优化产生作用。

招标投标方式下的交易是一种有效竞争，并且是一种"有用的""健康的""规范的"竞争。由于招标投标实行"三公"原则，因此各行为主体很难开展"寻租"活动。招标投标机制属于公平、有效的竞争机制，因此能激发人们的积极性、创造性以及牺牲精神和冒险精神，从而使交易中的竞争有效。有效，就是真正做到存优汰劣。之所以如此，根本的原因是招标投标保障了竞争机制的充分发挥。在这种竞争动力的作用之下，投标人不能心存侥幸，寄希望于"寻租"行为，而是要凭实力参与竞争。招标方式下的竞争结果，必然对所有参与竞争的投标人（卖方）起到积极的促进作用。赢者要考虑如何保持竞争优势，输者则有必要进行反思，从自身寻找差距。各家企业可能各有其招，但总的来说，只能靠不断地改善经营管理方式，加强经济核算，不断地进行技术革新，积极开发新产品，努力提高员工素质，提高劳动生产率，降低成本，节约开支，以最小的投入取得最大的产出。事实上，这就是一个资源优化配置的过程。企业只有在公平、规范的市场中注重"练内功"，才会有直接的回报。只有当竞争真正导致优胜劣汰，作为市场主体的企业才会积极投身于生产性的、能够促进社会福利的活动，整个社会的资源才能得到优化配置。

招标投标的"三公"原则，能强化各种监督制约机制，深化体制改革。当前，一些地方的招标工程就引入了纪检、监察、政协、公证等社会力量，这是在推广招标投标制度过程中的创新。招标投标过程中所贯彻实施的《中华人民共和国政府信息公开条例》，使招标投标过程中的信息资源公开，有利于促进社会公平，从而实现社会经济的良性发展。

2. 规范市场竞争，促进规范交易

招标投标机制有助于解决建设交易市场无序竞争、过度竞争或缺乏竞争的问题，促进建立统一、开放、竞争、有序的建设市场体系、招标投标制度规范了竞争行为，对鼓励人们勤劳致富、摈弃投机取巧、力戒浮躁，以及净化社会环境，促进精神文明建设，都将起到积极的作用。

市场经济本质上是一种自由竞争性经济。作为市场主体的企业，在参与市场竞争的过程中，往往动用一切可能的手段来获取更多的利润或更高的市场占有率。这些手段中，有价格方面的（如搞价格协定、指导价格、默契价格等），也有非价格方面的（如广告宣传、促销活动），甚至还包括一些非法行为。在市场发育并不完全、法律体系尚不完善、信息传递相对落后的初级市场经济发展阶段，市场竞争行为经常处于无序的状态。招标投标制度恰好能破解这些非正常竞争行为，促进规范交易的进行。招标投标制度每一个步骤都公开。规则透明，交易结果公示，评审过程实行专家打分制度，业主、代理机构、评标专家、监督方各自独立。招标投标的特点是交易标的物和交易条件的公开性和事先约定性。因此，招标投标能有效地规范市场交易行为，对净化行业风气，促进企业诚实经营、信守诚信具有重要的意义。

3. 降低交易费用和社会成本

市场经济体系成熟完善的标志，不仅包括市场主体的行为规范，而且包括交易双方可以通过最便捷的方式平等地获取交易市场的信息。任何交易行为都存在买卖双方。所谓的交易费用，就是交易双方为完成交易行为所需付出的经济代价。新古典经济学理论往往假设经济活动中不存在"阻力"，亦即将交易费用假设为零。而事实上交易费用（交易双方的搜索费用、谈判费用、运输费用等）不但存在，不可忽略，而且往往起着决定性作用。由于采购信息的公开，竞争的充分程度大为提高。我们知道，交易费用是和竞争的充分程度相关的。竞争的越充分，交易费用越低。这是因为，充分竞争使得买卖双方都节约了大量的有关价格形成、避免欺诈、讨价还价以及保证信用等方面的费用。

招标投标是市场经济条件下一种有组织的、规范的交易行为。其第一个特点就是公开，而公开的第一个内容就是交易机会的所在。按照招标投标的惯例，采购人如果以招标的方式选择交易对方，就必须首先以公告的方式公开采购内容，同时辅以招标文件，详细说明交易的标的物以及交易条件。在买方市场的条件下公开交易机会，可以极大地缩短对交易对方的搜索过程，从而节约搜索成本；同时也使得市场主体可通过平等和最便捷的方式获取市场信息。目前，为规范建筑工程交易行为，招标投标信息往往都在网上公布，各地方政府、工程交易中心、招标代理机构、政府采购网站也都发布招标信息，公布招标结果。信息公开已成为常态。由于信息发布快捷、经济、方便，搜索招标信息变得非常容易。

公开招标的全面实施还在节约国有资金、保障国有资金有效使用方面起到了积极的作用。招标投标还能降低其他无谓的"攻关费用"和市场开拓费用，从而降低社会的总运行成本。例如，据广东省佛山市统计，2008年佛山市、区建设工程交易中心办理各类招标项目

1290 项，工程预算总额 120.41 亿元，中标交易额 113.19 元，节省投资 7.22 亿元。

　　4. 完善价格机制，真实反映市场传导

　　经济学常识告诉我们，市场机制通过供求的相互作用，把与交易有关的必要信息集中反映到价格之中。由于市场价格包含全部必要的信息，因此市场主体根据价格变动而做的调节，不仅对自身有益，而且对整个社会有利。但是，我们还知道，市场机制作为一个理想的模型，其前提是完全竞争。市场的均衡价格是供求双方抗衡的结果。为使这种抗衡有意义，买卖双方必须"势均力敌"。假若一方对另一方占有压倒性优势，抗衡便名存实亡了，所产生的价格不能正确反映社会供求状况，因而也就不可能最优地配置有限的社会资源。

　　交易双方信息的不完整和不对称常常导致不公平交易，而不公平交易势必造成资源浪费或资源配置失误。当卖方有较完全的信息，而买方有不完全的信息时，竞争就不对称，市场价格便不能将有关信息全部反映出来。例如，如果买方对商品质量无法进行检验区别，那么质量下降这一变动就不能通过竞争反映到价格中去，即价格并不因质量下降而下跌。这种一方掌握着另一方所没有的信息的情况，称为信息不对称。在信息不对称的条件下，价格机制就不能有效率地配置资源，因为价格已经不能作为一个有效的信号工具，市场机制也因此而失效。

　　当某一机制在特定的信息条件下无法胜任协调经济活动的使命时，其他更有效的机制便应运而生，并取而代之。在信息不对称的条件下，市场机制有着严重缺陷，于是其他非价格机制便应运而生，其中之一便是招标投标机制。

　　招标投标机制是市场经济的产物，同时也是信息时代的产物。在市场经济的条件下，社会资源的优化配置与组合大多是在市场交易过程中实现的。潜在交易双方的搜索，只是交易行为最初始的信息交流，交易结果是否符合社会资源优化配置的原则，还取决于交易双方是否是在信息相对对称的条件下成交的。

　　招标投标机制可以促使交易双方沟通信息并有效缩短沟通的过程。招标投标过程实际上是一个有效解决双方信息不对称矛盾的过程。机电产品采购实行招标的实践充分说明了这一点。自从招标这一采购方式被采用至今，国际上已形成了一套相对固定的操作模式。招标前的技术交流，使买方有机会比较全面并且低成本地收集世界先进的技术信息并加以利用。

　　招标投标方式有助于解决交易双方信息不对称矛盾的另一个原因是：相对于单独商务谈判来说，投标人在投标过程中所承受的竞争压力要大得多，对整个竞争的态势更是有切肤之感，在这种重压之下，投标人为了在竞争中保持优势，以期最后赢得合同，就不得不主动提供有关自己产品的各种信息。因此，在信息对称的条件下，买方才能做出正确的选择，交易才能公平，资源才能得到优化配置。

　　5. 优选中标方案，提高社会效益

　　传统交易方式最明显的不足是采购信息未能以最广泛的范围进行传播，买方只能与有限的几家卖方进行谈判，完成所谓的"货比三家"这一过程后就拍板成交。相比之下，采用招标方式进行采购，业主或受委托的专职招标代理机构必须按惯例公开采购信息及标的物，一项招标活动可能有数十家投标人从事竞争，业主单位或用户单位能够从数十家单位中选择报价低的、方案优的、售后服务好的单位，从而形成最广泛、最充分、最彻底的竞争。尽管招标投标制度不能保证每次都能选择方案最好、报价最低的方案，但并不能因此而否定招标投标制度就不是好的制度。运用招标投标交易方式进行采购，其结果不仅使特定的采购决策能够符合资源优化配置的原则，而且使采购到的标的物物美价廉。事实上每一次招标投标的结果都传递了比较真实的价格信息，竞争越是充分、完全，价格信息就越趋真实、准确，最终促进社会资源的优化配置。

招标投标在不同领域的应用，其作用或目的也是不完全相同的。有关招标的研究资料表明，最初的招标是在买方市场的条件下，具体买家所采取的一种交易方式，其基本目的只是降低购买成本，用现在的话来说就是追求的只是经济效益。社会效益也许是客观存在的，但当时的人们并没有去发现它，因此也未去计较或追求它。

招标投标产生于商品经济体制下，并在市场经济体制下日趋完善。通过考查招标投标的起源不难发现，最早采用招标方式进行采购的目的是降低成本，其具体的手段是营造规范公平的竞争局面。这时候招标的目的和手段都是比较单一的，人们对招标投标的认识也同样比较简单。即使到了今天，许多人谈及招标投标，也只是了解或认为其只可以降低价格。虽然这样的看法并不全面，但却也道出了招标投标最为基本的目的和作用。在招标投标日趋完善的过程中，人们发现，运用招标投标所带来的结果不仅是降低一次特定采购的成本，而且产生了对买方甚至整个社会都有益的综合效益——资源得到优化配置。这一发现使得人们更为积极、主动地运用招标投标机制。所谓的主动，就是将社会所需要的综合效益，如规范市场竞争行为、优化社会资源配置等，作为招标投标的目标去追求。

市场机制作为一个理想的模型，其前提是完全竞争。完全竞争市场的条件之一是完全信息，即买卖双方都完全明了所交换的商品的各自特性。但是，在现实生活中，完全竞争市场所假设的前提条件是不会充分存在的，它只是一种理论抽象。任何经济机制都是在不完全信息条件下运转的，市场机制也不例外。

上述常识告诉我们两个简单的道理：一是自由竞争具有定价功能；二是导致价格准确反映社会供求状况的竞争有助于社会资源的优化配置。

在招标方式下的采购，尤其是在专职招标代理机构介入的情况下，竞争相对更加安全。专职招标机构的信息发布渠道，以及由于自身工作需要所积累的信息和驾轻就熟的信息搜集网络，远比单一买方对交易对方"临时抱佛脚"式的搜寻要来得充分、彻底，由此就有可能营造出充分竞争的氛围。因为，卖方的增多，对竞争起到了一种"自乘"作用，使竞争加剧；再者，招标机构的介入使单一的买方成为整个买方群体中的一员，也使卖方对潜在的需求有了更为清晰的了解，尤其是对潜在的利润有了更多的企盼，这一企盼同样对竞争也起到催化剂的作用。相对买方自行比价谈判采购而言，此时的竞争要激烈得多，造成的价格下降幅度也要大得多。招标代理机构的介入还使买方不再形单影只，使其和卖方在力量对比上发生了根本性变化，在整个招标过程中始终处于主动地位。在这种竞争态势下，作为竞争结果的价格就比较准确地反映了供求状况，从而为社会资源流动提供了正确的导向信息。

总之，招标投标制度在维护市场秩序，促进公平竞争，保障工程质量，提高投资效益，遏制腐败和不正之风等方面发挥了积极的作用。

1.1.3　我国招标投标发展的概述

1.1.3.1　我国招标投标制度的演变

我国招标投标制度的发展大致经历了探索与建立、发展与规范和完善与推广三个阶段。

1. 招标投标制度的探索与建立阶段

由于种种历史原因，招标投标制度在我国起步较晚。从新中国成立初期到 1978 年的第十一届三中全会，由于我国一直实行的是高度集中的计划经济体制，在这一体制下，政府部门、国有企业及其有关公共部门的基础建设和采购任务都由主管部门用指令性计划下达，企业的一切经营活动也大部分由主管部门安排，因此招标投标制度也曾一度被中止。

十一届三中全会以后，我国开始实行改革开放政策，计划经济体制有所松动，相应的招标投标制度开始获得发展。1980 年 10 月 17 日，国务院在《关于开展和保护社会主义竞赛的暂行规定》中首次提出："为了改革现行经济管理体制，进一步开展社会主义竞争，对一些适于承包的生产建设项目和经营项目，可以试行招标投标的方法。"1981 年，吉林省吉林市和深圳特区率先试行了工程招标投标制度，并取得了良好的效果。这个尝试在全国起到了示范作用，并揭开了我国招标投标的新篇章。

但是，20 世纪 80 年代，我国的招标投标主要侧重在宣传和实践方面，还处于社会主义计划经济体制下的一种探索阶段。

2. 招标投标制度的发展与规范阶段

20 世纪 80 年代中期至 90 年代末，我国的招标投标制度经历了试行→推广→兴起的发展过程。1984 年 9 月 18 日，国务院颁发了《关于改革建筑业和基本建设管理体制若干问题的暂行规定》，提出"大力推行工程招标承包制""要改变单纯用行政手段分配建设任务的老办法，实行招标投标"。就此，我国的招标投标制度迎来了发展的春天。

1984 年 11 月，当时的国家计委和城乡建设环境保护部联合制定了《建设工程招标投标暂行规定》，从此我国全面拉开了招标投标制度的序幕。1985 年，为了改革进口设备层层行政审批的弊端，我国推行"以招代审"的方式，对进口机电设备推行国内招标。经国务院国发〔1985〕13 号文件批准，中国机电设备招标中心于 1985 年 6 月 29 日在北京成立，其职责是统一组织、协调、监管全国机电设备招标工作。时任国家经济贸易委员会副主任的朱镕基同志主持召开了第一届招标中心理事会，我国的机电设备招标工作由此起步。随后，北京、天津、上海、广州、武汉、重庆、西安、沈阳 8 个城市组建起各自的机电设备招标公司，这些公司成为我国第一批从事招标业务的专职招标机构。1985 年起，全国各个省、市、自治区以及国务院有关部门，以国家有关规定为依据，相继出台了一系列地方、部门性的招标投标管理办法，极大地推动了我国招标投标行业的发展。1985—1987 年的两年间，我国的机电设备招标系统借鉴世界银行等国际组织的经验和采购程序，并结合我国国情开展试点招标，积累了初步的经验。1987 年，我国的机电设备招标工作迎来了一个新的发展高潮，招标机构获得了一次难得的发展机遇。国家开始全面推行进口机电设备国内招标，要求凡国内建设项目需要进口的机电设备，必须先委托中国机电设备招标中心或下属招标机构在境内进行公开招标；凡国内制造企业能够中标制造供货的，就不再批准进口，国内制造企业不能中标的，可以批准进口。在招标工作快速发展的同时，专职招标队伍也不断壮大，全系统一起迈开步伐，齐心协力，不断探索招标理论和业务程序，明确行业技术规范，为我国招标投标行业的发展打下了坚实的基础。

1992 年，国家在进口管理方面采取了一系列重大举措，倡导招标要遵照国际通行规则，按国际惯例行事。从 1992 年开始，我国的机电设备招标逐步转向公开的国际招标。1993 年后，国家对机电设备招标系统的管理由为进口审查服务转向面向政府、金融机构和企业，为国民经济运行、优化采购和企业技术进步服务。

20世纪90年代初期到中后期，全国各地普遍加强了对招标投标的管理和规范工作，也相继出台了一系列法规和规章，招标方式已经从以议标为主转变为以邀请招标为主。这一阶段是我国招标投标发展史上最重要的阶段，招标投标制度得到了长足的发展，全国的招标投标管理体系基本形成，为完善我国的招标投标制度打下了坚实的基础。此后，随着改革开放形势的发展和市场机制的不断完善，我国在基本建设项目、机械成套设备、进口机电设备、科技项目、项目融资、土地承包、城镇土地使用权出让、政府采购等许多政府投资及公共采购领域，都逐步推行了招标投标制度。

1994年，我国进口体制实行了重大改革，国家将进口机电产品分为三大类：第一类是实行配额管理的机电产品；第二类是实行招标的特定机电产品；第三类是自动登记的进口机电产品。对第二类特定机电产品，国家指定了28家招标专职机构进行招标，由中国机电设备招标中心对这28家机构实行管理。从此，专职招标机构开始逐步向市场化的自由竞争转型，进一步强化了对政府和企业的招标服务职责。至此，我国的招标投标制度已开始与国际接轨。

3. 招标投标制度的完善与推广阶段

2000年1月1日，《中华人民共和国招标投标法》（以下简称《招标投标法》）正式颁布实施。《招标投标法》明确规定了我国的招标方式分为公开招标和邀请招标两种，不再包括议标。这个重大的转变标志着我国招标投标制度的发展进入了全新的历史阶段，我国的招标投标制度从此走上了完善的轨道。《招标投标法》的制定与颁布为我国公共采购市场、工程交易市场的规范管理并因此逐步走上法制化轨道提供了基本的保证。2001年，我国又颁布施行了《中华人民共和国政府采购法》（以下简称《政府采购法》），使我国的招标事业和招标系统迎来了一个大的发展时期。从此，我国的招标投标开始多元发展，进入高速增长的态势。

《招标投标法》通过法律手段推行招标投标制度，要求基础设施、公用事业以及使用国有资金和国家融资的工程建设项目，包括项目的勘察、设计、施工、监理，以及与工程建设有关的重要设备、材料等的采购，应达到国家规定的规模标准。目前，各地方政府已基本建立了工程交易中心、政府采购中心和各种评标专家库，基本上能做到公共财政支出实行招标形式。

与此同时，各高校开设了很多与招标投标有关的专业和课程，各种招标投标的书籍不断出版，各种关于招标投标的理论和论文不断发表。

2009年，我国首次对招标师实行了资格考试，标志着我国招标投标持证上岗时代的来临。2011年11月30日，国务院第183次常务会议通过了《中华人民共和国招标投标法实施条例》（以下简称《招标投标法实施条例》），认真总结了我国招投标实践过程中的各种问题，对工程建设项目的概念、招标投标监管、具体操作等方面的问题进行了细化，更具备可操作性。

1.1.3.2 我国政府各部门在招标投标职能上的变化

1. 招标投标主管机构和监管分工

2011年颁布施行的《招标投标法实施条例》第四条规定："国务院发展改革部门指导和协调全国招标投标工作，对国家重大建设项目的工程招标投标活动实施监督检查。国务院工业和信息化、住房城乡建设、交通运输、铁道、水利、商务等部门，按照规定的职责分工对有关招标投标活动实施监督。县级以上地方人民政府发展改革部门指导和协调本行政区域的招标投标工作。县级以上地方人民政府有关部门按照规定的职责分工，对招标投标活动实施监督，依法查处招标投标活动中的违法行为。县级以上地方人民政府对其所属部门有关招标投标活动的监督职责分工另有规定的，从其规定。财政部门依法对实行招标投标的政府采购工程建设项目的预算执行情况和政府采购政策执行情况实施监督。监察机关依法对与招标投标活动有关的监察对象实施监察。"

由此可见，我国招标投标的指导和协调部门为国家发展改革部门和地方人们政府发展改革部门。

2. 各部门在招标投标以及采购方面的职能变化

根据中国共产党第十八次全国代表大会会议精神和 2013 年全国两会以后旨在落实中央的改革精神和国务院机构改革方案的要求，我国将提高政府整体工作效能，推动建设服务政府、责任政府、法制政府和廉洁政府。其中一些部门在负责国内外招标投标以及采购方面的职能上也发生了变化。

（1）国家发展和改革委员会（以下简称"国家发改委"）。国家发改委新增的一项职责是指导和协调全国招标投标工作。根据上述职责，国家发改委设法规司，按规定指导协调招标投标工作。

（2）商务部。商务部在招标管理方面，将下放援外项目招标权，具体招标投标管理工作由对外贸易司和机电司承担。对外贸易司拟订和执行进出口商品配额招标政策，机电和科技产业司（国家机电产品进出口办公室）拟订进口机电产品招标办法并组织实施。

（3）工业和信息化部。国家发改委的中小企业对外合作协调中心、中国机电设备招标中心、中国机电设备成套服务中心由工业和信息化部管理。

由上所述不难看出，对招标投标工作，中央有关部门本着"指导和协调"的原则，将具体权责交给了地方政府和事业单位。

1.1.3.3 我国招标投标制度的发展趋势

21 世纪是世界经济日益一体化的世纪，是我国社会主义市场经济体制完善的关键时期，也是充满挑战和机遇的世纪。产业全球化和贸易一体化将成为国际经济的主要特点，我国已成为国际社会中的重要一员。国际贸易组织的规则和通行的国际惯例将成为国际经济交往的手段，招标投标事业有着光明的前景。可以预见，21 世纪，我国招标投标制度的发展趋势将是：

（1）招标投标将全面国际化。我国招标投标制度发展过程中所经历过的国内招标、国内外一起招标、国际招标都将成为其前进道路上的一个脚印，我国的招标投标市场将进一步对外开放。我国将以世界经济中的一员参与真正意义上的国际招标投标，在工程、货物和服务的各个领域以招标投标的方式进行角逐。

（2）招标投标将完善法制化。自《招标投标法》和《政府采购法》施行以来，对招标投标事业的发展起到了极大的推动作用。但由于目前配套办法还不完善，管理体制没有统一，在运行中的矛盾和摩擦很多，因此必须不断完善相关法律制度，奠定招标市场、招标管理、招标代理、招标体系的法律基础。

（3）招标代理服务将更加专业和系统化。专职招标机构的发展是我国招标投标事业发展的一个特有标志，是对国际招标投标事业的积极贡献。面对世界经济的新趋势和招标投标发展的新方向，招标机构必须在人才、机构和标准等方面向国际标准看齐，将单一的招标代理扩展到采购的"一条龙"服务，代建制招标和项目管理也将成为招标的一个新亮点。

（4）招标投标系统将更加行业自律化。招标代理的进一步发展必将要求行业自律化。招标投标中心系统既要保持自身的特点，又要融入国内外招标投标的大系统。行业自律、行业规范、行业标准、行业竞争与合作是行业工作的一个大课题。

（5）招标投标将更加信息化。21 世纪是经济全球化、信息化的世纪，招标投标也将更加信息化。信息化包括以下三个方面的内容：一是建立潜在供应商数据库，供采购方方便地选择合理的供应商；二是建立采购网站，用来发布采购指南和最新的招标信息，向供应商提供注册表格和表达意向的表格的下载以及网上注册等服务；三是采购过程中的信息发布、沟通交流、谈判协商都充分利用电子邮件和其他现代通信技术。

1.1.3.4 我国建筑工程招标投标市场

我国的建筑工程与机电设备交易市场发展迅速。当然，我国还处于建设社会主义市场经济的初级阶段，虽然市场经济已在整个社会生活中占主导地位，但是长期计划经济作用的结果及传统文化的影响，再加上现行体制、社会环境以及建筑市场产品的生产特点、招标投标活动运作机制等，使得我国的建筑工程和建筑设备市场还不太规范，建筑工程招标投标领域仍然存在一些亟待解决的问题。2001 年以来，我国把建筑市场作为规范和整顿市场经济秩序的重点，各地也投入了大量人力物力展开了声势浩大的整顿活动，也查处了一些典型案件。

从招标投标的角度讲，建筑市场是由政府、建设单位（或业主单位）、施工企业和中介机构、监理单位等组成的。建筑工程招标投标工作是以这几方面为主相互配合共同进行的，所以培育合格的市场主体是搞好建筑工程招标投标的首要条件。

招标投标法是调整招标投标活动中产生的社会关系的法律规范的总称，有狭义和广义之分。狭义的招标投标法是指《招标投标法》；广义的招标投标法是指招标投标活动的所有法律法规与规章，即除《招标投标法》外，还包括《中华人民共和国合同法》（以下简称《合同法》）和《中华人民共和国反不正当竞争法》（以下简称《反不正当竞争法》）等法律中有关招标投标事项的规定，以及《工程建设项目施工招标投标办法》《工程建设项目招标范围和规模标准规定》《评标委员会和评标方法暂行规定》等部门规章。这些法律法规对促进我国建筑工程、设备交易市场的发展发挥了重要作用。国家发改委主任张平同志在 2009 年 10月 10 日召开的第二届中国招标投标高层论坛上表示，我国将用两年左右的时间，集中开展工程建设领域突出问题专项治理工作，并以统一完善的法规政策为基础，以体制改革和制度创新为动力，以开展工程建设领域突出问题专项治理为契机，深入贯彻《招标投标法》，将从推进体制改革、健全法规制度、构筑公共平台、加强监督执法 4 个方面入手，努力构建统一、开放、竞争、有序的招标投标市场。

建筑工程招标投标是在市场经济条件下，在国内外的工程承包市场上为买卖特殊商品而进行的由一系列特定环节组成的特殊交易活动。这里的"特殊商品"指的是建筑工程，既包括建筑工程的咨询，也包括建筑工程的实施。招标投标只是实现要约、承诺方式中的一种方式，它的特点可归纳为：充分竞争，程序公开，机会均等，公平、公正地对待所有投标人，并按事先公布的标准，将合同授予最符合授标条件的投标人。

我国的建筑工程招标投标工作，与整个社会的招标投标工作一样，经历了从无到有，从不规范到相对规范，从起步到完善的发展过程。

1. 建筑工程招标投标的起步与议标阶段

20世纪80年代，我国实行改革开放政策，逐步实行政企分开政策，引进市场机制，工程招标投标开始进入建筑行业。到20世纪80年代中期，全国各地陆续成立了招标管理机构，但当时的招标方式基本以议标为主，在纳入的招标管理项目中有约90％是采用议标方式发包的，工程交易活动比较分散，没有固定场所。这种招标方式在很大程度上违背了招标投标的宗旨，不能充分体现竞争机制。因此，建筑工程招标投标很大程度上还流于形式，招标的公正性得不到有效监督。

2. 工程项目招标投标的规范发展阶段

这一阶段是我国招标投标发展史上最重要的阶段。20世纪90年代初期到中后期，全国各地普遍加强对招标投标的管理和规范工作，也相继出台了一系列法规和规章，招标方式已经从以议标为主转变到以邀请招标为主，招标投标制度得到了长足的发展，全国的招标投标管理体系基本形成，为完善我国的招标投标制度打下了坚实的基础。1992年，原建设部第23号令颁布《中华人民共和国建筑法》（以下简称《建筑法》），部分省（自治区、直辖市）颁布并实施《建筑市场管理条例》和《工程建设招标投标管理条例》等的细则。1995年起，全国各地陆续开始建立建筑工程交易中心，把管理和服务有效地结合起来，初步形成以招标投标为龙头，相关职能部门相互协作的具有"一站式"管理和"一条龙"服务特点的建筑市场监督管理新模式。同时，工程招标投标专职管理人员队伍不断壮大，全国已初步形成招标投标监督管理网络，招标投标监督管理水平正在不断地提高，为招标投标制度的进一步发展和完善开辟了新的道路。工程交易活动已由无形转为有形，由隐蔽转为公开。招标工作的信息化、公开化和招标程序的规范化，对遏制工程建设领域的违法行为，为在全国推行公开招标创造了有利条件。

3. 工程项目招标投标制度的不断完善阶段

随着建筑工程交易中心的有序运行和健康发展，全国各地开始推行建筑工程项目的公开招标。在2000年《招标投标法》实施以后，招标投标活动步入法制化轨道，全社会依法招标意识显著增强，招标采购制度逐渐深入人心，配套法规逐步完备，招标投标活动的主要方面和重点环节基本实现了有法可依、有章可循，标志着我国招标投标制度的发展进入了全新的历史阶段。《招标投标法》使我国的招标投标法律法规和规章不断完善和细化，招标程序不断规范，必须招标和必须公开招标的范围得到明确，招标覆盖面进一步扩大和延伸，工程招标已从单一的土建安装延伸到道桥、装潢、建筑设备和工程监理等。根据我国投资主体的特点，《招标投标法》已明确规定我国的招标方式不再包括议标方式，这是一个重大的转变，标记着我国的招标投标制度进入了全新的发展阶段。

1.1.3.5 我国建筑工程交易市场的规则

一个成熟的、规范的建筑工程交易市场，必须遵守以下几个规则。

1. 市场准入规则

市场的进入需遵循一定的法规和具备相应的条件，对不再具备条件或采取挂靠、出借证书、制造假证书等欺诈行为的责任方应采取清出制度，逐步完善资质和资格管理，特别应加强工程项目经理的动态管理。

2．市场竞争规则

这是保证各种市场主体在平等的条件下开展竞争的行为准则。为保证平等竞争的实现，政府必须制订相应的保护公平竞争的规则。《招标投标法》《建筑法》《反不正当竞争法》等以及与之配套的法规和规章都制订了市场公平竞争的规则，并且通过不断的实施将更加具体和细化。

3．市场交易规则

简单地说，市场交易规则就是交易必须公开（涉及保密和特殊要求的工程除外），交易必须公平，交易必须公正。所有该公开交易的建筑工程项目，必须通过招标市场进行招标投标，不得私下进行交易和指定承包。

1.2　建设市场的基本知识

1.2.1　建筑市场的含义、分类及特征

1．建筑市场的含义

建筑工程市场简称建设市场或建筑市场，是进行建筑商品和相关要素交换的市场。

建筑市场有广义的建筑市场和狭义的建筑市场之分。狭义的建筑市场一般指有形建筑市场，有固定的交易场所；广义的建筑市场包括有形市场和无形市场，它是工程建设生产和交易关系的总和。

由于建筑产品具有生产周期长、价值量大、生产过程的不同阶段对承包商的能力和特点要求不同等特点，决定了建筑市场交易贯穿于建筑产品生产的整个过程。从工程建设的决策、设计、施工，一直到工程竣工、保修期结束，发包方与承包商、分包商进行的各种交易以及相关的商品混凝土供应、构配件生产、建筑机械租赁活动，都是在建筑市场中进行的。生产活动和交易活动交织在一起，使建筑市场在许多方面不同于其他产品市场。

建筑市场的主要竞争机制是招标投标，法律、法规和监管体系保障市场秩序，保护市场主体的合法权益。建筑市场是消费品市场的一部分，如住宅建筑等；也是生产要素市场的一部分，如工业厂房、港口、道路、水库等。

2．建筑市场的分类

建筑市场的分类见表1.1。

表 1.1　　　　　　　　　　　　　　建 筑 市 场 的 分 类

分类方式	内　　　容
按交易对象分	建筑商品市场、资金市场、劳动力市场、建筑材料市场、租赁市场、技术市场和服务市场
按市场覆盖范围分	国际市场和国内市场
按有无固定交易场所分	有形市场和无形市场
按固定资产投资主体分	国家投资、企事业单位自有资金投资、私人住房投资和外商投资形式的建筑市场等
按建筑商品的性质分	工业建筑市场、民用建筑市场、公用建筑市场、市政工程市场、道路桥梁市场、装饰装修市场、设备安装市场等

3．建筑市场的特征

由于建筑市场的主要商品——建筑商品是一种特殊的商品，建筑市场具有不同于其他产

业市场的特征，主要表现在：交换关系复杂；市场的范围广，变化大；建筑产品生产和交易具有统一性；建筑产品的交易具有长期性和阶段性；市场交易具有特殊性；市场竞争激烈；建筑产品具有社会性；建筑市场与房地产市场具有交融性。

1.2.2　建设市场的主体与客体

建筑市场是由许多基本要素组成的有机整体，这些要素之间相互联系、相互作用，共同推动市场有效运转。

1.2.2.1　建筑市场的主体

建筑市场的主体是指参与建设生产交易过程的各方，主要有业主（建设单位或发包人）、承包商、工程咨询服务机构等。

1. 业主

业主指既具有某工程建设需求，又具有该项工程的建设资金和各种准建证件，在建筑市场中发包工程项目建设任务，并最终得到建筑产品达到其投资目的的政府部门、企业单位和个人。

在我国，业主也称为建设单位，因为只有在发包工程或组织工程建设时才成为市场主体，故又称为发包方或招标人。为了规范业主行为，我国建立了投资责任约束机制，即项目法人责任制，又称为业主责任制，由项目业主对项目建设的全过程负责。

业主在项目建设过程中的主要职责是：建设项目的立项决策；建设项目的资金筹措与管理；办理建设项目的有关手续（如征地、建筑许可等）；建设项目的招标投标与合同管理；建设项目的施工与质量管理；建设项目的竣工验收与运行；建设项目的统计及文档管理。

2. 承包商

承包商指有一定生产能力、技术装备、流动资金，具有承包工程建设任务的营业资格，在建筑市场中能够按照业主方的要求，提供不同形态的建筑产品，并获得工程价款的建筑施工企业。

（1）承包商应具备的条件。相对于业主，承包商作为建筑市场的主体，是长期和持续存在的。因此，无论是国内还是国外惯例，对承包商一般都要实行从业资格管理，根据我国目前执行的《建筑业企业资质管理规定》（2007），承包商从事建筑生产一般需具备以下 3 个条件：

1）拥有符合国家规定的注册资本。

2）拥有与其资质等级相适应的且具有注册职业资格的专业技术和管理人员。

3）拥有从事相应建筑活动所应有的技术装备。

（2）承包商应具备的实力。经资格审查合格，已取得资质证书和营业执照的承包商可按其所从事的专业分为土建、水电、道路、港口、铁路和市政工程等专业公司。在市场经济条件下，承包商需要通过市场竞争（投标）取得施工项目，需要依靠自身的实力去赢得市场。承包商应具备以下 4 个方面的实力：

1）技术方面的实力。包括有精通本行业的工程师、造价师、经济师、会计师、项目经理和合同管理等专业人员队伍，有施工专业装备，有承揽不同类型项目施工的经验。

2）经济方面的实力。包括具有相当的周转资金用于工程准备；具有一定的融资和垫付资金的能力，具有相当的固定资产和为完成项目需购入大型设备所需的资金，具有支付各种担保和保险的能力，具有承担相应风险的能力，具有承担国际工程所需筹集外汇的能力。

3）管理方面的实力。建筑承包市场属于买方市场，承包商为打开局面，往往需要通过低利润报价以取得项目，因此，必须在成本控制上下工夫，向管理要效益，并采用先进的施工方法提高工作效率和技术水平，必须具有一批能力过硬的项目经理和管理专家。

4）信誉方面的实力。承包商一定要有良好的信誉，因为它将直接影响企业的生存与发展。要想建立良好的信誉，就必须遵守法律法规，保证工程质量、安全和工期，文明施工，能认真履约。

承包商在承揽工程时，必须根据本企业的施工力量、机械装备、技术力量和施工经验等方面的条件，选择适合发挥自己优势的项目，避开企业不擅长或缺乏经验的项目，做到扬长避短，避免给企业带来不必要的风险和损失。

3. 工程咨询服务机构

工程咨询服务机构指具有一定注册资金和相应的专业服务能力，持有从事相关业务资质证书和营业执照，能对工程建设提供估算测量、管理咨询、建设监理等智力型服务或代理，并取得服务费用的企业和其他为工程建设服务的专业中介组织。

工程咨询服务企业包括勘察设计机构、工程造价（测量）咨询单位、招标代理机构、工程监理公司和工程管理公司等。这类企业主要是向业主提供工程咨询和管理服务，弥补业主对工程建设过程不熟悉的缺陷，在国际上一般称为咨询公司。在我国，目前数量最多并有明确资质标准的是勘察设计机构、工程监理公司、工程造价（测量）咨询单位和招标代理机构。工程管理和其他咨询类企业近年来也有所发展。

工程咨询服务机构虽然不是工程承包、发包的当事人，但其受业主的委托或聘用，与业主订有协议书或合同，因而对项目的实施也负有相当重要的责任。

1.2.2.2 建筑市场的客体

建筑市场的客体一般称作建筑产品，它包括有形的建筑产品（建筑物、构筑物）和无形的产品（咨询、监理等各种智力型服务）。建筑产品凝聚着承包商的劳动，发包人（业主）以投入资金的方式取得它的使用价值。在不同的生产交易阶段，建筑产品表现为不同的形态。它可以是中介机构提供的咨询报告、咨询意见或其他服务；可以是勘察设计单位提供的设计方案、设计图纸、勘察报告；可以是生产厂家提供的混凝土构件、非标准预制件等产品；也可以是施工企业提供的各种各样的建筑物和构筑物。

1.2.3 建设市场主体的资质管理

建筑活动的专业性及技术性都很强，而且建设工程投资大、周期长，一旦发生问题将给社会和人民的生命财产安全带来极大的损失。因此，为保证建设工程的质量和安全，对从事建设活动的单位和专业技术人员必须实行从业资格管理，即资质管理制度。建筑市场中的资质管理包括两类：一类是对从业企业的资质管理，另一类是对专业人士的资格管理。

1.2.3.1 对从业企业的资质管理

《建筑法》规定，对从事建筑活动的施工企业、勘察设计单位、工程咨询机构（含监理单位）实行资质管理。

1. 对工程勘察、设计企业的资质管理

我国建设工程勘察、设计资质分为工程勘察资质和工程设计资质。建设工程勘察、设计企业应当按照其拥有的注册资本、专业技术人员、技术装备和业绩等条件申请资质，经审查合格，取得建设工程勘察、设计企业的业务范围，见表1.2。国务院建设行政主管部门及各地建设行政主管部门负责工程勘察、设计企业资质的审批、晋升和处罚。

表 1.2　　　　　　　　　　　　　　企业类型及承担业务范围

企业类型	资质分类	等级	承 担 业 务 范 围
勘察企业	综合资质	甲级	承担工程勘察业务范围和地区不受限制
	专业资质 （分专业设立）	甲级	承担本专业工程勘察业务范围和地区不受限制
		乙级	可承担本专业工程勘察中、小型工程项目，承担工程勘察业务的地区不受限制
		丙级	可承担本专业工程勘察小型工程项目，承担工程勘察业务限定在省（自治区、直辖市）所辖行政区范围内
	劳务资质	不分级	承担岩石工作治理、工程钻探、凿井等工程勘察劳务工作，承担工程勘察劳务工作的地区不受限制
设计企业	综合资质	不分级	承担工程设计业务范围和地区不受限制
	行业资质 （分专业设立）	甲级	承担相应行业建设项目的工程设计范围和地区不受限制
		乙级	承担相应行业中、小型建设项目的工程设计任务，地区不受限制
		丙级	承担相应行业小型建设项目的工程设计任务，地区限定在省（自治区、直辖市）所辖行政区范围内
	专项资质 （分专业设立）	甲级	承担大、中、小型专项工程设计项目，地区不受限制
		乙级	承担中、小型专项工程设计项目，地区不受限制

2. 对建筑业企业（承包商）的资质管理

建筑业企业（承包商）是指从事土木工程、建筑工程、线路管道及设备安装工程、装修工程等的新建、扩建、改建活动的企业。我国建筑业企业承包工程范围见表 1.3。工程施工总承包企业资质等级分为特级、一级、二级、三级；施工专业承包企业资质等级分为一级、二级、三级；劳务分包企业资质等级分为一级、二级。这三类企业的资质等级标准，由住房和城乡建设部统一组织制订和发布。工程施工总承包企业和施工专业承包企业的资质实行分级审批；特级和一级资质由住房和城乡建设部审批；二级以下资质由企业注册所在地省（自治区、直辖市）人民政府建设主管部门审批；经审查合格的企业，由资质管理部门颁发相应等级的建筑业企业（施工企业）资质证书。建筑业企业资质证书由国务院建设行政主管部门统一印制，分为正本（1 本）和副本（若干本），正本和副本具有同等法律效力。任何单位和个人不得涂改、伪造、出借、转让资质证书，复印的资质证书无效。

3. 对工程咨询单位的资质管理

我国对工程咨询单位也实行资质管理。目前，已有明确资质等级评定条件的有工程监理企业、工程招标代理机构、工程造价等咨询机构。

工程监理企业资质按照等级划分为综合资质、专业资质和事务所资质。其中，专业资质按照工程性质和技术特点划分为 14 个工程类别，综合资质、事务所资质不设类别。专业资质分为甲级、乙级，其中房屋建筑、水利水电、公路和市政公用专业资质可设立丙级。工程咨询单位资质管理情况见表 1.4。

表 1.3　　　　　　　　　　　建筑业企业承包工程范围

企业类型	等级	承 包 工 程 范 围
工程施工总承包企业（按工程性质分为房屋、公路、铁路、港口、水利、电力、矿山、冶金、化工石油、市政公用、通信、机电 12 类）	特级	（以房屋建筑工程为例）可承担各类房屋建筑工程施工
	一级	（以房屋建筑工程为例）可承担单项建安合同额不超过企业注册资金 5 倍的下列房屋建筑工程施工：①40 层以下，各类跨度的房屋建筑工程；②高度 240m 及以下的构筑物；③建筑面积 20 万 m² 及以下的住宅小区或建筑群体
	二级	（以房屋建筑工程为例）可承担单项建安合同额不超过企业注册资金 5 倍的下列房屋建筑工程施工：①28 层以下，单距跨度 36m 及以下的房屋建筑工程；②高度 120m 及以下的构筑物；③建筑面积 12 万 m² 及以下的住宅小区或建筑群体
	三级	（以房屋建筑工程为例）可承担单项建安合同额不超过企业注册资金 5 倍的下列房屋建筑工程施工：①14 层以下，单距跨度 24m 以下的房屋建筑工程；②高度 70m 及以下的构筑物；③建筑面积 6 万 m² 及以下的住宅小区或建筑群体
施工专业承包企业（根据工程性质和技术特点分为 60 类）	一级	（以土石方工程为例）可承担各类土石方工程的施工
	二级	（以土石方工程为例）可承担单项建安合同额不超过企业注册资金 5 倍且 60 万 m³ 及以下的土石方工程的施工
	三级	（以土石方工程为例）可承担单项建安合同额不超过企业注册资金 5 倍且 15 万 m³ 及以下的土石方工程的施工
劳务分包企业（按技术特点分为 13 类）	一级	（以木工作业为例）可承担各类工程木工作业分包业务，但单项合同额不超过企业注册资金的 5 倍
	二级	（以木工作业为例）可承担各类工程木工作业分包业务，但单项合同额不超过企业注册资金的 5 倍

表 1.4　　　　　　　　　　工程咨询单位资质管理一览表

企业类别	资质分类	等级	承 担 业 务 范 围
工程监理企业	综合资质	不分级	承担所有工程类别建设工程项目的工程监理业务
	专业资质	甲级	可以监理相应专业类别的所有工程
		乙级	可以监理相应专业类别的二级、三级工程
		丙级	只能监理相应专业类别的三级工程
	事务所资质	不分级	承担三级建设工程项目的监理业务，但国家规定必须实行监理的工程除外
工程招标代理机构	不分类	甲级	承担工程的范围和地区不受限制
		乙级	只能承担工程投资额（不含征地费、大市政配套费与拆迁补偿费）3000 万元以下的工程招标代理业务，地区不受限制
工程造价咨询机构	不分类	甲级	承担工程的范围和地区不受限制
		乙级	在本省（自治区、直辖市）所辖行政区范围内承接中、小型建筑项目的工程造价咨询业务

　　工程咨询单位的资质评定条件包括注册资金、专业技术人员和业绩三方面的内容，不同资质等级的标准均有具体规定。

1.2.3.2　对专业人士的资格管理

　　在建筑市场中，把具有从事工程咨询资格的专业工程师称为专业人士。

专业人士在建筑市场管理中起着非常重要的作用。由于他们的工作水平对工程项目建设成败具有重要的影响。因此建设项目对专业人士的资格条件要求很高。从某种意义上说，政府对主市场的管理，一方面要依靠完善的建筑法规，另一方面要依靠专业人士。

我国专业人士制度是近些年从发达国家引入的。目前，已经确定专业人士的种类有建筑工程师、结构工程师、监理工程师、造价工程师、注册建造师、岩土工程师、招标师等。由全国资格考试委员会负责组织专业人士的考试。

目前我国专业人士制度尚处于起步阶段，但随着建筑市场的进一步完善，对其管理会进一步规范化和制度化。

1.2.4　工程项目交易中心

1.2.4.1　工程项目交易中心的性质

工程项目交易中心是依据国家法律法规成立，为建设工程交易活动提供相关服务，依法自主经营、独立核算、自负盈亏，具有法人资格的服务性经济实体。

工程项目交易中心是一种有形的建筑市场。

1.2.4.2　工程项目交易中心的功能

（1）场所服务功能。这是指为工程发包承包交易的各方主体提供招标公告发布、招标报名、开标及评标的场地服务以及评标专家抽取服务，为交易各方主体办理有关手续提供便利的配套服务；为政府有关部门和相关机构派驻交易中心的窗口提供办公场地和必要的办理条件服务，实现交易"一站式"管理和服务功能。

（2）信息服务功能。交易中心配备有电子墙、计算机网络工作站，收集、存储和发布各类工程信息、法律法规、造价信息、价格信息、专业人士信息等。

（3）集中办公功能。建设行政主管部门的各职能机构进驻建设工程交易中心，为建设项目进入有形建筑市场进行项目报建、招标投标交易和办理有关批准手续进行集中办公和实施统一管理监督。由于其具有集中办公功能，因此建设工程交易中心只能集中设立，每个城市原则上只能设立一个，特大城市可以根据需要设立区域性分中心，在业务上受中心领导。

（4）咨询服务功能。建设工程交易中心提供技术、经济、法律等方面的咨询服务。

1.2.4.3　工程项目交易中心的管理

工程项目交易中心要逐步建成包括建设项目工程报建、招标投标、承包商、中介机构、材料设备价格和有关法律法规等的信息中心。

各级建设工程招标投标监督管理机构负责建设工程交易中心的具体管理工作。

新建、扩建、改建的限额以上建筑工程，包括各类房屋建筑、土木工程、设备安装、管道线路铺设、装饰装修和水利、交通、电力等专业工程的施工、监理、中介服务、材料设备采购，都必须在有形建筑市场进行交易。凡应进入建设工程交易中心而在场外交易的，建设行政主管部门不得为其办理有关工程建设手续。

1.2.4.4　建设交易中心运作的一般程序

（1）建设单位拟建工程经批准立项后，到交易中心办理报建备案手续。

（2）交易中心对已完成报建手续的建设项目公开发布信息。

（3）对建设单位管理建设项目的资格进行审查，凡不符合资格的均须委托具有相应资格的招标代理机构组织招标。

（4）报建工程由招标监督部门依据《招标投标法》和有关规定确认招标方式，核定工程类别。

（5）招标人在建设工程交易中心统一发布招标公告，招标公告应当载明招标人的名称和地址，招标项目的性质、数量、实施地点和时间以及获取招标文件的办法等事项。

（6）经审查凡符合资质条件的投标企业，可根据交易中心发布的建设工程信息，在交易中心申请参加工程交易。

（7）采取公开招标的建设工程，招标单位对提出参加交易申请投标的企业进行资格预审，并将预审结果公开发布，符合条件的投标企业可参加交易活动；采取邀请招标的建设工程，被邀请且符合资质条件的投标企业应不少于三家。

（8）建设工程招标投标活动必须遵循《招标投标法》等有关法律、法规、规章，在交易中心开展开标、评标、定标活动，并服从招标投标管理机构的管理和接受招标投标管理机构的监督。

（9）建设单位与中标单位应在中标通知书签发后签订合同，合同主要条款必须依据招标文件、投标文件、答疑纪要、中标通知书等内容签订，并在交易中履行合同审查、办理质监、意外保险、领取施工许可证，依据规定缴纳相关费用。

1.2.5 建设工程招标投标行政监管机构

建设工程招标投标涉及国家利益、社会公共利益和公共安全，因而必须对其实行强有力的政府监管。建设工程招标投标活动及其当事人应当接受依法实施的监督管理。

1.2.5.1 建设工程招标投标监管体制

建设工程招标投标涉及各行各业的很多部门，如果都各自为政，必然会导致建设市场混乱无序、无从管理。为了维护建筑市场的统一性、竞争的有序性和开放性，国家明确制订了一个统一归口的建设行政主管部门，即住房和城乡建设部，它是全国最高招标投标管理机构。在住房和城乡建设部的统一监管下，实行省、市、县三级建设行政主管部门对所辖行政区内的建设工程招标投标分级管理。各级建设行政主管部门作为本行政区域内建设工程招标投标工作的统一归口监督管理部门，其主要的责任是：

（1）从指导全社会的建筑活动、规范整个建筑市场、发展建筑行业的高度研究制定有关建设工程招标投标的发展战略、规划、行业规范的相关方针、政策、行为准则、标准和监管措施，组织宣传、贯彻有关建设工程招标投标的法律、法规规章，进行执法检查监督。

（2）指导、检查和协调本行政区域内建设工程的招标投标活动，总结交流经验，提供高效率的规范化服务。

（3）负责对当事人的招标投标资质、中介服务机构的招标投标中介服务资质和有关专业技术人员的职业资格进行监督，开展招标投标监理人员的岗位培训。

（4）会同有关专业主管部门及其直属单位办理有关专业工程招标投标事宜。

（5）调解建设工程招标投标纠纷，查处建设工程招标投标违法、违规行为，否决违反招标投标规定的定标结果。

1.2.5.2 工程项目招标投标分级管理

工程项目招标投标分级管理是指省、市、县三级建设行政主管部门按照各自的权限，对本行政区域内的工程项目招标投标分别实行管理，即分级属地管理。这是工程项目招标投标管理体制内部关系中的核心问题。实行建设行政主管部门系统内的分级属地管理，是现行工程项目投资管理体制的要求，也是进一步提高投标工作效率和质量的重要措施，有利于更好地实现建设行政主管部门对本行政区域工程项目招标投标的统一监管。

1.2.5.3 工程项目招标投标监管机关

工程项目招标投标监管机关是指政府或政府主管部门批准设立的隶属于同级建设行政主管部门的省、市、县（市）工程项目招标投标办公室。

1．工程项目招标投标监管机关的性质

各级工程项目招标投标监管机关从机构设置、人员编制来看，其性质通常都是代表政府行使行政监管职能的事业单位。建设行政主管部门与工程项目招标投标监管机关之间是领导与被领导的关系。省、市、县（市）招标投标监管机关的上级与下级之间有业务上的指导和监督关系。这里必须强调的是，工程项目招标投标监管机关必须与工程项目交易中心和工程项目招标代理机构实行机构分设、职能分离。

2．工程项目招标投标监管机关的职权

（1）办理工程项目报建登记。

（2）审查发放招标组织资质证书、招标代理人及招标控制价编制单位的资质证书。

（3）接受招标人申请的招标申请书，对招标工程应具备的招标条件、招标人的招标资质或招标代理人招标代理资质、采用的招标方式进行审查认定。

（4）接受招标人申报的招标文件，对招标文件进行审查认定，对招标人要求变更发出后的招标文件进行审批。

（5）对投标人的投标进行质量复查。

（6）对招标控制价进行审定，可以直接审定，也可以将招标控制价委托建设银行以及其他有能力的单位审核后再审定。

（7）对评标定标办法进行审查认定，对招标投标活动进行全过程监管，对开标、评标、定标活动进行现场监督。

（8）核发或者与招标人联合发出中标通知书。

（9）审查合同草案，监督承发包合同的签订和履行。

（10）调节招标人和投标人在招标投标活动中或履行合同过程中发生的纠纷。

（11）查处工程项目招标投标方面的违法行为，依法受委托实施相应的行政处罚。

工程项目招标投标监管机关的职权，概括起来可分为两个方面：一方面是承担具体负责工程项目招标投标管理工作的职责。也就是说，建设行政主管部门作为本行政区域内工程项目招标投标工作统一归口管理部门的职责，具体是由招标投标监管机关来全面承担的。这时，招标投标监管机关行使职权是在建设行政主管部门的名义下进行的。另一方面，是在招标投标管理活动中享有可独立以自己的名义行驶的管理职权。

1.3 建设项目基本知识

1.3.1 建设项目概念

基本工程项目，亦称建设项目，是指按一个总体设计组织施工，建成后具有完整的系统，可以独立地形成生产能力或者使用价值的工程项目。一般以一个企业（或联合企业）、事业单位或独立工程作为一个建设项目。

凡属于一个总体设计中的主体工程和相应的附属配套工程、综合利用工程、环境保护工程、供水供电工程以及水库的干渠配套工程等，都统作为一个建设项目；凡是不属于一个总体设计，经济上分别核算，工艺流程上没有直接联系的几个独立工程，应分别列为几个建设项目。

建设项目是一个建设单位在一个或几个建设区域内，根据上级下达的计划任务书和批准的总体设计和总概算书，经济上实行独立核算，行政上具有独立的组织形式，严格按基建程序实施的基本工程项目。一般指符合国家总体建设规划，能独立发挥生产功能或满足生活需要，其项目建议书经批准立项和可行性研究报告经批准的建设任务。如工业建设中的一座工厂、一个矿山，民用建设中的一个居民区、一幢住宅、一所学校等均为一个建设项目。建设项目包括基本建设项目（新建、扩建等扩大生产能力的建设项目）和技术改造项目。

1. 建设项目的基本特征

（1）在一个总体设计或初步设计范围内，由一个或若干个互相有内在联系的单项工程所组成，建设中实行统一核算、统一管理。

（2）在一定的约束条件下，以形成固定资产为特定目标。约束条件有时间约束即有建设工期目标，资源约束即有投资总量目标，质量约束即一个建设项目都有预期的生产能力（如公路的通行能力）、技术水平（如使用功能的强度、平整度、抗滑能力等）或使用效益目标。

（3）需要遵循必要的建设程序和特定的建设过程。即一个建设项目从提出建设的设想、建议、方案选择、评估、决策、勘察、设计、施工一直到竣工、投入使用，均有一个有序的全过程。

（4）按照特定的任务，具有一次性特点的组织形式。其表现是投资的一次性投入，建设地点的一次性固定，设计单一，施工单件。

（5）具有投资限额标准。即只有达到一定限额投资的才作为建设项目，不满限额标准的称为零星固定资产购置。

工程项目应满足的要求如下：

（1）技术上满足一个总体设计或初步设计范围内。

（2）由一个或几个相互关联的单项工程所组成。

（3）每一个单项工程可由一个或几个单位工程所组成。

（4）在建设过程中，在经济上实行统一核算的，在行政上统一管理。

2. 建设项目的特点

（1）具有明确的建设目标。每个项目都具有确定的目标，包括成果性目标和约束性目标。成果性目标是指对项目的功能性要求，也是项目的最终目标；约束性目标是指对项目的约束和限制，如时间、质量、投资等量化的条件。

（2）具有特定的对象。任何项目都具有具体的对象，它决定了项目的最基本特性，是项目分类的依据。

（3）一次性。项目都是具有特定目标的一次性任务，有明确的起点和终点，任务完成即告结束，所有项目没有重复。

（4）生命周期性。项目的一次性决定了项目具有明确的起止点，即任何项目都具有诞生、发展和结束的时间，也就是项目的生命周期。

（5）有特殊的组织和法律条件。项目的参与单位之间主要以合同作为纽带相互联系，并以合同作为分配工作、划分权力和责任关系的依据。项目参与方之间在此建设过程中的协调主要通过合同、法律和规范实现。

（6）涉及面广。一个建设项目涉及建设规划、计划、土地管理、银行、税务、法律、设计、施工、材料供应、设备、交通、城管等诸多部门，因而项目组织者需要做大量的协调工作。

（7）作用和影响具有长期性。每个建设项目的建设周期、运行周期、投资回收周期都很长，因此其影响面大、作用时间长。

（8）环境因素制约多。每个建设项目都受建设地点的气候条件、水文地质、地形地貌等多种环境因素的制约。

1.3.2 工程项目

所谓工程项目，是按照一个科学的程序，将一定量的投资在一定的约束条件下进行决策和实施，最终形成固定资产特定目标的一次性建设任务。工程项目应满足下列要求：在一个总体设计或初步设计范围内，由一个或几个相关的单位工程组成，并且在建设过程中实行统一核算、统一管理。如建设一个企业、一个事业单位或一个独立工程等均可作为一个工程项目。从不同的角度，工程项目可分为不同类别。

1.3.2.1 按照工程项目组成划分

1. 单项工程

单项工程是指具有独立的设计文件，竣工后可以独立发挥生产能力、投资效益的一组配套齐全的工程项目。单项工程是工程项目的组成部分，一个工程项目有时可以仅包括一个单项工程，也可以包括多个单项工程。生产性工程项目的单项工程，一般是指能独立生产的车间，包括厂房建筑、设备安装等工程。

2. 单位（子单位）工程

单位工程是指具备独立施工条件并能形成独立使用功能的工程。对于建筑规模较大的单位工程，可将其能形成独立使用功能的部分作为一个子单位工程。根据《建筑工程施工质量验收统一标准》（GB 50300—2013），具有独立施工条件和能形成独立使用功能是单位（子单位）工程划分的基本要求。

单位工程是单项工程的组成部分，也可能是整个工程项目的组成部分。按照单项工程的构成，又可将其分解为建筑工程和设备安装工程。如工业厂房工程中的土建工程、设备安装工程、工业管道工程等分别是单项工程中所包含的不同性质的单位工程。

3. 分部（子分部）工程

分部工程是指将单位工程按专业性质、建筑部位等划分的工程。根据《建筑工程施工质量验收统一标准》（GB 50300—2013），建筑工程包括地基与基础、主体结构、建筑装饰装修、屋面、建筑给排水及采暖、建筑电气、智能建筑、通风与空调、电梯、建筑节能等分部工程。

当分部工程较大或较复杂时，可按材料种类、工艺特点、施工程序、专业系统及类别等将分部工程划分为若干子分部工程。例如，地基与基础分部工程又可细分为土方、基坑、地基、桩基础、地下防水等子分部工程；主体结构分部工程又可细分为混凝土结构，型钢、钢管混凝土结构，砌体结构，钢结构，轻钢结构，索膜结构，木结构，铝合金结构等子分部工程；建筑装饰装修分部工程又可细分为地面、抹灰、门窗、吊顶、轻质隔墙、饰面板（砖）、幕墙、涂饰、裱糊与软包、外墙防水、细部等子分部工程；智能建筑分部工程又可细分为通信网络系统、计算机网络系统、建筑设备监控系统、火灾报警及消防联动系统、会议系统与信息导航系统、专业应用系统、安全防范系统、综合布线系统、智能化集成系统、电源与接地、计算机机房工程、住宅（小区）智能化系统等子分部工程。

4. 分项工程

分项工程是指将分部工程按主要工种、材料、施工工艺、设备类别等划分的工程。例如，土方开挖、土方回填、钢筋、模板、混凝土、砖砌体、木门窗制作与安装、玻璃幕墙等工程。分项工程是工程项目施工生产活动的基础，也是计量工程用工用料和机械台班消耗的基本单元；同时，又是工程质量形成的直接过程，分项工程既有其作业活动的独立性，又有相互联系、相互制约的整体性。

1.3.2.2 按照建设性质划分

工程项目按照建设性质可分为新建项目、扩建项目、改建项目、迁建项目和恢复项目。

1. 新建项目

新建项目是指根据国民经济和社会发展的近远期规划，按照规定的程序立项，从无到有"平地起家"进行建设的工程项目。

2. 扩建项目

扩建项目是指现有企业为扩大产品的生产能力或增加经济效益而增建的生产车间、独立的生产线或分厂；事业和行政单位在原有业务系统的基础上扩大规模而新增的固定资产投资项目。

3. 改建项目

改建项目包括挖潜、节能、安全、环境保护等工程项目。

4. 迁建项目

迁建项目是指原有企事业单位根据自身生产经营和事业发展的要求，按照国家调整生产力布局的经济发展战略需要或处于环境保护等其他特殊需求，搬迁到异地而建设的工程项目。

5. 恢复项目

恢复项目是指原有企事业和行政单位，因自然灾难或战争使原有固定资产遭受全部或部分报废，需要进行投资重建来恢复生产能力和业务工作条件、生活福利设施等的工程项目。这类工程项目，无论是按原有规模恢复建设，还是在恢复过程中同时进行扩建，都属于恢复项目。但对尚未建成投产或交付使用的工程项目受到破坏后，若仍按原设计重建的，原建设性质不变；如果按新设计重建，则根据新设计内容来确定其性质。

工程项目按其性质分为上述5类，一个工程项目只能有一种性质，在工程项目按总体设计全部建成之前，其建设性质始终不变。

1.3.2.3 按照投资作用划分

工程项目按照投资作用可分为生产性项目和非生产性项目。

1. 生产性项目

生产性项目是指直接用于物质资料生产或直接为物质资料生产服务的工程项目。主要包括：

（1）工业建设项目，包括工业、国防和能源建设项目。

（2）农业建设项目，包括农、林、牧、渔、水利建设项目。

（3）基础设施建设项目，包括交通、邮电、通信建设项目；地质普查、勘探建设项目等。

（4）商业建设项目：包括商业、饮食、仓储、综合技术服务事业的建设项目。

2. 非生产性项目

非生产性项目是指用于满足人民物质和文化、福利需要的建设和非物质资料生产部门的建设项目，主要包括：

（1）办公用房，指国家各级党政机关、社会团体、企业管理机关的办公用房。

（2）居住建筑，指住宅、公寓、别墅等。

（3）公共建筑，指科学、教育、文化艺术、广播电视、卫生、博览、体育、社会福利事业、公共事业、咨询服务、宗教、金融、保险等建设项目。

（4）其他工程项目，指不属于上述各类的其他非生产性项目。

1.3.2.4　按照项目规模划分

为适应分级管理的需要，基本建设项目分为大型、中型、小型三类；更新改造项目分为限额以上和限额以下两类。不同等级标准的工程项目，报建和审批机构及程序不尽相同。划分工程项目等级的原则如下：

（1）按批准的可行性研究报告（初步设计）所确定的总设计能力或投资总额的大小，依据国家颁布的《基本建设项目大中小型划分标准》进行划分。

（2）凡生产单一产品的项目，一般以产品的设计生产能力划分；生产多种产品的项目，一般按其主要产品的设计生产能力划分；产品分类较多，不易分清主次，难以按产品的设计能力划分时，可按投资总额划分。

（3）对国民经济和社会发展具有特殊意义的某些项目，虽然设计能力或全部投资不够大、中型项目的标准，经国家批准已列入大、中型计划或国家重点建设工程的项目，也按大、中型项目进行管理。

（4）更新改造项目一般只按投资额分为限额以上和限额以下项目，不再按生产能力或其他标准划分。

（5）基本建设项目的大、中、小型和更新改造项目限额的具体划分标准，根据各个时期经济发展和实际工作中的需要也会有所变化。

1.3.2.5　按照投资效益和市场需求划分

工程项目按照投资效益和市场需求可划分为竞争性项目、基础性项目和公益性项目。

1. 竞争性项目

竞争性项目是指投资回报率比较高、竞争性比较强的工程项目。如商务办公楼、酒店、度假村、高档公寓等工程项目。其投资主体一般为企业，由企业自主决策、自担风险投资。

2. 基础性项目

基础性项目是指具有自然垄断性、建设周期长、投资额大而收益低的基础设施和需要政府重点扶持的一部分基础工业项目，以及直接增强国力的符合经济规模的支柱产业项目。如交通、能源、水利、城市公用设施等。政府应集中必要的财力、物力通过经济实体投资建设这些工程项目。同时，还应广泛吸收企业参与投资，有时还可吸收外商直接投资。

3. 公益性项目

公益性项目是指为社会发展服务、难以产生直接经济回报的工程项目。公益性项目包括科技、文教、卫生、体育和环保等设施，公检法等政权机关以及政府机关、社会团体办公设施，国防建设等。公益性项目的投资主要由政府用财政资金安排。

1.3.2.6 按照投资来源划分

工程项目按照投资来源可划分为政府投资项目和非政府投资项目。

1. 政府投资项目

政府投资项目在国外也称为公共工程，是指为了适应和推动国家经济或区域经济的发展，满足社会的文化、生活需要，以及出于政治、国防等因素的考虑，由政府通过财政投资、发行国债或地方财政债券、利用国外政府赠款以及国家财政担保的国内外金融组织的贷款等方式独资或合资兴建的工程项目。

按照其盈利性不同，政府投资项目又分为经营性政府投资项目和非经营性政府投资项目。经营性政府投资项目是指具有盈利性质的政府投资项目，政府投资的水利、电力、铁路等项目都属于经营性项目。经营性政府投资项目应实行项目法人责任制，由项目法人对项目的策划、资金筹措、建设实施、生产经营、债务偿还和资产的保值增值，实行全过程负责，使项目的建设与建成后的运行实现一条龙管理。

非运营性政府投资项目一般是指非盈利性的、主要追求社会效益最大化的公益性项目。学校、医院以及各行政、司法机关的办公楼等项目都属于非经营性政府投资项目。非经营性政府投资项目可实施"代建制"，即通过招标等方式，选择专业化的项目管理单位，负责实施建设，严格控制项目投资、质量和工期，待工程竣工验收以后再移交给使用单位，从而使项目的"投资、建设、监管、使用"实现四分离。

2. 非政府投资项目

非政府投资项目是指企业、集体单位、外商和私人投资兴建的工程项目。这类项目一般均实行项目法人责任制，使项目的建设与建成后的运营实现一条龙管理。

1.4 工程项目招标投标相关法规

1.4.1 相关法规

目前，我国建筑工程招标投标工作涉及的法律法规有 10 多项，其中最重要的法律法规有《招标投标法》《政府采购法》《建筑法》和《招标投标法实施条例》等专门的法律法规，此外还有国家部委一些规定和各省的一些实施办法、监管办法等，如《工程建设项目招标代理机构资格认定办法》《建筑工程设计招标投标管理办法》《工程建设项目招标范围和规模标准认定》《工程建设项目自行招标试行办法》《房屋建筑和市政基础设施工程施工招标投标管理办法》《工程建设项目施工招标投标办法》和《评标专家和评标专家库管理暂行办法》等部门规章和规范性文件。

2013 年 3 月 11 日，国家发改委、工业和信息化部、财政部等 9 部委以发改委令〔2013〕第 23 号的形式，发布了《关于废止和修改部分招标投标规章和规范性文件的决定》，根据《招标投标法实施条例》，在广泛征求意见的基础上，对《招标投标法》实施以来国家发展和改革委员会牵头制定的规章和规范性文件进行了全面清理。经过清理，决定废止规范性文件 1 件（《关于抓紧做好标准施工招标资格预审文件和标准施工招标文件试点工作的通知》），并对 11 件规章、1 件规范性文件的部分条款予以修改。表 1.5 列出了这些修改的招标投标法规和规章制度、文件等。

表 1.5　　　　　　　　　决定修改的招标投标法规和文件

序号	招标投标法规和文件	修 改 内 容	备 注
1	《招标公共发布暂行办法》	相关政府部门名称的修改、相关规章条文内容的删除、相关引用法律法规条文序号的修改、相关法律法规条文具体内容的修改、相关规章条文内容的增加	原国家发展计划委员会令第 4 号
2	《工程建设项目自行招标试行办法》	相关政府部门名称的修改、相关规章条文内容的删除、相关法律法规条文具体内容的修改、相关引用法律法规条文序号的修改	原国家发展计划委员会令第 5 号
3	《评标委员会和评标方法暂行规定》	相关政府部门名称的修改、相关规章条文内容的删除、相关引用法律法规条文序号的修改、相关规章条文具体内容的修改	原国家发展计划委员会等 7 部委令第 12 号
4	《国家重大建设项目招标投标监督暂行办法》	相关政府部门名称的修改、相关规章条文内容的删除、相关引用法律法规条文序号的修改、相关规章条文具体内容的修改	原国家发展计划委员会令第 18 号
5	《工程建设项目可行性研究报告增加招标内容和核准招标事项暂行规定》	相关政府部门名称的修改、相关规章条文内容的删除、相关引用法律法规条文序号的修改、相关规章条文具体内容的修改、部门规章名称的修改、相关规章条文内容的增加	原国家发展计划委员会令第 9 号
6	《评标专家和评标专家库管理暂行办法》	相关政府部门名称的修改、相关引用法律法规条文序号的修改、相关规章条文具体内容的修改、相关规章条文内容的增加	原国家发展计划委员会令第 29 号
7	《工程建设项目勘察设计招标投标办法》	相关规章条文内容的删除、相关引用法律法规条文序号的修改、相关规章条文具体内容的修改、相关规章条文内容的增加	原国家发展计划委员会等 8 部委令第 2 号
8	《工程建设项目施工招标投标办法》	相关政府部门名称的修改、相关规章条文内容的删除、相关引用法律法规条文序号的修改、相关规章条文具体内容的修改、相关规章条文内容的增加	原国家发展计划委员会等 7 部委令第 30 号
9	《工程建设项目招标投标活动投诉处理办法》	相关规章条文内容的删除、相关规章条文内容的修改、相关引用法律法规条文序号的修改、相关规章条文内容的增加	原国家发展计划委员会等 7 部委令第 11 号
10	《工程建设项目货物招标投标办法》	相关规章条文内容的删除、相关引用法律法规条文序号的修改、相关规章条文内容的修改、相关规章条文内容的增加	原国家发展计划委员会等 7 部委令第 27 号
11	《〈标准施工招标资格预审文件〉和〈标准施工招标文件〉试行规定》	部门规章名称的修改、相关规章条文内容的删除、相关规章条文内容的修改	原国家发展计划委员会等 8 部委令第 56 号
12	《国家发展计划委员会关于指定发布依法必须招标项目招标公告的媒介的通知》	相关引用法律法规条文序号的修改、相关规范性文件内容的修改、规范性文件名称的修改	原国家发展计划委员会政策〔2000〕868 号

1.4.2 《招标投标法实施条例》对建筑工程招标投标的规定

目前，关于工程项目领域，最重要、最可行的招标投标法规是《招标投标法实施条例》。2011 年 12 月 20 日，国务院令第 613 号公布了《招标投标法实施条例》。该条例于 2012 年 2 月 1 日开始正式实施。这是因为《招标投标法》自 2000 年 1 月 1 日起施行，已有 12 年的时间。当时我国尚未加入世界贸易组织，很多法律条文并不合理，尤其是没有实施细则，一直缺乏可操作性。另外，《政府采购法》中也有关于工程项目和设备采购的内容，这两部法律的衔接也出现了一些问题。

因此，认真总结《招标投标法》实施以来的实践经验，制定并出台配套的行政法规，将法律规定进一步具体化，增强可操作性，并针对新情况、新问题充实完善有关规定，进一步筑牢工程建设和其他公共采购领域预防和惩治犯罪的制度屏障，维护招标投标活动的正常秩序，具有非常重要的意义。

那么，为什么不直接修改《招标投标法》？这是因为修改法律周期长、程序复杂。《招标投标法实施条例》有以下亮点：

（1）《招标投标法实施条例》在制度设计上进一步显现了科学性。《招标投标法实施条例》展现了开放的心态，在制度设计上做到了兼收并蓄。《招标投标法实施条例》多处借鉴了政府采购的一些先进制度。例如，借鉴《政府采购法》建立了质疑、投诉机制；在邀请招标和不招标的适用情形上借鉴了《政府采购法》关于邀请招标和单一来源采购的相关规定；在资格预审制度上借鉴了《政府采购货物和服务招标投标管理办法》的相关规定等。

（2）《招标投标法实施条例》总结吸收招标投标实践中的成熟做法，增强了可操作性。《招标投标法实施条例》对《招标投标法》中的一些重要概念和原则性规定进行了明确和细化，如明确了建筑工程的定义和范围界定，细化了招标投标工作的监督主体和职责分工，补充规定了可以不进行招标的 5 种法定情形，建立招标职业资格制度，对招标投标的具体程序和环节进行了明确和细化，使招标投标过程中各环节的时间节点更加清晰，缩小了招标人、招标代理机构、评标专家等不同主体在操作过程中的自由裁量空间。

（3）《招标投标法实施条例》突显了直面招标投标违法行为的针对性。针对当前建筑工程招标投标领域招标人规避招标、限制和排斥投标人、搞"明招暗定"的虚假招标、少数领导干部利用权力干预招标投标、当事人相互串通围标串标等突出问题，《招标投标法实施条例》细化并补充完善了许多关于预防和惩治腐败，维护招标投标公开、公平、公正性的规定。例如，对招标人利用划分标段规避招标做出了禁止性规定；增加了关于招标代理机构执业纪律的规定；细化了对评标委员会成员的法律约束；对于原先法律规定比较笼统、实践中难以认定和处罚的几类典型招标投标违法行为，包括以不合理条件限制排斥潜在投标人、投标人相互串通投标、招标人与投标人串通投标、以他人名义投标、弄虚作假投标、国家工作人员非法干涉招标投标活动等，都分别列举了各自的认定情形，并且进一步强化了这些违法行为的法律责任。

《招标投标法实施条例》第二条规定："招标投标法第三条所称工程建设项目，是指工程以及与工程建设相关的货物、服务。"《招标投标法实施条例》所称的工程，是指建筑工程，包括建筑物和构筑物的新建、改建、扩建及其相关的装修、拆除、修缮等；所称与工程建设有关的货物，是指构成工程不可分割的组成部分，且为实现工程基本功能所必需的设备、材料等；所称与工程建设有关的服务，是指为完成工程所需的勘察、设计、监理等服务，《招标投标法实施条例》第八十四条规定："政府采购的法律、行政法规对政府采购货物、服务的招标投标另有规定的，从其规定。"可见只要是建筑工程类招标，都归此条例管，以前，《政府采购法》里有关工程招标的约定，转到《招标投标法实施条例》中来约束。

习 题

一、单选题

1. 《招标投标法》于（　　）起开始实施。
   A. 2000 年 7 月 1 日　　　　　　　　B. 1999 年 8 月 30 日
   C. 2000 年 1 月 1 日　　　　　　　　D. 1999 年 10 月 1 日

2. 《建筑法》规定，从事建筑活动的专业技术人员，应当依法取得相应的（　　）证书，并在其许可的范围内从事建筑活动。
   A. 技术职称　　　　　　　　　　　B. 执业资格
   C. 注册　　　　　　　　　　　　　D. 岗位

3. 根据《建设工程勘察设计企业资质管理规定》，下列选项不属于工程勘察资质分类的是（　　）。
   A. 工程勘察综合资质　　　　　　　B. 工程勘察专业资质
   C. 工程勘察专项资质　　　　　　　D. 工程勘察劳务资质

4. 下列对施工总承包企业资质等级划分正确的是（　　）。
   A. 一级、二级、三级　　　　　　　B. 一级、二级、三级、四级
   C. 特级、一级、二级、三级　　　　D. 特级、一级、二级

5. 获得（　　）资质的企业，可以承接施工总承包企业分包的专业工程或者建设单位依法发包的专业工程。
   A. 劳务分包　　　　　　　　　　　B. 技术承包
   C. 专业承包　　　　　　　　　　　D. 技术分包

6. 建筑市场的进入，是指各类项目的（　　）进入工程项目交易市场，并展开工程项目交易活动的过程。
   A. 业主、承包商、供应商　　　　　B. 业主、承包商、中介机构
   C. 承包商、供应商、交易机构　　　D. 承包商、供应商、中介机构

7. 《建筑法》规定，从事建筑活动的专业技术人员，应当依法取得相应的（　　）证书，并在其许可的范围内从事建筑活动。
   A. 技术职称　　　　　　　　　　　B. 执业资格
   C. 注册　　　　　　　　　　　　　D. 岗位

8. 某甲于 2016 年参加并通过了一级建造师执业资格考试，下列说法正确的是（　　）。
   A. 他肯定会成为项目经理了
   B. 只要经所在单位聘任，他马上就可以成为项目经理了
   C. 只要经过注册，他就可以成为项目经理了
   D. 只要经过注册，他就可以以建造师名义执业了

9. 获得（　　）资质的企业，可以承接施工总承包企业分包的专业工程或者建设单位

按照规定发包的专业工程。

    A. 劳务分包　　　　　　　　　　B. 技术承包

    C. 专业承包　　　　　　　　　　D. 技术分包

10. 在形成和订立招标投标合同时，如《合同法》与《招标投标法》对同一事项的规定不一致，应执行后者的规定，这体现了法律的（　　　）。

    A. 纵向效力层级　　　　　　　　B. 横向效力层级

    C. 行政效力层级　　　　　　　　D. 时间序列效力层级

11. 下面不属于广义的法律的是（　　　）。

    A.《建筑法》　　　　　　　　　B.《建设工程安全管理条例》

    C.《甲市建筑市场管理条例》　　D.《建设工程施工承包合同（示范文本）》

12. 建筑市场的进入，是指各类项目的（　　　）进入建设工程交易市场，并展开工程项目交易活动的过程。

    A. 业主、承包商、供应商　　　　B. 业主、承包商、中介机构

    C. 承包商、供应商、交易机构　　D. 承包商、供应商、中介机构

13. 以下关于法律法规效力层级说法错误的有（　　　）。

    A. 宪法具有最高的法律效力，其后依次是法律、行政法规、地方性法规、规章

    B. 同一机关制定的法律、行政法规、地方性法规、规章，特别规定与一般规定不一致的，适用特别规定

    C. 同一机关制定的特别规定效力应高于一般规定

    D. 地方性法规与部门规章之间对同一事项规定不一致，不能确定如何适用时，由国务院决定如何适用

14. 建筑工程中钢筋工程属于（　　　）。

    A. 单项工程　　　　　　　　　　B. 单位工程

    C. 分部工程　　　　　　　　　　D. 分项工程

15. 按建设工程用途分，属非生产性项目的是（　　　）。

    A. 水利工程项目　　　　　　　　B. 交通工程项目

    C. 学校工程项目　　　　　　　　D. 电厂工程项目

二、思考题

1. 招标投标的意义和作用是什么？

2. 我国招标投标的发展阶段是什么？

3. 最新法律法规对招标投标部门监管的职责是怎么划分的？

4. 我国目前现行的有关建筑工程招标投标的法律法规有哪些？

5. 我国建筑招标投标市场要坚持的原则有哪些？

第 2 章　工程项目施工招标

【学习目标】
(1) 了解招标方式的分类和国际上通行的招标方法。
(2) 掌握公开招标和邀请招标的区别与操作要点。
(3) 掌握建筑工程公开招标的范围与法律规定。
(4) 熟悉建筑工程招标的条件和建筑工程招标无效的几种情形。
(5) 掌握建筑工程招标程序。

2.1　工程项目施工招标概述

2.1.1　概述

2.1.1.1　招标方式的分类

1. 国际上采用的招标方式

目前，国际上采用的招标方式归纳起来有三大类别、四种方式。

(1) 国际竞争性招标。国际竞争性招标是指招标人在国内外主要报纸、刊物、网站等公共媒体上发布招标广告，邀请几个甚至几十个投标人参加投标，通过多数投标人竞争，选择其中对招标人最有利的投标人完成交易。它属于兑卖的方式。

国际竞争性招标，通常有下面两种做法：

1) 公开招标。公开招标是一种无限竞争性招标 (unlimted competitive bidding)。采用这种做法时，招标人只要在国内外主要报刊上刊登招标广告，凡对该招标项目感兴趣的投标人均有机会购买招标文件并进行投标。这种方式可以为所有有能力的投标人提供一个平等的竞争机会，招标人有较大的选择余地挑选一个比较理想的投标人。就工程领域来说，建筑工程、工程咨询、建筑设备等大都选择这种方式。

2) 选择性招标。选择性招标又称为邀请招标，是有限竞争性招标 (limited competitive bidding)。采用这种做法时，招标人不必在公共媒体上刊登广告，而是根据自己积累的经验和资料或根据工程咨询公司提供的投标人情况，选择若干家合适的投标人，邀请其来参加投标。招标人一般邀请 5～10 家投标人前来进行资格预审，然后由合格投标人进行投标。

(2) 谈判招标。谈判招标又称议标或指定招标。它是非公开进行的，是一种非竞争性招标。这种招标方式是由招标人直接指定一家或几家投标人进行协商谈判，确定中标条件及其中标价。这种招标方式直接进行合同谈判，若谈判成功，则交易达成。该方式节约时间，容易达成协议，但无法获得有竞争力的报价。对建筑工程及建筑设备招标来说，这种方式适合造价较低、工期紧、专业性强或有特殊要求的军事保密工程等。

(3) 两段招标。两段招标是指无限竞争性招标和有限竞争性招标的综合方式。这种方式也称为两阶段竞争性招标。第一阶段按公开招标的方式进行招标，先进行商务标评审，可以根据投标人的资产规模、企业资信、企业组织规模、同类工程经历、人员素质、施工机械拥有量等来选定入围的竞争方，经过开标评价之后，再邀请其中报价较低的或最有资格的 3 家或 4 家承包商进行第二次报价，确定最后中标人。

从世界各国的情况来看，招标主要有公开招标和邀请招标两种方式。政府采购货物与服务以及建筑工程的招标，大部分采用竞争性的公开招标方式。

2. 我国采用的招标方式

《招标投标法》第十条规定："招标分为公开招标和邀请招标。根据我国法律的规定：公开招标是指招标人以招标公告的方式邀请不特定的法人或者其他组织投标；邀请招标是指招标人以投标邀请书的方式邀请特定的法人或者其他组织投标。"

公开招标是一种无限竞争性的招标方式，即由招标人（或招标代理机构）在公共媒体上刊登招标广告，吸引众多投标人参加投标，招标人从中择优选择中标人的招标方式。前文已经详细介绍过，公开招标是招标最主要的形式。一般情况下，如果不特别说明，一提到招标，则默认为公开招标。公开招标的本质在于"公开"，即招标全过程的公开，从信息发布开始，到招标澄清、回答质疑、评标办法、招标结果发布等，都必须通过公开的形式进行。也正是因为招标过程公开，招标人选择范围大，这种方式才受到社会的欢迎。

2.1.1.2 公开招标与邀请招标的区别

（1）发布信息的方式不同。公开招标采用公告的形式发布，邀请招标采用投标邀请书的形式发布。

（2）选择的范围不同。公开招标因使用招标公告的形式，针对的是一切潜在的对招标项目感兴趣的法人或其他组织，招标人事先不知道投标人的数量。邀请招标针对的是已经了解的法人或其他组织，并且事先已经知道投标人的数量。

（3）竞争的范围不同。由于公开招标使所有符合条件的法人或其他组织都有机会参加投标，因此竞争的范围较广，竞争性体现得也比较充分，招标人拥有绝对的选择余地，容易获得最佳的招标效果。邀请招标中投标人的数量有限，竞争的范围也有限，招标人拥有的选择余地相对较小，既有可能提高中标的合同价，也有可能将某些在技术上或报价上更有竞争力的供应商或承包商遗漏。

（4）公开的程度不同。公开招标中，所有的活动都必须严格按照预先指定并为大家所知的程序标准公开进行，大大减少了作弊的可能。相比而言，邀请招标的公开程度逊色一些，产生不法行为的机会也就多一些。

（5）时间和费用不同。由于邀请招标不发公告，招标文件只送几家，使整个招标投标的时间大大缩短，招标费用也相应减少。公开招标的程序比较多，从发布公告，投标人作出反应，评标，到签订合同，有许多是时间上的要求，要准备许多文件，因而耗时较长，费用也比较高。

由此可见，两种招标方式各有千秋，从不同的角度比较，会得出不同的结论。在实际操作中，各国或国际组织的做法也不完全一致。有的未给出倾向性的意见，而是把自由裁量权交给了招标人，由招标人根据项目的特点，自主采用公开招标或邀请招标方式，只要不违反法律规定，最大限度地实现"公开、公平、公正"即可。例如，《欧盟采购指令》规定，如果采购金额达到法定招标限额，采购单位有权在公开招标和邀请招标两种方式中自由选择。实际上，邀请招标在欧盟各国运用的非常广。世界贸易组织《政府采购协议》也对这两种方式孰优孰劣持未置可否的态度。但是,《世界银行采购指南》却把公开招标作为最能充分实现资金经济和效率要求的招标方式,并要求借款时以此作为最基本的采购方式,只有在公开招标不是最经济和有效的情况下,才可采用其他方式。

2.1.1.3 法律对规定的招标方式的要求

2003 年 3 月 8 日,国家发改委与建设部、铁道部、交通部、信息产业部、水利部、民航总局共同颁布了《工程建设项目施工招标投标办法》。2005 年 7 月 14 日,由国家发改委再一次牵头,与财政部、建设部、铁道部、交通部、信息产业部、水利部、商务部、民航总局等 11 个部门联合颁发了《招标投标部际协调机制暂行办法》(以下简称《办法》)。《办法》规定,国家发改委为招标投标部际协调机制牵头单位。2012 年 2 月 1 日起施行的《招标投标法实施条例》第四条规定:国务院发展改革部门指导和协调全国招标投标工作,对国家重大建设项目的工程招标投标活动实施监督检查;县级以上地方人民政府发展改革部门指导和协调本行政区域的招标投标工作。

《招标投标实施条例》还规定:按照国家有关规定需要履行项目审批、核准手续的依法必须进行招标的项目,其招标范围、招标方式、招标组织形式应当报项目审批、核准部门审批、核准。项目审批、核准部门应当及时将审批、核准确定的招标范围,招标方式、招标组织形式通报有关行政监督部门。

2.1.2 建筑工程公开招标的操作实务

1. 工程建设项目的概念

《招标投标法实施条例》对工程建设项目有明确的定义,就是指工程建设以及与工程建设有关的货物、服务。

招标的工程建设项目是指建筑工程,包括建筑物和构筑物的新建,改建、扩建及其相关的装修、拆除、修缮等。与工程建设有关的货物是指构成工程不可分割的组成部分,且为实现工程基本功能所需的设备、材料等。与工程建设有关的服务是指为完成工程所需的勘察、设计、监理等服务。

2. 工程建设项目公开招标的范围

《招标投标法》第三条规定,在中华人民共和国境内进行下列工程建设项目,包括项目的勘察、设计、施工、监理以及与工程建设有关的重要设备、材料等的采购,必须进行招标:

(1) 大型基础设施、公共事业等关系社会公共利益、公众安全的项目。

(2) 全部或者部分使用国有资金投资或者国家融资的项目。

(3) 使用国际组织或者外国政府贷款、援助资金的项目。

招标项目的具体范围和规模标准,由国务院发展和改革部门会同国务院有关部门制订,报国务院批准。法律或者国务院对必须进行招标的其他项目的范围有规定的,依照其规定。可见,只要是大型的、公用的、国际组织或者政府投资的、公共财政资金投资的建筑工程项目,必须进行招标。

值得注意的是,虽然这些法律和规章制度只提到了上述的建筑工程必须招标,但是考虑到招标的主要形式就是公开招标,在各地方政府和部门的实践中,绝大多数招标就是按公开招标的程序进行操作的。与《招标投标法》配套的《工程建设项目招标范围和规模标准规定》明确了公开招标的数额标准,即各类工程建设项目,包括项目的勘察、设计、施工、监理以及与工程建设有关的重要设备、材料等的采购，达到下列标准之一的，必须进行招标：

（1）施工单项合同估算价在 200 万元人民币以上的。

（2）重要设备、材料等货物的采购，单项合同估算价在 100 万元人民币以上的。

（3）勘察、设计、监理等服务的采购，单项合同估算价在 50 万元人民币以上的。

（4）单项合同估算价低于第（1）、（2）、（3）项规定的标准，但项目总投资额在 3000 万元人民币以上的。

需特别提示的是：第一，上述（1）～（4）条标准中，是否满足任何一条，工程建设所有项目都必须进行招标？即假如施工单项合同估算价在 200 万元人民币以上，而勘察、设计、监理等服务的采购单项合同估算价在 50 万元人民币以下，那么勘察、设计、监理等服务的采购是否也要进行招标投标？答案是否定的，即如果施工单项合同估算价在 200 万元人民币以上，则施工就要招标；如果设计或监理单项合同估算价不到 50 万元人民币，设计与监理就可以不进行招标。第二，针对第（4）条标准，新建项目中，项目总投资额所指的"项目"是指建筑工程而不是单项工程。第三，"项目的勘察、设计、监理以及与工程建设有关的重要设备、材料等的采购"中的"工程建设相关"主要是指建设单位服务采购，如建设方的安全保卫服务、信息规划咨询服务、办公场所物业管理服务等，并不包括管理用固定资产，如汽车、办公家具等（这属于《政府采购法》的范畴，依据《政府采购法》和当地政府的规定，不属于建筑工程的范围）。第四，重要设备以及重要材料如何界定？是否超过 100 万合同估算价的设备、材料都属于重要的范畴？100 万是硬指标，重要设备或重要材料的范畴就要看当地政府或主管部门的规定了。发布的标准格式的招标基本情况表见表 2.1。

表 2.1　　　　　　　　　　发布的标准格式的招标基本情况表

项目	招标范围		招标组织形式		招标方式		不采用招标方式	招标估算金额/万元	备注
	全部招标	部分招标	自行招标	委托招标	公开招标	邀请招标			
勘察									
设计									
建筑工程									
安装工程									
监理									
设备									
重要材料									
其他									
情况说明									

建设单位盖章

××年×月×日

注　情况说明在表内填写不下的可另附页。

3. **工程建设项目招标方式的核准**

一项建筑工程要顺利实现招标，必须要通过行业主管部门的核准。建筑工程，从规划、报建到招标，有很多需要批准的程序和手续。建筑工程招标方式的核准依据，主要是《中华人民共和国行政许可法》《招标投标法》以及各省（自治区、直辖市）通过的招标投标法实施办法或招标投标管理条例等。《招标投标法》规定：招标项目按照国家有关规定需要履行项目审批手续的，应当先履行审批手续，取得批准；招标人应当有进行招标项目的相应资金或者资金来源已经落实，并应当在招标文件中如实载明。

按照《工程建设项目申报材料增加招标内容和核准招标事项暂定规定》的要求，依法必须进行招标且按照国家有关规定需要履行项目审批、核准手续的各类工程建设项目，必须在报送的项目可行性研究报告或者资金申请报告、项目申请报告中增加有关招标的内容，项目审批部门应依据法律、法规的规定权限，对项目建设单位拟定的招标范围、招标组织形式、招标方式等内容提出是否予以审批、核准的意见。项目审批、核准部门对招标事项的审批、核准意见格式见表2.2。审批、核准招标事项，按以下分工办理：

表 2.2　　　　　　项目审批、核准部门对招标事项的审批、核准意见格式

项目	招标范围		招标组织形式		招标方式		不采用招标方式
	全部招标	部分招标	自行招标	委托招标	公开招标	邀请招标	
勘察							
设计							
建筑工程							
安装工程							
监理							
设备							
重要材料							
其他							

审批部门核准意见说明：

审批部门盖章

××年×月×日

注　审批部门在空格注明"核准"或者"不予核准"。

（1）应报送国家发改委审批和国家发改委申报国务院审批的建设项目，由国家发改委审批。

（2）应报送国务院行业主管部门审批的建设项目，由国务院行业主管部门审批。

（3）应报送地方人民政府发展和改革部门审批和地方人民政府发展和改革部门核报地方人民政府审批的建设项目，由地方人民政府发展和改革部门审批。

（4）按照规定应报送国家发改委核准的建设项目，由国家发改委核准。

（5）按照规定应报送地方人民政府发展和改革部门核准的建设项目，由地方人民政府发展和改革部门核准。

使用国际金融组织或者外国政府资金的建设项目，资金提供方对建设项目报送招标内容有规定的，从其规定。项目审批、核准部门应将审批、核准建设项目招标内容的意见抄送有关行政监督部门。

核准招标的条件，各地方政府并不一样，不过各省、（自治区、直辖市）大同小异，一般建设项目只要已依法履行审批或核准、备案手续，依法办理建筑工程规划许可手续，依法取得国土使用权，资金已基本落实，就可以申请招标核准。在核准过程中，各地的要求也不一样。一旦核准通过，即发放建筑工程公开招标核准书。表2.3列出了某省建筑工程招标核准应提交的资料。

表 2.3　　　　　　　　某省建筑工程招标标准应提交的资料

序号	材　料　名　称	材料形式
1	建设工程申请报告	原件
2	设计招标需提交建设用地规划许可证，施工招标需提交建设工程规划许可证	原件
3	土地使用权出让合同，建设用地批准书或土地使用证（用地单位发生变化的，需提交变更用地单位的批复）	复印件，需核对原件
4	提交建设单位及其所有法人股东的营业执照、验质报告，经工商部门备案的公司章程、股东登记手册，其中变更股东、股份的企业应提交股权转让协议或工商部门发出的核准书	
5	属于房地产项目开发的，需提交建设单位房地产开发资质证书	
6	外资投资项目须提交外经贸部门对公司章程、合作合同所作的批复和外资、台港澳侨投资企业的批准证书	—
7	合作开发合同中不能明确各股东或合作方投入及利润分配比例的，应提交所有股东或合作方签章的投入和利润分配比例的证明材料	—

招标人采用公开招标方式的，应当发布招标公告。依法必须进行招标的项目的招标公告，应当通过国家指定的报刊、信息网络或者其他媒介发布。

招标公告应当载明招标人的名称和地址，招标项目的性质、数量、实施地点和时间，以及获取招标文件的办法等事项。

4. 工程建设项目招标方式的变更

公开招标因竞争充分、程序严谨且规范而被业内专家广为推崇。一般来说，建筑工程公开招标方式一旦确定就不应该更改。但是，某些情况下，如果公开招标失败，不能满足招标人的愿望，就需要变更招标方式。在目前的操作实践中，各地关于招标方式有比较严格的规定。例如，有的地方就严格规定，只有在公开招标方式失败两次以后，才能改变招标方式（由公开招标改为其他方式）；如果要招标进口货物或设备，则需要严格的调研材料和部门审批。国家各部委、各级地方人民政府鼓励自主创新产品和节能产品，鼓励使用国家设备和货物，在制度上对招标方式的变更进行了一些尝试，效果还是非常明显的。

对于因公开招标采购失败或废标而需要变更采购方式的，应审查采购过程，投标人质疑、投诉的证明材料，评审专家出具的招标文件没有歧视性、排他性等不合理条款的证明材料，已开标的提供项目开标、评标记录及其他相关证明材料。其中，专家意见中应当载明专家姓名、工作单位、职称、职务、联系电话和身份证号码。专家原则上不能是本单位、本系统的工作人员。专家意见应当具备明确性和确定性。意见不明确或者含糊不清的，属于无效意见，不作为审批依据。项目建设单位在招标活动中对审批、核准的招标范围、招标组织形式、招标方式等做出改变的，应向原审批、核准部门重新办理有关审批、核准手续。

5. 公开招标方式的信息公开要求

《招标投标法》第十六条规定："招标人采用公开招标方式的，应当发布招标公告。依法必须进行招标的项目的招标公告，应当通过国家指定的报刊、信息网络或者其他媒介发布。招标公告应当载明招标人的名称和地址，招标项目的性质、数量，实施地点和时间以及获取招标文件的办法等事项。"因此，公开招标方式的基本要求是信息公开，公开的内容包括招标方式、时间、地点、数量、程序、办法、信息公布媒介等。在招标实践中，招标公告一般要在当地的工程交易中心网站、政府网站和中国招标投标网站同时发布，而招标结果一般只在当地的工程交易中心网站或政府网站上进行公布。

2.1.3 邀请招标

1. 邀请招标的概念

所谓的邀请招标，是指采购人根据供应商的资信和业绩，选择若干供应商向其发出投标邀请书，由被邀请的供应商投标竞争，从中选定中标者的招标方式。

2. 邀请招标的特点

这种采购方式一般具有的特点为：一是采购人在一定范围内邀请特定的供应商投标；二是邀请招标无须发布公告，采购人只要向特定的潜在投标人发出投标邀请书即可；三是竞争的范围有限，采购人拥有的选择余地相对较小；四是招标时间大大缩短，招标费用也相应降低。邀请招标方式由于在一定程度上能够弥补公开招标的缺陷，同时又能相对较充分地发挥招标的优势，因此也是一种使用普遍的政府采购方式。为防止采购人过度限制供应商的数量从而限制有效的竞争，使这一采购方式既适用于真正需要的情况，又保证适当程度的竞争性，法律应当对其适用条件作出明确规定。

3. 邀请招标的范围

《招标投标法》第十一条规定："国务院发展计划部门确定的国家重点项目和省（自治区、直辖市）人民政府确定的地方重点项目不适宜公开招标的，经国务院发展计划部门或者省（自治区、直辖市）人民政府批准，可以进行邀请招标。"所谓不适宜公开招标的，一般是指有保密要求或有特殊技术要求的招标。《招标投标法实施条例》第八条规定，有下列情形之一的，可以邀请招标：

（1）技术复杂、有特殊要求或者受自然环境限制，只有少数潜在投标人可供选择。

（2）采用公开招标方式的费用占项目合同金额的比例过大。

具体情况还是要由项目审批、核准部门在审批、核准项目时作出认定，或由招标人申请有关行政监督部门作出认定。

所谓具有特殊性，是指只能从有限范围的投标人处进行招标。这主要是指建筑工程的货物、设备招标或服务由于技术复杂或专门性质而具有特殊性，只能从有限范围的投标人处获得的情况。采用公开招标方式的费用占招标项目总价值的比例过大，主要是指招标的货物、设备或者服务的价值较低，如采用公开招标方式所需时间和费用与拟采购项目的价值不成比例，即采用公开招标方式的费用占建筑工程项目总价值的比例过大的情况，招标人只能通过限制投标人来达到经济和效益的目的。由此可见，采用邀请招标的适用条件，其一为潜在投标人数量不多，其二为公开招标的经济效益和成本支出合算。

4. 邀请招标方式的基本要求

《招标投标法》第十七条规定："招标人采用邀请招标方式的，应当向三个以上具备承担招标项目的能力、资信良好的特定的法人或者其他组织发出投标邀请书。投标邀请书应当载明《招标投标法》第十六条第二款规定的事项。"

邀请招标是招标人以投标邀请书邀请法人或者其他组织参加投标的一种招标方式，这种招标方式与公开招标方式的不同之处在于：它允许招标人向有限数目的特定法人或其他组织（承包商）发出投标邀请书，而不必发布招标公告。因此，邀请招标可以节约招标投标费用，提高效率。按照国内外的通常做法，采用邀请招标方式的前提条件是对市场供给情况比较了解，对承包商的情况比较了解。在此基础上，还要考虑招标项目的具体情况：一是招标项目的技术新而且复杂或专业性很强，只能从有限范围的承包商中选择；二是招标项目本身的价值低，招标人只能通过限制投标人数来达到节约和提高效率的目的。因此，邀请招标是允许采用的，而且在实际中有较大的适用性。

但是，在邀请招标时，招标人有可能故意邀请一些不符合条件的法人或其他组织作为其内定中标人的陪衬，搞虚假招标。为了防止这种现象的发生，应当对邀请招标的对象所具备的条件做出限定，即向其发出投标邀请书的法人或其他组织应不少于多少家，而且这些法人或其他组织资信良好，具备承担招标项目的能力。前者是对邀请投标范围最低限度的要求，以保证适当程度的竞争性；后者是对投标人资格和能力的要求，招标人对此还可以进行资格审查，以确定投标人是否达到这方面的要求。为了保证邀请招标有适当程度的竞争性，除潜在招标人有限外，招标人应邀请尽量多的法人或其他组织，向其发出投标邀请书，以确保有效的竞争。

投标邀请书与招标公告一样，是向作为供应商、承包法人或其他组织发出的关于招标事宜的初步基本文件。为了提高效率和透明度，投标邀请书必须载明必要的招标信息，使供应商或承包商了解招标的条件是否为他们所接受，并了解如何参与投标。招标人的名称和地址，招标项目的性质、数量、实施地点和时间以及获取招标文件的办法等内容。只是对投标邀请书最起码的规定，并不排除招标人增补他认为适宜的其他材料，如招标人对招标文件收取的任何收费，支付招标文件费用的货币和方式，招标文件所用的语言，希望或要求供应货物的时间、工程竣工的时间或提供服务的时间表等。

2.1.4　建筑工程自行招标

1. 建筑工程自行招标的概念

所谓自行招标，是指建筑工程项目不委托招标机构招标，招标人自己进行招标的情况。自行招标不是招标方式的一种，是招标行为不进行代理的意思。根据 2013 年 4 月修订的《工程建设项目自行招标试行方法》。为了规范工程建设项目招标人自行招标行为，加强对招标活动的监督，国家对自行招标活动进行了新的规定。

2. 建筑工程自行招标的条件

招标人自行办理招标事宜，应当具有编制招标文件和组织评标的能力，具体包括：

（1）具有项目法人资格（或者法人资格）。

（2）具有与招标项目规模和复杂程度相适宜的工程技术、概预算、财务和工程管理等方面的专业技术力量。

（3）有从事同类工程建设项目招标的经验。

（4）拥有 3 名以上取得招标职业资格的专职招标业务人员。

（5）熟悉和掌握招标投标法及有关法规规章。

因此，若不能满足以上条件，则需要将项目交给招标代理机构，代表招标人进行招标。

3. 建筑工程自行招标的审核

招标人自行招标的，项目法人或者组建中的项目法人应当在向国家发改委上报项目的可行性研究报告或者资金申请报告、项目申请报告时，一并报送符合要求的相关书面材料。

书面材料应当至少包括：

（1）项目法人营业执照、法人证书或者项目法人组建文件。

（2）与招标人项目相适宜的专业技术力量情况。

（3）取得招标职业资格的专职招标业务人员的基本情况。

（4）拟使用的专家库情况。

（5）以往编制的同类工程建设项目招标文件和评标报告，以及招标业绩的证明材料。

（6）其他材料。

国家发改委审查招标人报送的书面材料，核准招标人符合《工程建设项目自行招标试行办法》规定的自行招标条件的，招标人可以自行办理招标事宜。一次核准手续仅适用于一个工程建设项目。即使招标人不具备自行招标条件，也不影响国家发改委对项目的审批或者核准，任何单位和个人不得限制其自行办理招标事宜，也不得拒绝办理工程建设有关手续。

招标人自行招标的，应当自确定中标人之日起十五日内，向国家发改委提交招标投标情况的书面报告。书面报告至少包括下列内容：

（1）招标方式和发布资格预审公告、招标公告的媒介。

（2）招标文件中招标人须知、技术规格、评标标准和方法、合同主要条款等内容。

（3）评标委员会的组成和评标报告。

（4）中标结果。

招标人不按规定要求履行自行招标核准手续的或者报送的书面材料有遗漏的，国家发改委要求其补正；不及时补正的，视同不具备自行招标条件。招标人履行核准手续中有弄虚作假情况的，视同不具备招标条件。

在报送可行性研究报告或者资金申请报告、项目申请报告前，招标人确需通过招标方式或者其他地方确定勘察、设计单位开展前期工作的，应当在规定的书面材料中说明。国家发改委审查招标人报送的书面材料，认定招标人不符合《工程建设项目自行招标试行办法》规定的自行招标条件的，在批复、核准可行性研究报告或者资金申请报告、项目申请报告时，要求招标人委托招标代理机构办理招标事宜。

那么，对于不属于由国家发改委审核的工程建设项目，按相应规模和各地方主管部门的规定，可参考以上情况进行操作。

2.1.5　建筑工程可以不招标的情形

2.1.5.1　法律法规对不招标情形的规定

《招标投标法》第六十六条规定："涉及国家安全、国家秘密、抢险救灾或者属于利用扶贫资金实行以工代赈、需要使用农民工等特殊情况，不适宜进行招标的项目，按照国家有关规定可以不进行招标。"《招标投标法实施条例》根据实际情况，对可以不进行招标的情况进行了补充和细化，除《招标投标法》第六十六条规定的可以不进行招标的特殊情况外，有下列情形之一的，也可以不进行招标：

（1）需要采用不可替代的专利或者专有技术。

（2）采购人依法能够自行建设、生产或者提供。

（3）已通过招标方式选定的特许经营项目投资人依法能够自行建设、生产或者提供。

（4）需要向原中标人采购工程、货物或者服务，否则将影响施工或者功能配套要求。

（5）国家规定的其他特殊情况。

《招标投标法实施条例》的可操作性很强，既坚持了原则性，又兼顾了灵活性。

2.1.5.2　规避招标

1. 规避招标的概念

所谓规避招标，是指招标人以各种手段和方法，来达到逃避按国家法律法规规定要公开招标或邀请招标的行为。《招标投标法》第四条规定："任何单位和个人不得将依法必须进行招标的项目化整为零或者以其他任何方式规避招标。"招标人违反《招标投标法》和《招标投标法实施条例》的规定弄虚作假的，属于规避招标。

2. 容易发生规避招标的项目

容易发生规避的项目：一是建筑的附属工程，因为附属工程一般比较小，建设单位容易忽视，有些单位还认为只要建筑的主体工程进行招标就行了，附属工程就不需要招标，这是认识的误区；二是在工程项目计划外的工程，计划外的工程从一开始就没有按规定履行立项手续，所以招标投标也就无从谈起；三是施工过程中矛盾比较大的工程，建设单位为了平息矛盾，违规将工程直接发包给当地村民或当地的黑恶势力，为以后的工程质量和支付使用留下巨大隐患。

3. 常见的规避招标的行为

规避招标的行为，有的比较明显，有的比较隐秘，常见的规避招标手段有：

（1）肢解工程进行规避招标。建设单位将依法必须公开招标的工程项目化整为零或分阶段实施，使之达不到法定的公开招标规模；或者将造价大的单项工程肢解为各种子项工程，各子项工程的造价低于招标限额，从而规避招标，这是最常见的情况。例如，某个不大的公园建筑工程招标时，供电一个包，绿化一个包，给排水一个包，道路一个包……整个公园的造价不菲，但分解到很细的一个包就不需要招标了。况且，这种肢解分包看起来还很有理由，面对监管部门的审查时说是按专业分工，可加强对建设项目专业性管理。再如，在审计过程发现，某单位将办公楼装修工程肢解为楼地面装修、吊顶等项目对外单独发包。

（2）以"大吨小标"的方式进行招标。这种做法比较隐蔽，主要是想方设法先将工程造价降低到招标限额以下，在确定施工单位后，再进行项目调整，最后按实结算。比如某单位一开始连设计过程都没有进行，直接以一张"草图"进行议标，确定施工单位后再重新进行设计，最后工程结算造价也大大超过投标限额。再如，某地的一些招商引资项目，没有图样、没有设计，先确定施工单位，没有进行招标，后来通过"技术手段"完成工程手续。

（3）通过打项目的时间差来规避招标。比如某单位先将操场跑道拿出来议标（实际上议标也是不允许的）。在确定施工单位后，再明确工作内容不仅仅是操场跑道，还有篮球场工程，当然造价也就相应地提高了。这也是比较隐秘的规避招标。

（4）改变招标方式规避招标。如采取以邀代招或直接委托承包人，特别是在工程前期选择勘察、设计单位时，想方设法找借口搞邀请招标，或降低招标公告的广泛性，缩小投标参与人的范围。

（5）以集体决策为幌子，规避招标。如以形象工程、庆典工程等理由为借口，以行政会议或联席会议的形式确定承包人。

（6）以招商代替招标。这一新动向主要是在招商引资中，借口采取 BOT 形式，招标人直接将工程项目交给熟悉的客商，而不按规定开展公开招标投标。

（7）在信息发布上做文章。主要体现在：要么限制信息发布范围；要么不公开发布信息；要么信息发布的时间很短。

2.1.5.3 规避招标与可以不进行招标的区别

规避招标扰乱了正常的建设市场的秩序，使工程质量得不到保证，容易诱发腐败。但在某些情况下，确实可能是对法律法规规定的可以不进行招标的情况有误解而客观造成了规避招标。那么，在实践中如何正确认识可以不进行招标的情况呢？应该坚持以下几条原则：涉及国家安全、国家机密、抢险救灾或者属于利用扶贫资金进行以工代赈、需要使用农民工等特殊情况，均为不适宜进行招标的项目。但一些建设单位随意定义"应急工程"，规避招标。有的业主以时间紧迫、任务重大为借口，将正常工程定义为"应急工程"，只在小范围发布招标公告，甚至直接确定承包人。

在招标实践中，笔者发现有招标人故意滥用《招标投标法实施条例》关于"需要向原中标人采购工程、货物或者服务，否则将影响施工或者功能配套要求"的规定。例如，某工程，第一期是某公司中标，过几年后第二期启动建设，也直接指定这家公司施工，说是第二期和第一期有连续性，需要向原中标人采购工程和货物，这就是典型的利用法律法规规定的可以不进行招标的条款来打擦边球，故意歪曲法规。正常招标的项目都是在"阳光"下进行的，而所谓的不招标项目，往往是在工程承揽过程中，某个或某些关键人物就成了施工单位公关的对象，容易导致钱权交易，产生腐败。

当然最常见的是个别单位或个别领导招标意识淡薄，多以时间紧、任务重、抢进度等为由进行规避招标。有些单位对政府工程"要招标"的认识已普遍趋于一致，但对"怎么招"的认识却比较模糊。

2.1.6　建筑工程标段的划分

1. 相关法律法规对标段划分的规定

所谓标段，是指一个建设项目，为招标和建设施工的方便，分为几个更小的子包或项目来进行招标或建设。国家相关法律法规对标段的划分，主要是《工程建设项目施工招标投标办法》有一个比较宏观的规定，即施工招标项目需要划分标段、确定工期的，招标人应当合理划分标段，确定工期，并在招标文件中载明，对工程技术上紧密相连、不可分割的单位工程不得分割标段。

此外，一些部委和地方政府建设行政主管部门，对标段的划分也做了一些具体的规定。

2. 标段的划分原则

对需要划分标段的招标项目，招标人应当合理划分标段。一般情况下，一个项目应当作为一个整体进行招标。但是，对于大型的项目，作为一个整体进行招标将大大降低招标的竞争性，甚至可能流标，或延长建设周期，也不利于建设单位对中标人的管理，因为符合招标条件的潜在投标人数量太少。这样就应当将招标项目划分成若干个标段分别进行招标。但也不能将标段划分得太小，太小的标段将失去对实力雄厚的潜在投标人的吸引力。比如，建筑项目一般可以分解为单位工程及特殊专业工程分别招标，但不允许将单位工程肢解为分部、分项工程进行招标。标段的划分是招标活动中较为复杂的一项工作，应当综合考虑以下因素：

（1）招标项目的专业要求。如果招标项目几部分内容的专业要求接近，则该项目可以考虑作为一个整体进行招标；如果该项目几部分内容的专业要求相距甚远，则应当考虑划分为不同的标段分别招标。例如，对于一个项目中的土建和设备安装两部分内容就应当分别招标。

（2）招标项目的管理要求。有时一个项目的各部分内容相互之间干扰不大，方便招标人进行统一管理，这时就可以考虑对各部分内容分别进行招标；反之，如果各个独立的承包商之间的协调管理十分困难，则应当考虑将整个项目发包给一个承包商，由该承包商分包后统一进行协调管理。

（3）对工程投资的影响。标段划分对工程投资也有一定的影响。这种影响由多方面因素造成，但直接影响是由管理费的变化引起的。一个项目作为一个整体招标，承包商需要进行分包，分包的价格在一般情况下没有直接发包的价格低。但一个项目作为一个整体招标，有利于承包商进行统一管理，人工、机械设备、临时设施等可以统一使用，又可能降低费用。因此，应当具体情况具体分析。

（4）工程各项工作的衔接。在划分标段时还应当考虑项目在建设过程中的时间和空间的衔接，应当避免产生平面的或者立面的交接、工作责任的不清。如果建设项目各项工作的衔接、交叉和配合少，责任清楚，则可以考虑分别发包；反之，则应考虑将项目作为一个整体发给一个承包商，因为，此时由一个承包商进行协商管理容易做好衔接工作。

在招标实践中，既有被动地细分标段的情况，主要体现为各方利益不好平衡，多做几个标段或子包，采"兼投不兼中"的方式，各方都能中标，也有捆绑各标段制成一个大标的，因为标段划分不合理而引起投诉或流标的情况也不少见。

2.2 工程项目招标程序

2.2.1 概述

2.2.1.1 建筑工程招标的特点

建筑工程招标的目的是在工程建设各阶段引入竞争机制，择优选定咨询、勘察、设计、监理、建筑工程、装饰装修、设备安装、材料设备供应成工程总承包等单位，以提供优质、高效的服务、控制和降低工程造价、节约建设投资、确保工程质量和施工安全、缩短建设周期。因此，建筑工程招标有以下特点。

1. 遵章行事、有法可依

为了适应社会主义市场经济体制的需要，更好地与世界经济接轨，保护国家、社会和招标投标活动当事人的合法权益，提高经济效益，保证项目质量。我国于1999年8月30日通过和颁布了《招标投标法》。随着工程项目建设的不断发展，结合各地的实际情况，中央政府、各部委、地方政府相继出台了各项工程招标投标管理办法，建立了招标投标交易的有形市场并设立了监督管理机构和相应的监督管理办法。2012年2月1日施行的《招标投标法实施条例》更是总结了各地的招标投标管理经验，具有更强的可操作性。

2. 公开、公平、公正

各级政府为建立规范有形的建筑市场，设立了非营利性的服务、监督、管理的建筑工程交易中心（有的地方称为公共资源交易中心），统一发布建筑工程招标信息，打破地域垄断，具备相应资质的潜在投标企业均可备案报名投标。这样就监督了招标程序严格合法，开标公开，中标公示，评委在交易中心专家库随机抽取专家，评标过程封闭保密。

3. 平等交易

长期以来，我国建筑市场的施工单位为承揽工程业务而处于被动地位。在实施《招标投标法》和《招标投标实施条例》以后，通过有形建筑市场交易，在招标公告和招标文件中将规则事先订立，让发包、承包双方可双向选择，使招标投标在平等的前提下公开进行，符合合同法中合同主体平等自愿的原则。

2.2.1.2　建筑工程招标的分类

建筑工程招标依不同的分类方法有各自不同的种类。

1. 按建筑工程建设程序分类

按建筑工程建设的程序分类，建筑工程招标可以分为建设项目可行性研究招标、工程勘察设计招标、施工招标、工程监理招标、材料设备采购招标。

2. 按照产品性质分类

按照招标的产品性质分类，建筑工程招标可以分为服务招标、施工招标和采购招标。

（1）服务招标，如建设项目可行性研究招标、环境影响标、工程勘察设计招标、工程造价咨询招标、工程监理招标、维护管理招标、代建管理招标等。

（2）施工招标，如土建施工招标、装饰工程招标、设备安装招标、修缮工程招标。

（3）货物或设备招标，如材料采购招标、设备采购招标等。

3. 按建设项目组成分类

按建设项目的组成分类，建筑工程招标可以分为建设项目招标、单项工程招标、单位工程招标、分部工程或分项工程招标。

4. 按建筑工程承包模式分类

按建筑工程承包模式分类，建筑工程招标分为总承包招标、专项工程承包招标。

5. 按建筑工程的招标范围分类

按建筑工程的招标范围分类，建筑工程招标可以分为国内工程招标、境内国际工程招标、国际工程招标等。

2.2.1.3　建筑工程招标的基本原则

《招标投标法》第五条规定："招标投标活动应当遵循公开、公平、公正和诚实信用的原则。"可见，建筑工程招标应遵循以下基本原则。

1. 公开原则

公开原则就是招标活动要具有较高的透明度，在招标过程中要将招标信息、招标程序、评标办法、中标结果等按相关规定公开。

（1）招标信息公开。招标活动的公开原则首要的就是将工程项目的招标信息公开。依法必须公开招标的工程项目，应当在国家或者地方指定的报刊、信息网络或者其他媒介上发布招标公告，并同时在中国工程建设和建筑业信息网站上发布招标公告。现阶段各级地方人民政府网站或指定的建筑工程交易中心网站发布工程项目招标公告。招标公告应当载明招标人的名称和地址，招标工程的性质、规模、地点及获取招标文件的办法等事项。如果要进行资格预审，则要求将资格预审所需提交的材料和资格预审条件载明于公告中。

采用邀请招标方式的，应当向3个以上符合资质条件的施工企业发出投标邀请书，并将公开招标公告所要求告之的内容在邀请书中予以载明。招标公告（或招标邀请书）内容要有能让潜在投标人决定是否参加投标竞争所需要的信息。

（2）招标投标条件公开。招标人必须将建筑工程项目资金来源、资金准备情况、项目前期工作进展情况、项目实施进展计划、招标组织机构、设计及监理单位、对投标单位的资格要求向社会公开，以便潜在的投标人决定是否参加投标和接受社会监督。

（3）招标程序公开。招标人应在招标文件中将招标投标程序和招标活动的具体时间、地点、安排标注清楚，以便投标人准时参加各项招标投标活动，并对招标投标活动加以监督。

开标应当公开进行，开标的时间和地点应当与招标文件中预先确定的相一致。开标由招标人主持，邀请所有投标人和监督管理的相关单位代表参加。招标人在招标文件中要求的提交投标文件截止时间前收到的所有密封完好的投标文件，开标时都应当众予以拆封、宣读，并做好记录以便存档备查。

（4）评标办法和标准公开。评标办法和标准应当在招标文件中载明，评选应严格按照招标文件确定的办法和标准进行，不得将招标文件未列明的其他任何标准和办法作为评标依据。招标人不得与投标人对投标价格、投标方案等实质内容进行谈判。

（5）中标结果公开。评标委员会根据评标结果推荐1～3个中标候选人并进行排序，招标人应当确定排名第一的中标候选人为中标人。原建设部〔2005〕208号文第六条规定，在中标通知书发出前，要将预中标人的情况在该工程项目招标公告发布的同一信息网络和工程项目交易中心予以公示。

确定中标人必须以评标委员会出具的评标报告为依据，严格按照法定的程序，在规定的时间内完成，并向中标人发出中标通知书。

2. 公平原则

公平原则就是招标投标过程中，所有的潜在投标人和正式投标人享用同等的权利，履行同等的义务，采用统一的资格审查条件和标准、评选办法和评选标准来进行评审。对于招标人来说，就是要严格按照《招标投标法》和《招标投标管理条例》规定的招标条件、程序要求办事，给所有潜在投标或正式投标人平等机会，不得以不合理的条件限制或者排斥潜在投标人，不得对潜在投标人实行歧视待遇，应当根据招标项目的特点和需要编制招标文件，不得提出与项目特点和需要不相符或过高的要求来排斥潜在投标人。招标文件中规定的各项技术标准均不得要求或标明某一特定的专利、商标、名称、设计、原产地或生产供应者，不得含有倾向或者排斥潜在投标人的其他内容。招标人应将招标文件答疑和现场踏勘答疑或招标文件的补充说明等以书面形式通知所有的购买招标文件的潜在投标人。

招标人不得向他人透露已获取招标文件的潜在投标人的名称、数量以及可能影响公平竞争的有关招标投标的其他情况。招标人不得限制投标人之间的竞争。所有投标人都有权参加开标会议并对会议过程和结果进行监证。

对于投标人，不得相互串通投标报价，不得组织排斥其他投标人的公平竞争，损害招标人或者其他投标人的合法权益；投标人不得与招标人串通投标，损害国家利益、社会公共利益或者他人的合法权益。

3. 公正原则

招标过程中招标人的行为应当公正，对所有的投标竞争者都应平等对待，不能有特殊倾向。建设行政主管部门要依法对工程招标投标活动实施监督，严格执法，秉公办事，不得对建筑市场违法设障，实行地区封锁和部门保护等行为，不得以任何方式限制或者排斥本地区、本系统以外的企业参加投标。评标时评标标准和评标办法应当严格执行招标文件规定，不得在评标时修改、补充。对所有在投标截止时间后送达的投标书及密封不完好的投标书都应拒收。投标人或者投标人主要负责人的近亲属、项目主管部门或者行政监督部门的人员不得作为评标委员会成员。评标委员会成员不得发表任何具有倾向性、诱导性的见解，不得对评标委员会成员其他成员的评审意见施加任何影响，任何单位和个人不得非法干预、影响评标的过程和结果。

4. 诚实信用原则

遵循诚实信用原则，就是要求招标投标当事人在招标活动中应当以诚实守信的态度行使权利、履行义务，不得通过弄虚作假、欺骗他人来争取不正当利益，不得损害对方、第三者或者社会利益。在招标投标活动中，招标人应当将工程项目实际情况和招标投标活动程序安排准确并及时通知投标人，不得暗箱操作，应将合同条款在招标文件中明确并按事先明确的合同条款与中标人签订合同，不得搞"阴阳合同"，应实事求是答复投标人对招标文件或踏勘现场提出的疑问。投标人不得相互串通投标报价，不得排挤其他投标人的公平竞争，不得以低于成本的报价竞标；中标后应按投标承诺中的项目管理方法组织机构人员到位，组织机械设备、劳动力及时到位，确保工程质量、安全、进度达到招标文件或投标承诺要求。投标人不得违反法律规定将中标项目转包、分包。2005 年 8 月，原建设部颁发的《关于加快推进建筑市场信用体系建设工作的意见》中规定，要对建筑市场各主体在执行法定程序、招标投资交易、合同签订履行、业主工程款支付、农民工工资支付、质量安全管理等方面，提出应达到的最基本诚信要求，并要求地方建设行政部门制订相应的诚信管理办法和失信惩戒办法，招标人和投标人必须遵循。

2.2.1.4　建筑工程招标的主体

建筑工程招标的主体即招标人，是指依照《招标投标法》规定提出招标项目进行招标的法人或者其他组织。

1. 法人

招标投标活动中的招标主体主要是法人。法人是指具有民事权利能力和民事行为能力，依法独立享有民事权利和承担民事义务的组织。法人包括企业法人、事业单位法人、机关法人和社会团体法人。法人应当具备以下条件：

（1）依法成立。

（2）有必要的财产或者经费。

（3）有自己的名称、组织机构和场所。

（4）能独立承担民事责任。

2. 其他组织

其他组织是指法人以外的其他组织，包括法人的分支机构、不具备法人资格的联营体、合伙企业、个人独资企业。这些组织应当是合法成立的，并且有一定的组织机构和财产，但不具备法人资格的组织。在某些招标活动中，招标人也允许这类组织进行投标。

3. 对招标人的其他要求

原国家发展计划委员会（现国家发展和改革委员会）颁布的《工程建设项目自行招标试行办法》（2013 年 4 月进行了修订）为规范工程项目招标人自行招标，对招标人作出了相应的要求，具体包括：

（1）具体项目法人资格（或者法人资格）。

（2）具体与招标项目规模和复杂程序相适应的工程技术、概预算、财务和工程管理等方面的专业技术力量。

（3）有从事同类工程建设项目招标的经验。

（4）设有专门的招标机构或者拥有 3 名以上专职招标业务人员。

（5）熟悉和掌握招标投标法及有关法规规章，并要将相关资料报国家计划部门审查核准。不具备自行招标条件时，招标人应当委托具有相应资格的工程招标代理机构代理招标。

2.2.1.5 建筑工程招标的条件

《招标投标法》第九条规定："招标项目按照国家有关规定需要履行项目审批手续的，应当先履行审批手续，取得批准。招标人应当有进行招标项目的相应资金或有资金来源已经落实，并应当在招标文件中如实载明。"对于建筑工程项目不同性质和不同阶段的招标，招标条件有所侧重。

1. 公路工程施工招标的条件

对于公路工程，可以进行施工招标的条件是：

（1）初步设计和概算文件已经审批。

（2）项目法人已经确定，并符合项目法人资格标准要求。

（3）建设资金已经落实。

（4）已正式列入国家或地方公路基本建设计划。

（5）征地拆迁工作基本完成或落实，能保证分段连续施工。

2. 房屋建筑工程施工招标条件

对于房屋建筑工程，可以进行施工的招标条件是：

（1）建设项目已经正式列入国家、部门或地方的年度固定资产投资计划。

（2）建设用地的征地工作已经完成，并取得用地批准通知书或土地使用证。

（3）建筑方案和初步设计通过部门审批，取得建筑工程规划许可证。

（4）设计概算已经批准。

（5）有已经审查通过并满足施工需要的施工图样及技术资料。

（6）建设资金和主要材料、设备的来源已经落实。

（7）施工现场"三通一平"已经完成或列入施工招标范围时具备交付施工场地条件。

3. 勘察、设计项目招标的条件

（1）按照国家有关规定需要履行项目审批手续的，已履行审批手续，取得批准。

（2）勘察设计所需资金已经落实。

（3）所必需的勘察设计基础资料已经收集完成。

（4）法律、法规规定的其他条件。

4. 建筑工程设备或货物招标的条件

（1）招标人已经依法成立。

（2）按照国家有关规定应当履行项目审批、核准或者备案手续的，已经审批、核准或者备案。

（3）有相应资金或者资金来源已经落实。

（4）能够提出货物的使用与技术要求。

2.2.1.6 建筑工程施工项目招标无效的情形

按照相关规定，在下列情况下，建筑工程施工项目招标无效：

（1）未在指定的媒介发布招标公告的。

（2）邀请招标不依法发出投标邀请书的。

（3）自招标文件或资格预审文件出售之日起至停止出售之日止，少于 5 日的。

（4）依法必须招标的项目，自招标文件开始发出之日起至提交投标文件截止之日止，少于20日的。

（5）应当公开招标而不公开招标的。

（6）不具备招标条件而进行招标的。

（7）应当履行核准手续而未履行的。

（8）不按项目审批部门核准内容进行招标的。

（9）在提交投标文件截止时间后接收投标文件的。

（10）投标人数量不符合法定要求而不重新招标的。

被认定为招标无效的建筑工程施工项目，应依法重新招标。

2.2.2 公开招标的程序

招标是招标人和投标人为签订合同而实施的要约邀请、要约和承诺等一系列经济活动的过程。政府有关管理机关对该经济活动过程做了具体的要求，并对有形建筑市场集中办理有关手续，依法实施监督。

建筑工程公开招标的程序在各地的招标实践中可能有一些出入。由于报名参加建筑工程项目的投标人往往很多，在确定正式投标人之前，有的地方政府或部门规定，在招标过程中可以通过摇号或摇珠的方式先确定部分投标人，然后再进行评标，或者先通过符合性审查评审，再进行摇号或摇珠的方式确定中标人。这是某些地方政府对招标程序的变通，有一定的合理性和可操作性，但不合法。

2.2.2.1 发布招标公告

公开招标时，必须发布招标公告（邀请招标时发布投标邀请函）。不过很多招标人或招标代理机构往往并没有注意学术上的严谨性，本来是公开招标，却在发布招标公告时写成了投标邀请函。实际上，在邀请招标时，并不一定要在公开的媒体上发招标公告，可以直接向潜在的投标对象发投标邀请函即可。

1. 招标公告发布的要求

按招标投标相关法律法规的规定，依法必须进行公开招标的工程项目，必须在主管部门指定的报刊、网站或者其他媒介上发布招标公告，并同时在建筑信息网、建筑工程交易中心网上发布招标公告。招标公告的内容主要包括：

（1）招标人的名称、地址，联系人的姓名、电话。委托代理机构进行招标的，应注明代理机构名称、地址、联系人姓名及电话。

（2）招标工程的基本情况，如工程项目名称、建筑规模、工程地点、结构类型、计划工期、质量标准要求、标段的划分、本次招标范围。

（3）招标工程项目条件，包括工程项目计划立项审批情况、概预算审批情况、规划情况、国土审批情况、资金来源和筹备情况。

（4）对投标人的资质（资格）要求及应提供的其他有关文件。招标人采用资格预审办法对潜在投标人进行资格审查的，应当发布资格预审公告。

（5）获取招标文件或者资格预审文件的地点和时间。

（6）招标公告格式样板可参考国家和地方招标投标管理部门统一的招标公告范本。

2. 招标公告发布的注意事项

发布招标公告时要注意以下事项：

（1）对招标公告的监督要求。依法必须进行公开招标的项目，招标公告应在指定的报纸、信息网络等媒介上发布，行政职能部门对招标公告发布活动进行监督。

招标人或其委托的招标代理机构发布招标公告时，应当向指定媒体提供公告文本、招标方式核准文件和招标人委托招标代理机构的委托书等证明材料，并将公告文本同时报项目招标方式核准部门备案。

拟发布的招标公告文件应当由招标人或其委托的招标代理机构的主要负责人或其委托人签名并加盖公章。公告文本及有关证明材料必须在招标文件和招标资格预审文件开始发出之日的 15 日前送达指定媒体和项目招标方式核准部门。

（2）对指定媒介的要求。指定媒介必须在收到招标公告文本之日起 7 日内发布招标公告。指定的媒介不得对依法必须招标的工程项目的招标公告收取费用，但发布国际招标公告的除外。

在两家以上媒介发布的同一招标项目的招标公告的内容应当相同，若出现不一致情况，则有关媒介可以要求招标人和其委托的招标代理机构及时予以改正、补充和调整。

指定媒介发布的招标公告的内容与招标人或其委托的招标代理机构提供的招标公告文本不一致时，应当及时纠正，重新发布。

（3）对招标人或招标代理机构的要求。招标人必须在指定媒介发布招标公告，并且至少在一家指定的媒介发布招标公告，不得在两家以上的媒介就同一招标项目发布内容不一致的招标公告，招标公告中不得以不合理的条件限制和排斥潜在的投标人。

招标人应当按照招标公告和投标邀请书规定的时间、地点出售招标文件或者资格预审文件。自招标文件或者资格预审文件出售之日起至停止出售之日止，最短不得少于 5 日。

对招标文件或者资格预审文件的收费应当合理，不得以营利为目的。对于所附的设计文件的押金，招标人应当向投标人退还。

招标文件或资格预审文件售出后，不予退还。招标人在发布招标公告后，以及在售出招标文件或资格预审文件后，均不得擅自终止招标。

2.2.2.2 资格审查

资格预审是指招标人根据招标项目本身的特点和需求，要求潜在投标人提供其资格条件、业绩、信誉、技术、设备、人力、财务状况等方面的情况，审查其是否满足招标项目所需，进而决定投标申请人是否有资格参加投标的一系列工作。

1. 资格预审的意义

招标人通过资格预审，能够了解潜在招标人的资质等级情况，掌握其业务承包的范围和规模，了解其技术力量以及近几年来的工程业绩情况、财务状况、履约能力、信誉情况，可以排除不具备相应资质和技术力量、没有相应的业务经营范围、财务状况和企业信誉很差、不具备履约能力的投标人参与竞争，以降低招标成本、提高招标效率。

2. 资格预审的管理和程序

一般来说，建筑工程项目招标的资格预审按下列程序进行：

（1）招标人或招标代理机构准备资格预审文件。资格预审文件的主要内容为资格预审公告、资格预审申请人须知、资格预审申请表、工程概况和合同段简介。

（2）公开发布资格预审公告。资格预审公告可随招标公告在指定媒介同时发布（或合并发布）。资格预审公告应包括的内容有：招标人的名称和地址、联系人与联系方式、招标条件、招标项目概括和招标范围、申请人资格要求、资格预审方法、资格预审文件的获取方式、资格预审申请文件的递交方式，发布公告的媒体。

（3）发售资格预审文件。资格预审文件应包括资格预审须知和资格预审表两部分。资格预审文件应将资格预审公告中招标项目的情况进行更加详细的说明，对投标申请人所提交的资料做出具体要求，对资格审查方法和审查结果公布的媒介和时间做出详尽准确的说明。

《招标投标法实施条例》第十五条规定："招标人采用资格预审办法对潜在投标人进行资格审查的，应当发布资格预审公告、编制资格预审文件。"资格预审文件格式样板可参考国家和地方招标投标管理部门统一的资格预审文件范本。

（4）投标申请人编写资格预审申请书，递交资格预审申请书。

（5）国有资金占控股或者主导地位的依法必须进行招标的项目，招标人应当组建资格审查委员会审查资格预审申请文件。《招标投标法实施条例》第十八条规定："资格预审应当按照资格预审文件载明的标准和方法进行。"审查的主要内容有：

1）是否具有独立订立建设合同的资格。

2）是否具有履行合同的能力，包括专业技术能力、资金、设备和其他物质设施状况、管理能力、经验、信誉和相应的从业人员。

3）有没有处于停业、投标资格被取消、财产被接管或冻结、破产状态。

4）在最近三年内有没有被骗取中标和严重违约及重大工程质量问题。

5）法律、行政法规规定的其他资格条件。

（6）编写资格预审评审报告，报当地招标主管部门审定备案，并在发布公报公告的媒介上进行公示。

（7）在资格预审结束后，招标人应当及时向资格预审申请人发出资格预审结果通知书。未通过资格预审的申请人不具有投标资格，通过资格预审的申请人少于三个的，应当重新招标。

值得注意的是，招标人采用资格后审办法对投标人进行资格审查的，应当在开标后由评标委员会按照招标文件规定的标准和方法对投标人的资格进行审查。

2.2.2.3 发售招标文件

招标人应根据招标工程项目的特点和需要编制招标文件。招标文件发售时间要根据工程项目实际情况和招标人的分布范围确定，要确保投标人有合理、足够的时间获得招标文件。

发售招标文件时，招标人或招标代理机构应做好购买招标文件的记录，内容包括潜在投标人名称、地址、联系方式、邮编、邮寄地址、联系人姓名、招标文件编号，以便于确认已购买招标文件或被邀请的投标人，有利于招标情况变化修改、补充，或时间地点调整时及时并准确地通知潜在投标人。

2.2.2.4 勘察工程项目现场

招标人组织投标单位勘察现场的目的在于使投标单位了解并掌握工程现场情况和周围环境、材料供应情况，让投标人了解工程施工组织计划和工程造价，确定控制所需的信息让投标人能合理地进行施工组织设计，使其工程造价分析尽量准确，能尽量充分地预测投标风险，为日后合同双方履约提供铺垫。

在勘察现场应向投标人做出介绍和解答，内容大致包括：

（1）将现场情况与招标文件说明进行对照解释。

（2）现场的地理位置、地形、地貌。

（3）现场的地质、土质、地下水位、水文等情况。

（4）现场的气候条件，包括气温（最高气温、最低气温和持续时间）、温度、风力、雨雾情况等。

（5）现场环境，如交通、供水、供电、通信、排污、环境保护等情况。

（6）工程在施工现场的位置与布置。

（7）提前投入使用的单位工程的需求。

（8）临时用地、临时设施搭建等要求。

（9）地方材料供应指导情况。

（10）余土排放地点。

（11）地方城市管理的一些要求。

（12）投标人为施工组织设计和成本分析需要且招标人认为能提供的相关信息。

2.2.2.5 标前会议

在标前会议上主要由招标人以正式会议的形式解答投标人在勘察现场前后以及对招标文件和设计图样等方面以书面形式提出的各种问题，以及会议上提出的有关问题。招标人也可以在会议上就招标文件的错漏做出补充修改说明。在会议结束后，招标人应将会议解答或修改补充的内容形成书面通知发给所有招标文件收受人，补充修改答疑通知应在投标截止日期前15天内发出，以便让投标者有足够的时间做出反应。补充修改和答疑通知为招标文件的组成部分，具有同等的法律效力。

2.2.2.6 编制招标标底

招标标底是招标人对招标项目内容工程所需工程费用的测算和事先控制，也是审核投标报价、评标和决标的重要依据。标底制定得恰当与否，对投标竞争起着重要的作用。标底价偏高或偏低都会影响招标、评标结果，对招标项目的实施造成影响。标底价过高，不利于项目投资控制，会给国家和集体经济造成损失，并会造成投标人投标报价的随意性、盲目性，使投标人不会通过优化施工方案和施工组织设计来控制和降低工程费用，不利于选择优秀的施工队伍，对行业的技术管理的提高和发展不利；标底价过低对投标人没有吸引力，可能会造成亏损，投标人将放弃投标，不利于选择到经济实力强、社会信誉高、技术和管理能力强的优秀施工队伍，甚至导致招标失败。招标标底过低，招回来的中标人往往也是那些管理素质差、盲目随意报价、在投标时不择手段、在施工过程中管理混乱、进度任意拖延、施工技术工人随意拉找、工程质量低劣、安全措施不予落实、拖欠和苛刻工人工资、与建设业主矛盾重重的施工单位。所以招标标底必须由有丰富工程造价和项目管理经验的造价工程师负责编制。工程项目内容要全面，工程量计算要准确，项目特征描述要详细清楚，综合单价分析要准确，人工机械材料消耗要处于行业和地方平均先进水平，主要材料设备单价做到造价管理部门信息指导价与市场行情相结合，措施项目分析全面、计价准确。标底价既要力求节约投资，又要让中标单位经过努力能获得合理利润。

招标标底和工程量清单应当依据招标文件、施工设计图样、施工现场条件和《建设工程工程量清单计价范围》（GB 50500—2013）规定的项目编码、项目名称、项目特征、计量单位和工程量计算方法等进行编制。招标标底和工程量清单由具有编制招标文件能力的招标人或其委托的具有相应资质的工程造价咨询机构、招标代理机构编制。招标人设有标底的，在开标前必须保密。一个招标工程只能编制一个标底。

为了规范建筑市场管理，减少招标投标过程中的人为因素，防止发生腐败现象，遏制围标串标、哄抬标价，维护工程招标投标活动的公平性和公开性，许多地区已取消标底，而采用经评审的最低投标价评标办法。招标人原来的标底转换为招标控制价。招标控制价是在工程招标发包过程中，由招标人根据国家或省级、行业建设主管部门发布的有关计价规定，按设计施工图样计算的工程造价，它是招标人对招标工程发包的最高限价。招标控制价应当作为招标文件的组成部分与其一起发布和公布。招标人应在招标文件中载明招标控制价值的设立方法和公布的内容，在招标过程中，因招标答疑、修改招标文件和施工设计图样等引起工程造价发生变化时，应当相应调整招标控制价。

招标标底和招标控制价，应根据招标主体和资金来源性质，报送有关主管部门审定。标底和招标控制价要控制在与批复的概算书对应的工程项目批准金额范围之内，若超过批准的预算金额，则必须经原概算批准机关核准。

2.2.2.7　接受投标人的投标书和投标保函

投标人在收到招标文件后将组织理解招标文件，按招标文件要求和自身实际情况编制投标书。投标人编制好投标书后按投标文件规定的时间、地点、联系方式把投标书递交给招标人。招标人应在投标截止时间前按招标文件规定的时间、地点、联系方式接受投标人的投标书和投标保证金或保函。招标人收到投标文件后，应当向投标人出具标明签收人和签收时间的凭证，并妥善保存投标文件。在开标前，任何单位和个人均不得开启投标文件。在招标文件要求的提交投标文件截止时间后送达的投标文件，为无效的投标文件，招标人应当拒收。在招标文件要求的提交投标文件截止时间前，投标人可以补充、修改或者撤回已提交的投标文件。补充、修改的内容为投标文件的组成部分，并应在招标文件要求的提交投标文件截止时间前送达、签收和保管。在截止时间后，招标人应当拒收投标人对投标文件的修改和补充。

2.2.2.8　开标、评标和定标

开标、评标和定标既是招标的重要环节，也是投标的重要步骤。

开标是指招标人将所有按招标文件要求密封并在投标文件递交截止日期前递交的投标文件公开启封揭晓的过程。我国招标投标办法规定，开标应当在招标文件中确定的地点，以及招标文件确定的提交投标文件截止时间的同一时间公开进行。开标由招标人主持，邀请所有投标人参加。开标时，要当众宣读投标人名称、投标报价、工期、工程质量、项目负责人姓名、有无撤标情况、投标文件密封情况及招标人认为其他需向所有投标人公开的合适内容，并做好开标记录。所有投标人代表、招标人代表、招标代理代表、建筑工程交易中心见证人员、建设行政主管部门代表及其他行政检察部门的代表都应对开标记录签字确认。

评标委员会按照招标文件确定的评标标准和方法，对有效投标文件进行评审和比较，并对评标结果签字确认。

2.2.2.9　中标公示

采用公开招标的工程项目，在中标通知书发出前，要将预中标人的情况在该工程项目招标公告发布的同一信息网络和建筑工程交易中心予以公示，接受社会监督。《招标投标法实施条例》第五十四条规定：“依法必须进行招标的项目，招标人应当自收到评标报告之日起3日内公示中标候选人，公示期不得少于3日。”

2.2.2.10 发出中标通知书

确定中标人时必须以评标委员会出具评标报告为依据。预中标人应为评标委员会推荐排名第一的中标候选人。预中标人在公示期间未受到投诉、质疑时，招标人应在公示完成后 3 日内向中标人发出中标通知书，并将中标结果通知所有未中标的投标人。

2.2.2.11 签订中标合同

招标人和中标人应当自中标通知书发出之日起 30 日内，按照招标文件和中标人的投标文件订立书面合同，招标人和中标人不得再订立背离合同实质性内容的其他协议。合同签订后，招标工作即告结束，签约双方都必须严格执行合同。

2.2.2.12 建筑工程招标程序的主要环节

公开招标的本质是"公开、公正、公平"。因此，公开招标主要指的就是招标程序的公开性、招标程序的竞争性、招标程序的公平性。只有从程序上依法、依规，才能保证招标活动真正体现"三公"原则，避免产生招标腐败现象。反过来说，作为招标人、招标代理机构、监管机构、投标人，只有遵守程序公正，才能避免被投诉、被起诉。关于投标程序过程的程序公正，在实践中要注意以下几个主要环节：

（1）建筑工程项目招标是否按规定程序进行规定方式的招标，是否进行了依法审批、是否取得了招标许可文件。

（2）如果实施自行招标，招标人（业主）是否经过了有关部门的核准，招标代理机构是否具有相应专业、范围的资质。

（3）招标活动是否依法进行，是否执行了法律、法规的回避原则，是否执行了保密原则。

（4）招标公告是否在指定媒体发布，时间是否足够。

（5）招标文件是否有倾向性或排他性（包括有意和无意）。

（6）开标是否在规定时间、地点进行，投标人是否达到 3 家。

（7）评委会是否依法组成，评标方法是否在招标文件中公布。

（8）是否有串通招标、串通投标、排斥投标的现象或行为。

（9）定标是否依法按排序定标，中标公告内容和形式、时间是否符合法律规定。

2.2.3 建筑工程招标的监督与管理

建筑工程招标是招标人依照《招标投标法》对工程项目实施所需的产品或服务的一个购买交易过程。国家和地方根据《招标投标法》的规定制定了一系列的法律、法规和文件，各级政府行政管理部门根据规定设立了相应的监督管理机构，建立了有形的建筑市场和交易管理中心。招标人应当遵循公开、公平、公正和诚信的选择，依法组织招标并加强与招标投标管理机构和建筑工程交易中心的沟通，取得管理部门的指导，接受其监督与管理，合法购买优质、价廉产品或服务，选择诚信的合作伙伴。

2.2.3.1 建筑工程招标的行政监督机关及其职责分工

为了维护建筑市场的统一性、竞争的有序性和开发性，国家根据实际情况的变化，有对招标投标进行统一监管的趋势。《招标投标法实施条例》第四条规定："国务院发展改革部门指导和协调全国招标投标工作，对国家重大建设项目的工程投标招标活动实施监督检查。国务院工业和信息化、住房城乡建设、交通运输、铁道、水利、商务等部门，按照规定的职责分工对有关招标投标活动实施监督。"对建筑工程招标来讲，一般项目由发展和改革部门立项并协调和指导工程项目招标，有一定的合理性。不过，具体到全国各地的情况，地方人民政府有自己的规定，有的由住建部门来主导招标投标，有的由发展和改革部门来主导招标投标。新颁布的《招标投标法实施条例》显然注意到了目前的情况，该条例第四条还规定："县级以上地方人民政府对其所属部门有关招标投标活动的监督职责分工另有规定的，从其规定。"

1. 中华人民共和国住房和城乡建设部

(1) 贯彻国家有关建设工程招标投标的法律、法规和方针政策，制定招标投标的规定和办法。

(2) 指导和检查各地区和各部门建筑工程招标投标工作。

(3) 总结和交流各地区和各部门建筑工程招标投标工作和服务的经验。

(4) 监督重大工程的招标投标工作，以维护国家的利益。

(5) 审批跨省、地区的招标投标代理机构。

2. 省（自治区、直辖市）人民政府建设行政主管部门

(1) 贯彻国家有关建筑工程招标投标的法律、法规和方针政策，制定本行政区的招标投标管理办法，并负责建筑工程招标投标工作。

(2) 监督检查有关建筑工程招标投标活动，总结交流经验。

(3) 审批咨询、监理等单位代理建筑工程招标投标工作的资格。

(4) 调节建筑工程招标投标工作中的纠纷。

(5) 否决违反招标投标规定的定标结果。

3. 地方各级招标投标技术办事机构（招标投标管理办公室）

省（自治区、直辖市）下属各级招标投标技术办事机构（招标投标管理办公室）的职责。

(1) 审查招标单位的资质、招标申请书和招标文件。

(2) 审查标底。

(3) 监督开标、评标、议标和定标过程。

(4) 调解招标投标活动中的纠纷。

(5) 处罚违反招标投标规定的行为，否决违反招标投标规定的定标结果。

(6) 监督承包、发包合同的签订和履行过程。

2.2.3.2 建筑工程交易中心的职能和管理范围

为强化对工程建设的集中统一管理，规范市场主体行为，建设公开、公平、公正的市场竞争环境，促进工程建设水平的提高和建筑业的健康发展，原建设部建监〔1997〕24 号文明确了建筑工程交易中心的职能。

(1) 根据政府建设行政主管部门委托实施对市场主体的服务、监督和管理。

(2) 发布工程建设信息，根据工程承发包交易的需要发布招标工程项目信息，企业资料信息，工程技术、经济、管理人才信息，建筑材料设备信息等。

(3) 为承包、发包双方提供组织招标、投标、评标、定标和工程承包、发包合同签署等承包、发包交易活动的场所和相关服务，将管理和服务结合。

(4) 集中办理工程建设有关手续。

2.2.3.3 其他行政部门对招标工作的监督管理

其他行政部门包括计划发展部门、财政部门、监察部门等，都可以对招标投标工作进行

管理。

招标人要按照政府行政部门对建筑工程项目招标的行政管理职能,将招标的全过程所需报审的材料上报相关职能部门审查备案,并与之加强沟通,依法接受其检查监督。

2.3 工程项目施工招标文件的编制

2.3.1 招标文件的作用

招标文件是招标人向潜在投标人发出的要约邀请文件,是告知投标人员投标项目的内容、范围、数量,招标要求,投标资格要求,招标投标程序规则,投标文件编制与递交要求,评标标准与方法,合同条款与技术标准等招标投标活动主体必须掌握的信息和依据,对招标投标各方均具有法律约束力。招标文件的有些内容只是为了说明招标投标的程序要求,将来并不构成合同文件,例如投标人须知;有些内容则构成合同文件,例如合同条款、设计图纸、技术标准和要求等。招标人应在招标文件中约定构成合同组成部分的文件内容。

招标文件是招标投标过程中指导和规范招标投标活动的纲领性文件,在招标投标活动中具有非常重要的作用。

1. 招标文件是投标人编制投标文件的依据

不同的招标文件对投标文件编制的具体内容有不同的规定,因此投标人在编制投标文件前应先熟悉招标文件中的相关规定,并依据招标文件的具体要求编制投标文件。当招标文件中规定了投标人必须提交某项内容,而投标人提交的投标文件中缺少该项内容时,投标文件的有效性将会受到影响,从而投标人将会失去中标的机会;反之,如果招标文件中未要求投标人提交某项内容,投标人则无需编制此内容。

2. 招标文件是评标委员会评标的依据

各投标人递交投标文件并开标后,招标人应成立专门的评标委员会对投标文件进行评审,最终确定中标候选人。评标委员会不能自行确定评标的方法,而必须依据招标文件中已经明确的评标方法、评标原则、评标程序对投标文件进行评审。

3. 招标文件是签订合同的依据

招标投标过程就是合同的要约及承诺的过程,最终的目的是签订发承包合同。招标文件包括合同协议书格式、通用合同条款及专用合同条款,合同条款中约定了发包人和承包人的权利、义务,约定了工期、变更等相关内容。在中标人确定后,发包人(招标人)应依据招标文件的合同条款与承包人(中标人)签订合同,而不能另行拟定合同条款。

2.3.2 招标文件编制的依据

招标文件在编制过程中应遵循我国现行的相关法律规定,并应考虑招标项目的具体情况和要求。招标文件编制的主要依据有:

(1)《招标投标法》。

(2)《建筑法》。

(3)《合同法》。

(4)《建筑工程质量管理条例》。

（5）《招标投标法实施条例》。

（6）《工程建设项目施工招标投标办法》。

（7）《房屋建筑和市政基础设施工程施工招标投标管理办法》。

（8）《工程建设项目招标范围和规模标准规定》。

（9）《评标委员会和评标方法暂行规定》。

（10）《建设工程施工合同（示范文本）》。

（11）《中华人民共和国标准施工招标文件》。

（12）《建设工程工程量清单计价规范》（GB 50500—2013）。

（13）《房屋建筑与装饰工程工程量计算规范》（GB 50845—2013）。

（14）招标项目所在省、市的建筑与装饰工程计价表、定额、取费文件。

（15）招标项目施工图纸。

（16）招标项目施工现场实际情况等。

2.3.3 招标文件的主要内容

招标文件在招标投标过程中具有非常重要的作用，因此招标文件的内容必须完整、全面、合理。依据《中华人民共和国简明标准施工招标文件（示范文本）》，招标文件包括八章内容，依次为：招标公告/投标邀请书、投标人须知、评标办法、合同条款及格式、工程量清单、图纸、技术标准和要求、投标文件格式。

招标公告/投标邀请书是招标文件不可分割的一部分，具体内容及相关要求见2.2节。招标文件第二章"投标人须知"中关于招标项目的名称、招标范围、投标人资质及等级要求等与招标公告的要求应当一致。

2.3.4 投标人须知的编制

投标人须知是投标人获取招标文件后首先应仔细研究的文件内容，是投标人编制的递交投标文件的主要依据。

投标人须知包括投标人须知前附表、正文和附表格式等，主要内容有招标项目基本情况，招标文件内容及其澄清、修改，投标文件的内容及编制要求，投标文件的密封、递交及修改要求，开标时间、地点及开标程序，评标委员会构成及评标原则，定标及合同签订要求，重新招标和不再招标的情况说明，以及对招标人、投标人及评标委员会的纪律要求和监督等。

投标人须知是招标投标活动应遵循的程序规则，通常不是合同文件的组成部分。但是投标人须知中的有些内容对合同执行有实质性影响，如招标范围、工期、质量、提价等，应在构成合同文件组成部分的合同条款、技术标准与要求、工程量清单等文件中载明，并且在各文件中载明的内容应当保持一致。

2.3.4.1 投标人须知前附表

投标人须知前附表的主要作用有两个：一是将投标人须知中的关键内容和数据摘要列表，起到强调和提醒的作用，同时为投标人迅速掌握投标人须知的主要内容提供方便，需注意的是，前附表中的内容必须与招标文件相关章节的内容一致；二是对投标人须知正文中交由前附表明确的内容给予具体约定，当正文中的内容与前附表中规定的内容不一致时，以前附表中规定的内容为准。

投标人须知前附表中的条款号、条款名称等内容与正文中的条款号、条款名称等内容要保持一致，常用投标人须知前附表格式及内容见表2.4。

表 2.4 投标人须知前附表格式及内容

条款号	第 款 名 称	编 制 内 容
1.1.2	招标人	名称： 地址： 联系人： 电话：
1.1.3	招标代理机构	名称： 地址： 联系人： 电话：
1.1.4	项目名称	
1.1.5	建设地点	
1.2.1	资金来源及比例	
1.2.2	资金落实情况	
1.3.1	招标范围	
1.3.2	计划工期	计划工期：_____日历天 计划开工日期：____年____月____日 计划竣工日期：____年____月____日
1.3.3	质量要求	
1.4.1	投标人资质条件、能力	资质条件： 项目经理（建造师，下同）资格： 财务要求： 业绩要求： 其他要求：
1.9.1	踏勘现场	□不组织 □组织，踏勘时间： 　　　　踏勘集中地点：
1.10.1	投标预备会	□不召开 □召开，召开时间： 　　　　召开地点：
1.10.2	投标人提出问题的截止时间	
1.10.3	招标人书面邀请时间	
1.11	偏高	□不允许 □允许
2.1	构成招标文件的其他材料	
2.2.1	投标人要求澄清招标文件的截止时间	
2.2.2	投标截止时间	____年____月____日____时____分
2.2.3	投标人确认收到招标文件澄清的时间	
2.3.2	投标人确认收到招标文件修改的时间	
3.1.1	构成投标文件的其他材料	
3.2.3	最高投标限价或其计算方法	

续表

条款号	第款名称	编制内容
3.3.1	投标有效期	
3.4.1	投标保证金	□不要求递交投标保证金 □要求递交投标保证金 投标保证金的形式： 投标保证金的金额：
3.5.2	近年财务状况的年份要求	＿＿＿＿＿＿＿＿＿＿＿年
3.5.3	近年完成的类似项目的年份要求	＿＿＿＿＿＿＿＿＿＿＿年
3.6.3	签字或盖章要求	
3.6.4	投标文件副本份数	＿＿＿＿＿＿＿＿＿＿＿份
3.6.5	装订要求	
4.1.2	封套上应载明的信息	投标人地址： 投标人名称： ＿＿＿＿＿＿＿＿（项目名称）投标文件 在＿＿年＿＿月＿＿日＿＿时＿＿分前不得开启
4.2.2	递交投标文件地点	
4.2.3	是否退还投标文件	□否 □是
5.1	开标时间和地点	开标时间：同投标截止时间 开标地点：
5.2	开标程序	密封情况检查： 开标顺序：
6.1.1	评标委员会的组建	评标委员会构成：＿＿＿人，其中招标人代表＿＿＿人，专家＿＿＿人； 评标专家确定方式：
7.1	是否授权评标委员会确定中标人	□是 □否，推荐的中标候选人数：
7.2	中标候选人公示媒介	
7.4.1	履约担保	履约担保的形式： 履约担保的金额：

2.3.4.2　招标项目的基本情况

招标项目的基本情况一般包括项目概况，质量要求，承包方式，踏勘现场，投标预备会，招标文件的内容及其澄清、修改等。

1. 项目概况

项目概况的主要内容包括招标人或招标代理机构的基本信息、招标项目名称、建设地点、资金来源和落实情况、招标范围、计划工期、投标人资格要求等。其中招标人的基本信息一般包括招标人名称、地址、联系人、联系电话等信息，若委托招标代理机构负责招标代理工作，则应说明招标代理机构的名称、地址、联系人、联系电话等信息。

招标项目建设地点、资金来源和落实情况、招标范围、计划工期、投标人员资格要求等内容应与招标公告中的相关内容保持相同。

2. 质量要求

质量要求是招标人根据招标项目的特点和需要做出的明确要求，根据《建筑工程施工质量验收统一标准》（GB 50300—2013），质量要求有合格与不合格两种，招标人需将现行的验评标准中的质量检验与质量评定的内容分开，以及将现行的施工及验收规范中的施工工艺与质量验收的内容分开，所以招标人在投标人须知中不能提出质量评定的要求，同时应避免使用含糊不清的词语。目前，质量要求通常为合格。

3. 承包方式

建设工程项目承包方式通常可分为包工包料和包工不包料两种。包工包料指发包、承包双方签订的合同价款包括施工过程中发生的全部人工费、材料费、设备费及其他相关费用，施工过程中由承包方负责材料的采购、人工及设备的调配与管理。包工不包料是指发包、承包双方签订的合同价格不包括施工所需要的材料费用（一般仅指主要材料），施工过程中所需要的材料由发包单位负责供应，施工单位只负责人工设备的调配与管理。在政府投资项目的招标过程中，基本都采用包工包料的承包方式，而在一些房地产开发或者私营项目中，有时会采用包工不包料的承包方式。

4. 踏勘现场

招标项目现场的环境条件会对招标人的施工组织设计的编制及报价产生影响。投标人踏勘现场，可以了解施工现场的地形、地貌、气候等情况，了解现场交通、供水、供电、通信等情况，了解临时用地，临时设施搭建条件等情况，从而取得编制投标文件和签署合同所需的第一手资料，这样有利于投标人有针对性地编制施工组织设计，并在编制投标报价时可以合理地确定相关费用和报价。总之，踏勘现场有利于投标人充分了解上述各方面的信息，使投标文件所反映的施工方案及报价符合工程实际情况，降低投标人在中标后可能面临的风险。因此，踏勘现场是招标投标过程中不可缺少的重要环节，但投标人踏勘现场后所作出的错误推论带来的后果应自行负责。

踏勘现场的组织方式有两种，一种是由招标人统一组织，另一种是由招标人自行踏勘。第一种方式通常需确定统一的时间和地点，由招标人向投标人介绍工程场地和相关环境等有关情况。采用此种方式时容易泄露潜在投标人的名称和数量等信息，影响招标投标的公平竞争，因此，目前越来越少的招标人采用这种方法。采用第二种方式则可以减少招标人的工作量，也可以避免招标人见面从而降低招标人相互串通的风险，目前较多的招标人采用此种方式。

5. 投标预备会

由于招标文件所涵盖的内容多，包括的信息量大，因此难免存在错漏之处。招标人在获取招标文件后若发现其中存在矛盾或者含糊不清的内容，应及时向招标人提出。此时，招标人应该对投标人的提问给予澄清、解答。澄清、解答的形式通常采用投标预备会的形式，有的地方则称为标前会议。即在招标文件发放后、投标文件提交前的某个时间点，由招标人组织所有投标人参加会议，由招标人对投标人提出的问题进行解释、澄清。解释、澄清的事项要以答疑会议纪要形式记录，并发给所有投标人作为编制投标文件的依据。投标预备会召开的时间应根据投标项目的具体需要和时间安排来确定。为使投标人有充足的时间编制投标文件，一般要求投标人在投标截止日期 15 日前组织召开投标预备会并发出会议纪要。

目前很多地方采用电子投标招标，此时招标人可以在网上提出问题，招标人也可以从网上进行解答并在网上统一发布针对投标人的提问给予澄清解答，这样投标预备会就失去了原有的作用而无需再组织。

6. 招标内容的澄清修改

招标文件是对招标活动具有法律约束力的最主要文件。投标人须知应该阐明招标文件的组成、招标文件的澄清和修改原则。投标人须知中没有载明具体内容的，不构成招标文件的组成部分，对招标人和投标人没有约束力。

一般来说，招标文件应包括招标公告、投标人须知、评标方法、合同条款及格式、工程量清单、图纸、技术标准和要求、投标文件格式八个方面的内容。

投标人在获取招标文件之后应仔细研究，发现招标文件中存在错误或问题时，应于投标人须知中明确的时间前提出，并要求招标人对招标文件予以澄清；招标人也可以主动对已发出的招标文件进行必要的澄清、修改。对招标文件的澄清、修改构成招标文件的组成部分。

招标文件澄清、修改的内容可能影响投标文件编制的，应保证投标人有充足时间编制投标文件，一般情况下，投标人应当在招标文件中要求提交投标文件的截止时间至少15日前，以书面形式通知所有获取招标文件的潜在投标人；不足15日的，招标人应当按影响的时间顺延提交投标文件的截止时间。投标文件澄清、修改的内容不影响投标文件编制的，不受此时间限制。

2.3.4.3　投标文件的内容及编制要求

1. 投标文件的内容

投标文件时投标人响应招标文件向招标人发出要约文件。招标人应在投标人须知中对投标文件的组成、投标报价、投标有效期、投标保证金、投标文件的编制和递交提出明确要求。

目前投标文件的内容通常包括商务标和技术标两大部分。对于复杂工程或专业性较强的工程，投标文件还应包括项目管理机构、类似业绩、获奖证明、财务状况等内容。采用资格后审的招标项目，投标文件还应包括投标人营业执照、资质证书、建造师资格等证明文件。

商务标内容包括投标函、法定代表人身份代表、授权委托书、投标保证金、已标价工程量清单等。其中投标函反映了投标文件的核心信息，是开标时查看的主要文件，包括投标报价、工期、质量标准等；法定代表人身份证明是投标人用以证明其法人代表是谁的文件，该法人代表的签字及盖章使投标文件具有相应的法律效力；授权委托书使投标人法人代表授权某人进行投标相关活动的委托证明，被委托人的行为被投标人认可，被委托人签字的文件具有与法人代表签字的文件具有同等的法律效力；已标价工程量清单即为投标报价，是投标人完成招标项目工作时招标人应支付的金额。

技术标是投标人技术管理及组织管理能力的反映，包括投标人完成招标项目所采用的主要施工方法、技术措施、计划安排等内容。目前投标人编制的技术标内容一般应包括技术标封面，主要分部分项工程施工办法，质量保证措施，安全文明施工及环境保护措施，施工进度计划和进度措施保证措施，施工现场平面布置，劳动力、机械设备和材料投入计划，项目管理班子人员配备，季节性气候施工措施等。

2. 投标报价的编制要求

目前我国大多数招标工程项目均采用工程量清单计价，且为固定综合单价。投标人应根据招标人提供的工程量清单和有关要求。施工现场实际情况及拟定的施工组织设计，依据企业定额和市场价格信息，或参照建设行政主管部门发布的社会平均消耗量定额编制投标报价。投标人的投标报价应包括完成招标人提供的工程量清单所列项目的全部费用，包括分部分项工程费、措施项目费、其他项目费、规费、税金等，并考虑风险因素。投标人未填写价格的工程项目，通常视为该项目费已包括在其他有价款的报价内。

3. 投标有效期的规定

招标人应当在投标人须知中载明投标有效期。投标有效期是投标文件保持有效的期限，是招标人完成招标工作并对投标人发出要约、作出承诺的期限，也是投标人对自己发出的投标文件承担法律责任的期限。

投标有效期一方面约束投标人，使其在投标有效期内不能随意更改和撤销投标文件；另一方面促使招标人按时完成评标、定标和签约工作，避免因在投标有效期内没有完成签约而投标人又拒绝延长投标有效期而最终造成的招标失败。

关于投标有效期，通常需要在招标文件中作出如下规定：

（1）投标人在投标有效期内，不得要求撤销或修改投标文件。在该期限内撤销或修改投标文件的投标人，需要承担因该行为给招标人造成的损失，通常会被没收投标保证金；若超过投标有效期招标人与投标人仍未签订合同，且此时投标人在考虑客观情况后欲撤销或修改投标文件，则投标保证金应予以退还给投标人。

（2）投标有效期延长。必要时，招标人可以书面通知投标人延长投标有效期。此时，投标人可以有两种选择：同意延长或拒绝延长。如果投标人同意延长，则相应延长投标保证金有效期，但投标人不得要求或被允许撤销或修改投标文件；如果投标人拒绝延长，投标文件在原投标有效期届满后失效，但投标人有权收回其投标保证金。

投标有效期从提交投标文件的截止之日算起，并应满足完成开标、评标、定标及签订合同等工作所需要的时间要求。因此招标人应根据招标项目的性质、规模和复杂性，以及评标、定标等所需的时间确定投标有效期的长短。投标有效期过短，可能会因投标有效期内不能完成评标、定标等工作，而给招标人带来风险；投标有效期过长，投标人所面临的经营风险就过大，为了转移风险，投标人可能会提高投标报价，导致工程造价提高。在投标人须知中需明确投标有效期的具体时间，招标项目的评标和定标活动应当在投标有效期结束的30个工作日前完成，通常情况下投标有效期可为45天、60天或90天，特殊情况下可适当延长或缩短。如在预定的投标有效期内不能完成招标、定标等工作，则招标人应当通知所有投标人延长投标有效期。

4. 投标保证金

投标保证金是投标人按照招标文件规定的形式和金额向招标人递交的用以约束投标人履行其投标义务、保证招标人权利的担保。投标保证金的主要目的是对投标人的行为产生约束作用，保证投标行为规范，降低招标人的风险和损失。

根据《合同法》，投标人向招标人递交投标文件，意味着向招标人发出了要约。在投标有效期内，投标人不得要求撤销或修改投标文件。一旦招标人作出承诺，向中标人发出中标通知书，它就对招标人和中标人均具有法律约束力。中标人拒绝签订合同，或因修改中标实质条件而放弃中标的，需要承担投标保证金不予退还的法律后果，这实际上是对中标人违背诚实信用原则做出的一种惩罚。所以投标保证金能够对投标人的投标行为产生约束作用，这是投标保证金最基本的功能。

招标文件中一般应对投标保证金的递交形式、金额、退换时间及不予退还的情形作出明确规定。

投标保证金的递交形式一般有以下几种：

（1）银行电汇。投标人在投标截止时间前通过银行将投标保证金从其基本账户汇到招标人指定账户，并将电汇凭证复印件放在投标文件中，作为评标时对投标保证金评审的依据。

（2）银行汇票。汇款人将款项存入出票银行，由出票银行签发票据，在银行见票时按照汇票金额无条件支付给持票人或收款人，投标人应根据招标文件要求提交银行汇票原件，并在投标文件中附上银行汇票复印件，作为评标时对投标保证金评审的依据，招标人可要求投标人在招标截止前的一段时间内，将银行汇票交付给招标人，以保证在投标截止时间前投标保证金能够到达招标人的银行账户。

（3）银行保函。它是指银行接受投标人的申请，向招标人开立的一种书面信用担保凭证，以此保证投标人未能按照约定履行其责任或义务时，由银行代其支付投标保证金。开具保函的银行性质及级别应满足招标文件的规定，并采用招标文件提供的保函形式。投标人应根据招标文件要求提交银行保函原件，并在投标文件中附上保函复印件，投标文件中保函的格式必须与招标文件中提供的格式一致，否则将以不响应招标文件要求为由作无效处理。

（4）第三方保函。第三方保函是指由专业担保公司为投标人向招标人提供的书面担保凭证，投标人未能按照约定履行其责任或义务时，由担保公司代其支付投标保证金，投标保函的格式必须与招标文件中提供的格式一致，否则将以不响应招标文件要求为由作无效处理。

（5）支票，它是指由出票人签发的，委托办理支票业务的存款银行或者其他金融机构在见票时无条件在其账户支付确定的金额给持票人或收款人的票据，投标人确保招标人在招标文件规定的截止时间之前能够将投标保证金划拨到招标人指定账户，否则视为投标保证金无效，投标人应在投标文件中附上支票复印件，作为评标时对投标保证金评审的依据。

（6）现金，现金形式虽然比较方便，但对于金额比较大的招标项目，实际操作时非常不方便、不安全。招标人可以根据实际情况从上述投标保证金的递交形式中选择一种或几种方式，也可以规定其他合法的形式，以银行电汇或支票形式递交的投标保证金应当从投标人的基本账户转出。

投标保证金的金额应当符合有关规定。投标保证金的金额通常有相对比例金额和固定金额两种方式，应尽可能采用固定金额的方式。《招标投标法实施条例》第二十六条规定："招标人在招标文件中要求投标人提交投标保证金的，投标保证金不得超过招标项目估算价的 2%，最高不超过 80 万元，不按照要求提交投标保证金的，投标将被否决。"

投标保证金的退还需要考虑合同协议书是否签订和履约保证金是否提交，招标人应当在书面合同签订后 5 日内向中标人和未中标的投标人退还投标保证金及银行同期存款利息。因此，招标人在编制招标文件时，应注意明确投标保证金的退还时间，并在投标人须知前附表中明确规定银行同期存款利息的利率和时间的计算，以及如何退还投标保证金。

　　5. 编制投标文件的注意事项

　　投标文件应当对招标文件的实质性内容作出响应，包括工期、投标有效期、质量要求、技术标准和要求、招标范围、投标报价、拟签订合同的主要条款等。即投标函及技术标中的工期应不超出招标文件的工期安排，投标有效期、质量要求、技术标准和要求、招标范围等应与投标人须知中要求的一致，不能与其相背离或出现偏差。如果投标文件未实质性地响应招标文件的要求，投标文件将被否决。

2.3.4.4　投标文件的密封、递交及修改

　　为使各投标人对投标文件的密封做到统一与规范，投标人须知中应明确投标文件的密封方法及要求、投标文件封套标记内容、投标文件签字盖章要求等。所有投标人均需按该要求密封和标记投标文件，否则将因未按规定密封和标记导致投标文件无效。《招标投标法实施条例》规定："投标文件未经投标单位盖章和单位负责人签字的，评标委员会应当否决其投标。"实践中，如果招标人要求投标文件由投标人的法定代表人或其委托代理人签字且加盖单位公章的，应当在投标人须知中明确规定。

　　投标人须知中要明确写出递交投标文件的截止时间、地点，投标人如未按该要求递交或逾期送达，招标人将有权拒收，政府投资项目的投标文件递交地点一般在当地工程项目交易中心。

　　在投标人须知中规定的投标截止时间前，投标人可以多次修改或撤销已递交的投标文件，最终投标文件以投标截止时间前递交的最后一份投标文件为准。投标截止时间之后，投标单位不得撤销或修改投标文件；在投标有效期内，投标人不得撤销投标文件，否则投标保证金将被没收。

2.3.4.5　开标时间、地点及开标程序

　　开标时间和地点应在投标人须知中规定，开标时间即为投标截止时间，开标地点即为投标文件递交地点，在投标人须知中，应约定参加开标会的投标人及相关要求，目前投标人参加开标会的代表一般是投标人的法定代表人或其委托代理人，有些地区也会要求项目负责人参加开标会。

　　开标的程序在投标人须知中也要事先规定。

2.3.4.6　评标委员会构成及评标原则

　　《投标招标法》第三十七条规定："评标由招标人依法组建的评标委员会负责，依法必须进行招标的项目，其评标委员会由招标人代表和有关技术、经济等方面的专家组成，成员人数为五人以上单数，其中技术、经济等方面的专家不得少于成员总数的三分之二。"

　　除了招标人代表可以参加评标委员会以外，招标人也可以委托招标代理机构中熟悉相关业务的代表参加评标委员会，招标人或招标代理机构参加评标委员会时，可以从招标人的需求、侧重点等方面对招标文件进行评审。但随着招标工作监管的规范化，越来越多的招标项目的评标委员会成员全部由经济、技术方面的评标专家组成，招标人代表参与评标的情况越来越少，从而使评标工作更加公平、公正、规范。

　　投标人须知应明确评标委员会成员人数及技术、经济等方面专家的确定方式，作为评标

时确定评标委员会的依据。

评标活动应遵循公平、公正、科学和择优的原则。

2.3.4.7 定标及合同签订

1. 定标

评标工作完成后，招标人应依据评标委员会出具的书面评标报告和推荐的中标候选人确定中标人，中标人若在推荐的中标候选人以外确定，则定标结果无效。此时，在投标人须知中应明确评标委员会推荐中标候选人的人数，一般来说，中标候选人不应超过3人，国有资金占控股或者主导地位的依法必须进行招标的项目，招标人应当确定排名第一的中标候选人为中标人。招标人也可以授权评标委员会直接确定中标人，在采用此种方法时，评标方法应非常详细、具体，并且中标人的要求应非常明确，而不可在一定范围内灵活选择。依法必须进行招标的项目，招标人应当自收到评标报告之日起3日内公示中标候选人，公示期不得少于3日。

2. 中标通知

中标人确定后，招标人应当向中标人发出中标通知书，并同时将中标结果通知所有未中标的投标人，中标通知书及中标结果应以书面形式发出。中标通知书对招标人和中标人都有法律效力。中标通知书发出后，招标人改变中标结果的，或者中标人放弃中标项目的，应当依法承担法律责任。

3. 履约担保

履约担保是招标人要求投标人在接到中标通知书后提交的，保证履行合同各项义务的担保。履约担保一般有三种形式：银行保函、履约担保书和保证金。在投标人须知中应明确是否要求中标人提交履约担保书，如要求中标人提出履约担保书，则应当在投标人须知中规定履约担保书的提交形式、提交金额及提交时间。

一般情况下，履约保证金为签约合同金额的5%～10%，并且不能超过中标合同金额约10%。履约保证金的主要作用是确保中标人按照合同约定正常履约，在中标人未能圆满实施合同时，招标人可有权得到资金赔偿，从来保障施工阶段招标人的利益，降低因中标人违约给招标人带来的风险及损失，中标人不能按投标人须知要求提交履约保证金的，视为放弃中标，其投标保证金不予退还；给招标人造成的损失超过投标保证金数额的，中标人还应当对超出部分予以赔偿。

4. 合同签订

招标人和中标人应当自中标通知书发出之日起30日内，按照招标文件和中标人的投标文件订立书面合同。招标人和中标人不得再行订立背离招标文件、投标文件中确定的实质性内容的合同或补充合同。中标人无正当理由拒签合同的，招标人可取消其中标资格，其投标保证金不予退还；若给招标人造成的损失超过投标保证金数额的，中标人还应当对超出部分予以赔偿。发出中标通知书后，招标人无正当理由拒签合同的，招标人向中标人退还招标保证金；给中标人造成损失的，应当赔偿损失。

2.3.4.8 重新招标和不再招标的情况说明

投标人须知中应明确重新招标和不再招标的具体情况。凡出现递交投标文件的投标人不足3家的，或者评标委员会经评审，认为评标文件都不符合招标文件要求而否决所有投标的，或者有效投标人不足3家的，招标人将重新招标。如果重新招标后招投标人仍少于3家或者所有投标都被否决的,可以不再进行招标。

2.3.4.9 对招标人和投标人及评标委员会的纪律要求和监督

在招标投标过程中,招标人不得泄漏招标投标活动中应当保密的情况和资料,不得与投标人串通而损害国家利益、社会公共利益或者他人合法利益;投标人不得互相串通投标,不得向招标人或者评标委员会成员行贿谋取中标,不得以他人名义投标或者以其他方式弄虚作假骗取中标;投标人不得以任何形式干扰、影响评标工作;评标委员会成员不得收受他人的好处,不得向他人透露对投标文件的评审和比较,中标候选人的推荐情况及其与评标有关的其他情况。在评标活动中,评标委员会成员不得擅离职守,影响评标程序的正常进行,不能使用"评标办法"中没有规定的评审因素和标准进行评标。

2.3.5 评标方法编制

2.3.5.1 评标方法的分类

评标方法是开标后对投标文件进行评审的依据。在招标文件中必须明确规定评标方法,以便于投标人能够根据评标办法准备各项资料,保证评标的公平、公正。招标文件应对评标方法、评标标准和评标程序等内容加以明确。

《房屋建筑和市政基础设施工程施工招标投标管理办法》第四十一条规定:"评标可以采用综合评估法、经评审的最低投标价法或者法律法规允许的其他投标方法。"我国不同省市的招标投标发展的具体情况各不相同,所采用的评标方法也存在差异,但采用最普遍的方法是综合评估法和经评审的最低投标价法,在这两种评标方法的基础上还衍生出了合理定价随机抽取中标人法等多种评标方法。

1. 综合评估法

综合评估法是一种对投标人的技术力量、价格水平、类似业绩、组织管理能力等进行综合审查、比较、评分,并最终确定得分最高的投标人为中标人的方法。综合评估法适用于工程规模较大、有特殊技术要求或比较复杂的工程。

2. 经评审的最低投标价法

经评审的最低投标价法是一种要求投标人的技术标满足合格要求,投标报价经评审不低于成本价,并最终确定经评审的投标报价最低的投标人为中标人的方法。经评审的最低投标价法适用于工程规模较小,没有特殊要求的工程。

3. 合理定价随机抽取中标人法

采用合理定价随机抽取中标人法时,首先由招标人(或其委托的招标代理机构)依据设计图纸、现行工程量清单计价规范、计价表、材料市场信息价及施工组织设计要点等编制工程预算价,在工程预算价的基础上下浮一定比率作为发包价;然后由招标人发售招标文件,招标文件应当对工程预算价及其组成、发包价及其组成等内容加以明确;再由投标人按招标文件要求编制并递交投标文件,投标文件中不需要编制投标报价文件和施工组织设计;最后在经评标委员会评审合格的投标人中公开随机抽签,最终确定中标人。合理定价随机抽取中标人法适用于工程比较简单、造价低、没有特殊技术要求的工程。

2.3.5.2 评审程序及内容

无论采用何种评标方法,评审的程序一般都包括初步评审和详细评审两个主要阶段。

1. 初步评审的主要内容及评审标准

在招标文件中应根据招标项目的具体情况和要求对初步评审内容、评审因素及评审标准进行明确规定。初步评审一般包括形式评审和响应性评审，采用资格后审的还包括资格评审，初步评审的评审内容、评审因素及评审标准可以在评标办法前附表中详细列明，详见表 2.5。

表 2.5　　　　　　初步评审的评审内容、评审因素及评审标准

评审内容	评审因素	评审标准
形式评审	投标人名单	与营业执照、资质证书、安全生产许可证上的名称一致
	投标函签字盖章	有法定代表人或其委托代理人签字，加盖单位公章
评审内容	评审因素	评审标准
形式评审	投标文件格式	符合投标文件格式的要求
	报价唯一	只能有一个有效报价
响应性评审	投标报价	符合招标文件投标人须知规定
	投标内容	符合招标文件投标人须知规定
	工期	符合招标文件投标人须知规定
	工程质量	符合招标文件投标人须知规定
	投标有效期	符合招标文件投标人须知规定
	投标保证金	符合招标文件投标人须知规定
	权利义务	符合招标文件合同条款及格式规定
	已标价工程量清单	符合招标文件工程量清单给出的范围及数量
	技术标准和要求	符合招标文件技术标准和要求规定
资格评审	营业执照	具备有效的营业执照
	安全生产许可证	具备有效的安全许可证
	资质等级	符合招标文件投标人须知规定
	项目经理	符合招标文件投标人须知规定
	财务要求	符合招标文件投标人须知规定
	业绩要求	符合招标文件投标人须知规定

评标委员会依据表 2.5 规定的评审标准对投标文件进行初步评审，有一项不符合评审标准的，评标委员会应当否决其投标。

《工程建设项目施工招标办法》第五十条规定："投标文件有下列情形之一的，招标人应当拒收：①逾期送达；②未按招标文件要求密封。投标文件有下列情形之一的，评标委员会应当否决其投标：①投标文件未经投标单位盖章和单位负责人签字；②投标联合体没有提交共同投标协议；③投标人不符合国家或者招标文件规定的资格条件；④同一投标人提交两个以上不同的投标文件或者投标报价，但招标文件要求提交备选投标的除外；⑤投标报价低于成本或者高于招标文件设定的最高投标限价；⑥投标文件没有对招标文件的实质性要求和条件作出响应；⑦投标人有串通投标、弄虚作假、行贿等违法行为。"

《招标投标法实施条例》第五十一条规定："有下列情形之一的，评标委员会应当否决其投标：①投标文件未经投标单位盖章和单位负责人签字；②投标联合体没有提交共同投标协议；③投标人不符合国家或者招标文件规定的资格条件；④同一投标人提交两个以上不同的投标文件或者投标报价，但招标文件要求提交备选投标的除外；⑤投标报价低于成本或者高

于招标文件设定的最高投标限价；⑥投标文件没有对招标文件的实质性要求和条件作出响应；⑦投标人有串通投标、弄虚作假、行贿等违法行为。"

2. 详细评审的主要内容及评审标准

在招标文件中应根据招标项目的具体情况和要求对详细评审的内容、评分因素及评分标准进行明确规定。详细评审主要包括技术标、经济标两大部分评审，有时也会将类似业绩，获奖等作为详细评审的内容。

（1）综合评估法。采用综合评估法时，评标委员会需按照招标文件规定的评审因素及评分标准，分别对技术标、经济标、类似业绩、获奖等进行评分，再根据各部分权重计算每位投标人的综合得分，最后按综合得分由高到低的顺序推荐中标候选人，或根据招标人授权直接确定中标人。

因此，采用综合评估法时对各评审内容的分值权重应合理确定。一般情况下，投标报价所占比重应高于技术标所占比重，类似业绩、获奖及项目管理机构等所占比重不宜超过10%。对于有特殊技术要求的工程，则可适当提高技术标、类似业绩及项目管理机构所占比重。

对于技术标各项内容的评分分值也应明确，对其中重点内容，如施工进度计划、施工方法、施工平面布置等的分值设定应高于其他内容。

在评标方法中应明确投标人报价得分的计算方法。首先，应明确评标基准价的计算方法。可以依据所有投标人报价的算术平均值确定评标基准价，或依据去掉一个最高报价和一个最低报价后得出的算术平均值确定评标基准价，或综合考虑投标人报价的算术平均值及招标控制价等确定评标基准价。其次，应明确各投标人投标报价偏差率的计算方法。投标报价偏差率的计算公式一般为：偏差率＝（投标人报价－评标基准价）/评标基准价。最后应明确依据投标报价偏差率计算各投标人报价得分的原则，可以按照每偏差±1%予以加减一定分值的方式来计算。因招标人往往期望一个合理且偏低的中标价格，因此通常负偏差的加分值会高于正偏差的加分值，减分值则正好相反。招标人如有特殊考虑，则需根据具体情况拟定评分标准。

评标内容中包括类似业绩时，应在评标方法中明确每项类似业绩的奖励分值，评标内容中包括获奖证明时，应明确不同等级奖项的奖励分值。

（2）经评审的最低投标价法。采用经评审的最低投标价法时，评标委员会一般需先评审投标人的技术标是否合格，对于技术标合格的投标人再进行投标报价、类似业绩等的评审，最后按照评审的投标报价由低到高的顺序推荐中标候选人，或根据招标人授权直接确定中标人。

技术标的内容一般包括施工部署、施工现场平面布置、施工进度计划、施工方法及质量保证措施、资源配备计划、安全生产文明施工、季节性施工措施等。采用该种方法时，评标专家需依据评标方法审查投标人的技术标条款是否全面，以及是否合格。

（3）投标报价错误修正原则。评标方法中应明确当投标报价有算术错误时对其进行修正的原则，通常包括：①投标文件中的大写金额与小写金额不一致的，以大写金额为准；②总价金额与依据单价计算出的结果不一致的，以单价金额为准修正总价，但单价金额小数点有明显错误的除外。修正的价格经投标人书面确认后具有约束力，投标人不接受修正价格的，评标委员会应当否决其投标。

2.3.6　合同条款编制

《合同法》第二百七十五条规定："施工合同的内容包括工程范围、建设工期、工程质量、工程造价、技术资料交付时间、材料和设备供应责任、拨款和结算、竣工验收、质量保修范围和质量保证、双方权利和义务等。"

招标文件中的合同条件和合同条款，是招标人根据相关法律法规对合同签订、合同文件组成及解释顺序、适用法律、标准及规格、合同双方的权利和义务等条款的示范性、定式性解释。

招标文件中的合同条款及格式可根据招标文件示范文本中的合同内容编制，也可以依据住房和城乡建设部、工商行政管理总局发布的《建设工程施工合同（示范文本）》（GF－2013－0201）（以下简称《合同示范文本》）编制。《合同示范文本》为非强制性使用文本，适用于房屋建设工程、土木工程、线路管道和设备安装工程、装修工程等建设工程的施工发包、承包活动。合同当事人可结合建设工程具体情况，根据《合同示范文本》订立合同，并按照法律法规的规定和合同的约定承担相应的法律责任及合同权利义务。

《合同示范文本》由合同协议书、通用合同条款和专用合同条款三部分组成。招标人拟定的合同协议书、通用合同条款、专用合同条款是招标文件的重要组成部分，同时也是签订合同的主要依据并成为合同的组成部分。

2.3.6.1　合同协议书

《合同示范文本》中的合同协议书共计13条，主要包括：工程概况、合同日期、质量标准、签约合同价和合同价格形式、项目经理、合同文件构成、承诺等重要内容，集中约定了合同当事人基本的合同权利义务。在招标文件中，仅提供合同协议书格式，具体内容待中标人确定后，由发包人与承包人根据中标结果进行约定。

合同价格形式应在招标文件中明确。合同价格形式主要包括总价合同、单价合同、其他合同三种。合同类型不同，合同各方承担的风险也不同。在实践中应根据工程项目的具体情况选择合同类型，合理分担各种风险，否则必然会影响合同的履行。选择合同形式时主要考虑的因素有项目规模和工期长短、项目的竞争情况、项目的复杂程度、项目的明确程度、项目准备时间的长短、外部环境等。

1. 总价合同

总价合同是发包、承包双方约定以施工图及预算和有关条件进行合同价款计算、调整和确认的建设工程施工合同。在总价合同中，完成一个项目所需花费的总价是确定的，承包人据此完成项目的全部内容，采用总价合同时要求发包人必须准备详细而全面的设计图纸和各项说明，使承包人能够自行准确地计算工程量。总价合同中工程量清单的工程量没有约束力，仅供投标人报价参考，招标人不对其工程量的准确性负责，总价合同又可分为固定总价合同和可调总价合同。

固定总价合同中的工程量、单价及合同总价值固定不变，由承包人包干，除非发生合同内容范围和工程设计变更等约定外的重大事故，否则采用此种合同时承包人需承担大部分风险。固定总价合同适用的条件有：①工程量小、工期短，估计在施工过程中环境因素变化小，工程条件稳定；②工程设计详细，图纸完整、清楚，工程任务和范围明确，工程量能够精确计算；③工程结构和技术简单，风险小；④投标期相对宽裕，投标人可以有充足的时间详细地考察现场、复核工程量、分析投标文件、拟定施工计划。

所谓总价合同是投标人按照基准日期时的物价水平投标，计算暂定总价，并考虑合同履行期内人工、材料和设备等价格波动，按照招标文件约定的条件、调价方法和因素调整价格的合同。这种合同一般适用于工期较长，需要合同双方合理分担风险的工程建设项目。

　　2. 单价合同

　　单价合同是发承包双方约定以工程量清单及其综合单价进行合同价款计算、调整和确认的建设工程施工合同。承包人在投标时按招标文件所列出的分部分项工程量确定各分部分项工程报价。单价合同的适用范围比较宽，其风险可以得到合理的分摊，并且能鼓励承包人通过提高工效等手段节约成本、提高利润。在合同履行中需要注意的问题是双方对实际工程量计量的确认。

　　对于实行工程量清单计价的工程，应优先采用单价合同形式。单价合同又可以分为固定单价合同和可调单价合同。

　　固定单价合同的各分部分项工程的单价是固定的，工程数量是估计值，合同履行中工程价款将根据实际完成的工程数量进行计算、调整。它主要适用于工程数量难以准确确定的工程建设项目，尤其是在设计条件或其他建设条件不太明确，合同履行中又需调整工程内容或工程量的工程建设项目。

　　可调单价合同一般在招标文件中规定合同单价可调。招标文件确定的合同单价如在工程实施过程中发生人工、材料、机械等要素的价格变化，则根据实际情况和合同约定的条件、因素和办法对合同单价和总价进行调整，确定实际结算价格。

　　3. 其他合同

　　其他合同常见类型是成本加酬金合同。成本加酬金合同是发承包双方约定以施工工程成本再加合同约定酬金进行合同价款计算、调整和确认的建设工程施工合同。工程成本是指承包人为实施合同工程并达到质量标准，在确保安全施工的前提下，在必须消耗或使用的人工、材料、工程设备、施工机械台班及其管理等方面发生的费用和按规定缴纳的规费和税金。

　　签订成本加酬金合同时，工程实际成本往往不能确定，只能确定酬金的取值比例或者计算原则。采用这种合同时，承包商不承担任何价格变化或工程量变化所带来的风险，这些风险全部由业主承担，这对业主的投资控制很不利。此外，承包商往往缺乏控制成本的积极性，常常不愿意控制成本，甚至还会期望提高成本以提高自己的经济效益。因此，这种合同容易被那些不道德或不称职的承包商滥用，从而损害工程的整体效益。所以，应避免采用这种合同。

　　成本加酬金合同的适用情况有：①工程特别复杂，工程技术、结构方案不能预先确定，或者尽管可以预先确定工程技术和结构方案，但是不可能进行竞争性的招标活动并以总价合同或单价合同的形式确定承包商，如研究开发性质的工程项目；②时间特别紧迫，如抢险、救灾工程，来不及进行详细的计划和商谈。

　　成本加酬金合同形式的优点有：①可以通过分段施工缩短工期，而不必等所有施工图完成后才开始招标和施工；②可以减少承包商的对立情绪，承包商对工程变更和不可预见条件的反应会比较积极和快捷；③可以利用承包商的施工技术专家，帮助改进或弥补设计中的不足；④业主可以根据自身力量和需要，较深入地介入和控制工程施工和管理；⑤业主可以通过最高价格约束工程成本不超过某一限值，从而转移一部分风险。

2.3.6.2 通用合同条款

通用合同条款是合同当事人根据《建筑法》《合同法》等法律法规的规定，就工程建设的实施及相关事项，对合同当事人的权利义务做出的原则性约定。

《合同示范文本中》通过合同条款共计20条，具体条数分别为：一般约定、发包人、承包人、监理人、工程质量、安全文明施工与环境保护、工期和进度、材料与设备、试验与检验、变更、价格调整、合同价格、计量与支付、验收和工程试车、竣工结算、缺陷责任与保修、违约、不可抗力、保险、索赔和争议解决。上述条款安排既考虑了现行法律法规对工程建设的有关要求，又考虑了建设工程施工管理的特殊需要。通用合同条款是行业推荐的合同内容，招标人可参考使用。

2.3.6.3 专用合同条款

《合同示范文本》中的专用合同条款是对通用合同条款原则性约定的细化、完善、补充、修改或另行约定的条款。合同当事人可根据不同建设工程的特点及具体情况，通过双方的谈判、协商对相对应的专用合同条款进行修改补充。编制专用合同条款时应注意：①专用合同条款的编号应与相应的通用合同条款的编号一致；②专用合同条款应尽可能满足具体建设工程的特殊要求，避免直接修改通用合同条款；③在专用合同条款中有横道线的地方，合同当事人可针对相应的通用合同条款进行细化、完善、补充、修改或另行约定。如无细化、完善、补充、修改或另行约定，则填写"无"或画"/"。

在编制招标文件的专用合同条款时通常有两种做法：第一种是按照行业惯例对合同条款进行详细约定，采用这种做法时，需要除合同签约价、项目经理等需中标人确定后方能明确的内容以外的所有条款均可一一明确；第二种是对其中重点内容和指向唯一的内容进行约定，如质量保修期、合同类型等，但仍保留大量内容留待中标人确定后再由发包、承包双方进行商谈。第一种方法便于投标人在获取招标文件之后即了解一旦中标自身要承担的履约风险，同时在中标人确定后发承包双方无需进行协商，能够尽快签约并开工，但容易出现招标人为了自身利益而使得拟定的条款不尽公平的现象。第二种方法则不利于中标人事先了解履约的各种风险，同时可能因发承包双方需进行合同条款的协商而延长签约时间，从而导致开工时间的延后，因此对比两种方法，应尽可能采用第一种方法，即在招标文件中尽可能对专用合同条款进行详细编制。

编制专用合同条款应重点对工程质量控制条款、工程进度控制条款、工程价款控制条款的内容进行补充和细化。

1. 工程质量控制条款

工程质量的优劣将决定和影响工程建设项目能否正常使用，以及工程投资项目效益能否正常发挥，投资能否按计划回收。工程质量控制包括招标人自己或其委托单位按照合同管理工程质量，按规范、规程检测工程使用的材料、设备质量，监督检验施工质量，按程序组织验收隐蔽工程和需要中间验收工程的质量，验收单项工程和全部竣工工程的质量等。

专用合同条款应明确工程质量验收采用的技术标准及相关的质量验收标准；约定发包人提供的工程材料和设备的名称、数量、规格、价格、交货方式、交货地点、日期等；明确缺陷责任期（缺陷责任期是指质量保证金扣留的期限，最长不过2年），质量保修范围、期限和责任等。

2. 工程进度控制条款

承包人应编制详细的施工进度计划报送监理单位审批，经监理单位批准的施工进度计划称为合同进度计划，它是控制合同工程进度的依据。在合同履行过程中，由于发包人原因造成工期延误的，承包人有权要求发包人延长工期和（或）增加费用，并支付合理利润；由于承包人原因未能按合同进度计划完成工作的，承包人应采取措施加快进度，并承担加快进度所增加的费用。由于承包人原因造成工期延误的，承包人应支付逾期竣工违约金。

专用合同条款应对施工进度计划的内容、报送的时间、审批的时间等进行明确，同时应约定发包人造成工期延误的具体情况，以及承包人原因造成工期延误时的逾期违约金的计算方法。

3. 工程价款控制条款

专用合同条款应根据项目的具体情况和特点约定工程变更的估价原则，特别是对已标价工程量清单中不适用于变更工作的子目的情况，由于确定单价的难度比较大，应采取合适的方式确定变更工作的单价。其中，已标价工程量清单是指构成合同文件组成部分的投标文件中已标明价格，经算术性错误修正且承包人已确认的工程量清单，包括其说明和表格。已标价工程量清单由投标人按照招标文件中提供的工程量清单数量、单位、项目特征等填写并标明价格。

专用合同条款应约定：分部分项工程的单价及总价是否可以调整，如果采用可调价格应约定详细的调整原则、公式、调价材料种类；应根据招标项目特点、合同类型约定计量方法；进度款付款周期、申请和审批时间；质量保证金的具体金额或占合同价格的比例，以及扣留和返还的方法；竣工结算申报的内容、时间等。

2.3.7 工程量清单编制

工程量清单是载明建设工程分部分项工程项目、措施项目、其他项目的名称和相应数量及规费、税金项目等内容的明细清单。工程量清单是招标人依据国家标准、招标文件、设计文件及施工现场的实际情况编制的，随招标文件发布的供投标人投标报价的工程量清单包括相关的说明和表格。工程量清单反映了招标项目的招标范围、工程量等具体内容。

发承包使用国有资金投资的建设工程，必须采用工程量清单计价；发承包使用非国有资金投资的建设工程，宜采用工程量清单计价。

若采用工程量清单计价方式进行招标，工程量清单必须作为招标文件的组成部分，连同招标文件一并发售给投标人。工程量清单的准确性和完整性由招标人负责。工程量清单是工程计价的基础，是编制招标控制价、投标报价、计算工程款、核定与调整合同价款、办理竣工结算及工程索赔等的主要依据。因此，招标人必须做好充分准备，保证图纸设计深度和质量。工程量清单具有较高的准确性，信息必须完整、正确，格式必须规范，否则一旦实际工程量的变化超出合同约定的范围，可能就会引起施工方案和工程单价的变化及承包人的索赔。如投标人发现工程量的差错并采用不平衡报价法的话，则可能给招标人造成较大损失。

单价合同和总价合同形式均可以采用工程量清单计价，区别仅在于工程量清单中所填写的工程量的合同约束力。采用单价合同形式的工程量清单是合同文件必不可少的组成内容，其中清单中的工程量一般具有合同约束力，招标时的工程量是暂估的，工程款结算时按照实际计量的工程量进行调整；在采用总价合同形式的工程量清单中，已标价的工程量不具备合同的约束力，实际的工程量以组成合同文件的设计图纸所标示的内容为准。

若工程量清单采用单价合同形式，招标人应事先统一约定工程量，对工程内容及其计算的工程量的准确性和完整性负责，承担工程量的风险，投标人根据自身实力和市场竞争状况，自行确定人工、材料、机械等要素价格及企业管理费、利润、承担工程价格约定范围的风险，同时由于统一了投标报价的基础，投标人可以避免因工程数量计算误差造成不必要的风险，从而真正凭自身实力进行报价竞争。

2.3.7.1　工程量清单编制的依据

工程量清单主要依据工程量清单计价规范、建设工程设计文件、招标文件、施工现场情况及地勘水文资料、施工方案等进行编制。

1. 工程量清单计价规范

工程量清单计价规范是计算、编制工程量清单的国家统一专用标准，房屋建筑工程依据的计价规范主要包括《建设工程工程量清单计价规范》（GB 50500—2013）、《房屋建筑与装饰工程工程量计算规范》（GB 50854—2013）。

2. 建设工程设计文件

建设工程设计文件包括招标项目的建筑图、结构图、水电安装工程设计图纸等。

3. 招标文件

工程量清单应依据招标文件中明确的招标范围、工期、质量标准等进行编制，不应与招标文件的约定相矛盾或不一致。

4. 施工现场情况及地勘水文资料

工程量清单中的措施项目应根据施工现场情况、地质情况来考虑，如临时设施、二次搬运、夜间施工、降排水等是否发生应根据实际情况确定。

5. 施工方案

工程量清单中的分部分项工程清单、单价措施项目清单等应根据常用施工方法编制，如土方开挖方式、桩基础施工方法、混凝土浇筑方式等。

2.3.7.2　工程量清单编制原则

工程量清单的编制应遵循"四统一"原则，即项目编码统一、项目名称统一、计量单位统一和工程量计算规则统一。工程量清单由招标人或招标人委托的工程造价咨询机构编制，为使工程量清单具有统一的衡量标准及报价基准，清单编码、名称、计量单位和工程量计算原则等应严格按规定执行，不能随意变动。

2.3.7.3　工程量清单编制内容及要求

工程量清单应采用《建设工程工程量清单计价规范》（GB 50500—2013）、《房屋建筑与装饰工程工程量计算规范》（GB 50848—2013）所规定的统一格式。其主要内容包括招标工程量清单封面及扉页，工程量清单编制说明，分部分项工程量清单，措施项目清单，其他项目清单（其他项目清单包括暂列金额明细、材料暂估单价表、专业工程暂估价表、计日工表、总承包服务费计价表），规费、税金项目清单与计价表，发包人提供材料和工程设备一览表等。

1. 工程量清单封面及扉页

工程量清单应由具有编制能力的招标人负责编制，若招标人不具有编制招标工程量清单的能力，可委托具有工程造价咨询资质的工程造价咨询机构编制。工程量清单封面及扉页应按规定的内容填写，包括招标人、造价咨询人的名称，法人代表、造价师或造价员信息，并应按要求签字、盖章。由造价员编制的工程量清单应有负责审核的造价工程师签字、盖章。受委托编制的工程量清单，应由造价工程师签字、盖章及工程造价咨询人盖章。工程量清单封面及扉页样式如图 2.1 和图 2.2 所示。

_____工程

招标工程量清单

招 标 人：_____

（单位盖章）

造价咨询人：_____

（单位盖章）

年　　月　　日

图 2.1　招标工程量清单封面样式

_____工程

招标工程量清单

招　标　人：_____　　　　造价咨询人：_____

（单位盖章）　　　　　　　　　　　（单位资质专用章）

法定代表人：_____　　　　法定代表人：_____

或其授权人：_____　　　　或其授权人：_____

（签字或盖章）　　　　　　　　　　（签字或盖章）

编　制　人：_____　　　　复　核　人：_____

（造价人员签字盖专用章）　　　　　（造价工程师签字盖专用章）

编制时间：　年　月　日　　　　　　复核时间：　年　月　日

图 2.2　招标工程量清单扉页样式

2. 工程量清单编制说明

工程量清单编制说明的作用是为了说明工程量清单的主要内容、编制要求及特殊信息等。应根据项目特点编制工程量清单编制说明，内容一般包括工程概况、招标范围、专业工程发包范围、工程量清单编制依据、分部分项工程清单及措施项目清单编制过程中的特殊事项说明等。

工程概况应说明工程建筑面积、结构样式、基础形式、计划工期、施工现场实施情况、自然地理条件等。招标范围应明确说明本次招标的具体范围和内容。工程量清单编制的依据应包括所采用的规范、设计图纸等。分部分项工程清单说明应包括分部分项工程量清单编制过程中除图纸中明确的情况外所考虑的特殊情况，如场地自然标高、具体施工方法等。措施项目清单说明应包括考虑了哪些措施项目，以及如何考虑等。

3. 分部分项工程量清单

分部工程是单项或单位工程的组成部分，按结构部位、路段长度、施工特点及施工任务等将单项或单位工程划为若干个分部工程。分项工程是分部工程的组成部分，按不同施工方法、材料、工序及路段长度等将分部工程划分为若干个分项工程。

分部分项工程量清单是反映分部分项工程名称、项目特征、计量单位和工程量的清单。分部分项工程量清单的项目编码、项目名称、项目特征描述、计量单位和工程量应按照《建设工程量清单计价规范》（GB 50500—2013）、《房屋建筑与装饰工程工程量计算规范》（GB 50584—2013)编制，上述五个要件在分部分项工程量清单的组成中缺一不可。

分部分项工程量清单应包括招标范围内的全部分部分项工程。房屋建筑与装修工程的分部分项工程量清单一般应包括土方工程、地基与基础工程、砌筑工程、钢筋工程、混凝土工程、金属结构工程、门窗工程、防水工程、保温工程、楼地面装饰工程、墙柱面装饰工程及天棚工程等。各分部分项工程应按规范表格格式详细地列明项目编码、项目名称、项目特征描述、计量单位及工程量，格式见表 2.6。

表 2.6 　　　　　　　　　　　　　　　　　分部分项工程量清单

序号	项目编码	项目名称	项目特征描述	计量单位	工程量

4. 措施项目清单

措施项目是为完成工程项目施工，发生于该工程准备和施工过程中的技术、生活、安全、环境保护等方面的非工程实体项目。

措施项目清单的编制需考虑多种因素，除工程本身的实际情况外，还涉及水文、气象、环境、安全等因素。由于影响措施项目设置的因素太多，因此不可能将施工中可能出现的措施项目一一列出。在编制措施清单时，若因工程情况不同，出现计量规范附录中未列出的措施项目，可根据工程的具体情况对措施项目清单进行补充。

措施项目划分为以下两类：一类是可以计算工程量的项目，如脚手架工程费、混凝土模板及支架（撑）工程费、垂直运输工程费、超高施工增加费、大型机械设备进出场及安拆费、施工排水费、降水工程费等，该类项目以"量"计价，称为"单价项目"；另一类是不能计算工程量的项目，如安全文明施工费、临时设施费、冬雨季施工增加费、夜间施工增加费、已完工及设备保护费、赶工措施费、二次搬运费等，该类项目以"项"计价，称为"总价项目"。

单价措施项目费用等于单价措施项目工程量乘以其综合单价。单价措施项目清单的内容、格式与分部分项工程量清单相同，在实际操作时将这两部分内容合并放在一张表格中，将该表格命名为"分部分项工程和单价措施项目清单"。总价措施项目费用通常以分部分项工程费、定额人工费、定额人工费与定额机械费之和等为基础，列在总价措施项目清单中，见表 2.7。

表 2.7   **总 价 措 施 项 目 清 单**

序号	项目编码	项目名称	计算基础	费率/%
		安全文明施工费		
		夜间施工增加费		
		二次搬运费		
		冬雨季施工增加费		
		已完工程及设备保护费		
		临时设施费		
		赶工措施费		
		……		

5. 其他项目清单

其他项目是指在分部分项工程量清单及措施项目清单以外，由发包人根据实际情况需要在工程量清单中列出并计算在总造价中的项目。工程建设标准的高低、工程的复杂程度、工程的工期长短、工程的组成内容、发包人对工程管理要求等都直接影响其他项目清单的具体内容。其他项目清单通常情况下包括暂列金额、暂估价、计日工、总承包服务费等。其他项目清单格式见表 2.8。

表 2.8   **其 他 项 目 清 单**

序号	项 目 名 称	计量单位	金额/元	备注
1	暂列金额			
2	暂估价			
2.1	材料（工程设备）暂估价			
2.2	专业工程暂估价			
3	计日工			
4	总承包服务费			
5				
	合　　计			

（1）暂列金额。暂列金额是由招标人在工程量清单中暂定并包括在合同价款中的一笔款项，此款项用于施工合同签订时尚未确定或者不可预见的所需材料、工程设备、服务的采购，施工中可能发生的工程变更、合同约定的调整因素出现时的合同价款调整及索赔、现场签证确认等。

在工程量清单中若存在暂列金额项目，招标人应编制暂列金额明细表，格式见表 2.9。

表 2.9 　　　　　　　　　　　暂 列 金 额 明 细 表

序号	项 目 名 称	计量单位	暂定金额/元	备注
1				
2				
3				
4				
	合　　计			

（2）暂估价。暂估价是招标人在工程量清单中提供的用于支付必然发生但暂时不能确定价格的材料、工程设备及专业工程所需费用的一笔款项，可细分为材料（工程设备）暂估单价、专业工程暂估价等。材料（工程设备）暂估价指原材料、燃料、构配件、设备等的暂估的单价，招标人应根据工程造价信息或参照市场价格对其进行估算，并应说明这些材料、设备拟用在哪些清单项目上。材料（工程设备）暂估单价表格式见表 2.10。专业工程暂估价应是综合暂估价，包括除规费和税金以外的管理费、利润等。总承包招标时，专业工程设计的深度往往是不够的。按照国际惯例，出于提高可建造性的考虑，一般由专业承包人负责专业工程的设计，以发挥其专业技能和专业施工经验丰富的优势。专业工程暂估价应针对不同专业，按有关计价规定估算得出。专业工程暂估价表格式见表 2.11。投标人应将其中的材料暂估单价计入工程量清单综合单价中进行报价，同时将专业工程暂估价计入投标总价中。

表 2.10 　　　　　　　　　　材料（工程设备）暂估单价表

序号	材料（工程设备）名称、规格、型号	计量单位	数量	单价/元	合价/元	备注
1						
2						
3						
4						

表 2.11 　　　　　　　　　　专 业 工 程 暂 估 价 表

序号	工 程 名 称	工程内容	金额/元	备注
1				
2				
3				
4				
	合　　计			

（3）计日工。计日工在施工过程中完成发包人提出的工程合同范围以外的零星项目或工作，其人工单价按合同中约定的综合单价计价。零星工作一般是指合同约定之外的或者因变更而产生的、工程量清单中没有相应项目的额外工作，尤其是那些时间方面不允许事先商量价格的额外工作。

在工行量清单中招标人可以在计日工表中列明零星项目用工的工种、材料名称、机械名称及暂定数量，投标时，单价由投标人自主报价，计入投标报价中，并作为合同组成。在施工过程中，如发生施工图纸以外的零星项目或工作，按计日工表中已有的人工、材料、机械价格计算其综合单价，数量则按实际发生的计算，计日工表格式见表2.12。

表 2.12 计 日 工 表

序号	项目名称	单位	暂定数量	综合单位/元	合价/元	
					暂定	实际
一	人工					
1						
2						
3						
	人工小计					
二	材料					
1						
2						
3						
	材料小计					
三	施工机械					
1						
2						
3						
	施工机械小计					
	总 计					

（4）总承包服务费。总承包服务费是指总承包人对发包人直接发包的专业工程（如精装修工程、幕墙工程等）进行配合、协调所需的费用，或对发包人自行采购的材料及工程设备等进行保管、对施工现场进行管理、对竣工资料进行汇总整理等所需的费用。总承包服务费计价表格式见表2.13。

表 2.13 总承包服务费计价表

序号	项目名称	项目价值/元	服务内容	费率/%	金额/元
1	发包人发包专业工程				
2	发包人供应材料				
	合 计				

6. 规费、税费清单

规费、税金清单包括规费及税金两大项，其中规费是根据国家法律法规规定，由省级政府或有关部门规定施工企业必须缴纳的，应计入建筑安装工程造价的费用，主要包括工程排污费、社会保险费、住房公积金等。工程排污费包括废气、污水、固体及危险废物和噪声排污费等内容；社会保险费包括企业应为职工缴纳的养老保险、失业保险、医疗保险、工伤保险和生育保险五项社会保障方面的费用；住房公积金是企业应为职工缴纳的住房公积金。税金是国家税法规定的应计入建筑安装工程造价内的营业税、城市维护建设税、教育附加费及地方教育附加。营业税是指以产品销售或劳务取得的营业额为征讨对象的税种；城市维护建设税是为加强城市公共事业和公共设施的维护建设而开征的税种，其计算基础为营业税；教育附加费及地方教育附加是为发展地方教育事业，扩大教育经费来源而征收的税种，其计算基础为营业税。

规费、税金项目清单与计价表格式详见表2.14。编制时应根据国家各地行业主管部门相关文件的规定进行编制，且不得作为竞争性费用。

表2.14　　　　　　　　　　　　规费、税金项目清单与计价表

序号	项目名称	计算基础	费率/%	金额/元
1	规费			
1.1	社会保险费			
(1)	养老保险费			
(2)	失业保险费			
(3)	医疗保险费			
(4)	工伤保险费			
(5)	生育保险费			
1.2	住房公积金			
1.3	工程排污费			
2	税金			
合　　计				

7. 发包人提供材料和工程设备一览表

招标项目中若存在由发包人提供的材料和工程设备（以下简称"甲供材料"），则招标文件中应包括发包人提供材料和工程设备一览表（格式见表2.15），写明甲供材料的名称、规格、型号、数量、单价、交货方式、交达地点等。承包人投标时，甲供材料单价应计入相应项目的综合单价中。签约后，发包人应按合同约定从支付给承包商的工程款中扣除其中的甲供材料款。

表2.15　　　　　　　　　　　　发包人提供材料和工程设备一览表

序号	材料（工程设备）名称、规格、型号	单位	数量	单价/元	交货方式	送达地点	备注

承包人应根据合同中工程进度计划的安排，向发包人提交甲供材料交货日期的计划安排，发包人应按计划供货，以保证施工计划的顺利实施。若发包人提供的甲供材料的规格、数量或质量不符合合同要求，或由于发包人原因发生交货日期延误、交货地点及交货方式变更等情况，发包人应承担由此增加的费用或因工期延误造成的损失，并应向承包人支付合理

利润。若发包人要求承包人采购已在招标文件中确定为甲供材料的材料，材料价格应由发承包双方根据市场调查确定，并应另行签订补充协议。

8. 发包人指定材料品牌一览表

根据《建筑法》第二十五条规定："按照合同约定，建筑材料、建筑构配件和设备由工程承包单位采购的，发包单位不得指定承包单位购入用于工程的建筑材料、建筑构配件和设备或指定生产厂、供应商。"

若招标人对应用于工程中的一些材料有特殊要求，可以在招标文件里面列一个材料明细表，每种材料至少列出三个品牌供投标人选择，投标人必须按照招标文件要求编制投标文件。如果投标人指定了某种品牌的材料，投标人就必须按此品牌的材料价格编制投标报价；如果招标文件中没有指定材料品牌，而在施工过程中才指定，施工单位可以提出签证，但是这种做法不利于建设单位的造价控制。

2.3.8 图纸、技术标准和要求的编制

1. 图纸

图纸是招标文件及合同文件的重要组成部分，是确定招标范围、编制工程费清单及投标报价的主要依据，也是进行施工及验收的依据。

图纸包括由发包人按照合同约定提供或经发包人批准的设计文件、施工图、鸟瞰图及模型等。图纸应当经过相关部门审查且必须合格。在招标文件中除附上图纸外，还应列明招标项目施工图纸目录，包括编号、名称、版本、出图日期等。图纸目录及对应的图纸将是施工和合同管理及解决争议的重要依据。

2. 技术标准和要求

技术标准和要求是构成合同文件的组成部分，是施工应当遵守的或指导施工的国家，行业或地方的技术标准和要求。

技术标准和要求主要包括国家、行业或地方现行的设计，施工及验收规范、规程、标准等，如混凝土设计、施工及验收规范、桩基础设计、施工及验收规范等。技术标准和要求中的各项技术标准应符合国家强制性标准规定，不得要求或标明某一特定的专利、商标、名称、设计、原产地或生产供应者，不得含有倾向或者排斥潜在投标人的其他内容。如果必须引用某一生产供应者的技术标准才能准确或清楚地说明拟招标项目的技术标准时，应当在参照后面加上"或相当于"字样。

技术标准和要求由招标人根据招标项目的具体特点和实际需要编制。在招标文件中可以详细列明招标项目所使用的技术标准和要求，也可以简化处理，直接说明按照国家、行业或地方现行标准或要求执法。

2.3.9 投标文件格式的编制

投标文件格式是投标人编制各项投标文件时所使用的基本格式，有利于各投标人按照统一的格式编制投标文件，从而使所有投标文件有相同的编制标准、格式，方便开标及评标。

投标文件格式应根据招标文件中规定的投标文件格式编制。招标文件示范文本所包括的投标文件格式主要有：投标文件封面格式、投标函及投标函附录格式、法定代表人身份证明格式、授权委托书格式、投标保证金格式、已标价工程量清单格式、主要施工设备配备表格式、劳动力计划表格式、项目管理机构格式等。

招标人在编制投标文件格式时应根据招标项目的具体情况，以及根据投标人须知中对投

标文件组成内容的要求编制，不在投标文件范围的则无需提供相应格式。

2.4　工程项目招标控制价的编制

2.4.1　招标控制价的概念

招标控制价是随着招标投标的不断发展提出来的一个概念。

《招标投标法》自 2000 年 1 月 1 日起正式实施，其中第二十二条规定："招标人设有标底的，标底必须保密。"标底是指招标人根据消耗量定额、计价文件、市场价格、设计施工图纸、招标项目的具体情况编制的完成招标项目所需的全部费用，是招标人对建筑工程的期望价格。当时大多数招标项目都有编制标底，以标底的一定幅度范围作为投标人投标报价合格的条件，并以标底为依据确定中标人。根据《招标投标法》的规定，标底是招标单位的绝密资料，不能向任何相关人员泄露，但在实际操作中却存在一些弊端：首先，标底易泄露，由于标底决定了投标人能否入围或中标，因此投标人想尽办法去探听标底，从而导致招标投标的不公平；其次，竞争不充分，投标人经常会根据以往的经验及了解到的标底价格来编制投标报价，而不考虑自身的实际管理水平、利润水平及报价的合理性，使最终中标价围绕标底而变化，不能充分、合理地进行市场竞争，不能反映其真正的报价及管理水平。

2003 年 7 月 1 日，在住房和城乡建设部颁布《建设工程工程量清单计价规范》（GB 50500—2003）后，各地陆续取消了有标底招标的做法，改为"无标底招标"。但"无标底招标"也存在容易围标、抬高投标报价及中标价、中标价过低等恶性竞争的情况。针对"无标底招标"的众多弊端，多个省（自治区、直辖市）相继引进了投标最高限价的做法，有的地方称为"拦标价"或"预算控制价"，从而对投标人的报价进行了限制。当投标人报价超出此价格时，其投标则作为废标处理。

经过几年的实践，在《建设工程工程量清单计价规范》（GB 50500—2008）中正式提出了"招标控制价"的概念。该规范将招标控制价定义为"招标人根据国家或省级、行业建设主管部门颁发的有关计价依据和办法，按设计施工图纸计算的，对招标工程限定的最高工程造价"。该规范同时规定："国有资金投资的工程建设项目应实行工程量清单招标，并应编制招标控制价。招标控制价超过批准的概算时，招标人应将其报原概算审批部门审核。投标人的投标报价高于招标控制价的，其投标应予以拒绝。"在实际操作中，很多省（自治区、直辖市）依据计价表、定额、工程造价信息等编制招标控制造价，将该价格下浮一定的比例后得到的价格作为投标报价上限，同时将该价格下浮一定的比例后得到的价格作为投标报价下限，超过该投标报价上、下限的均作为废标处理。

结合近几年的实际实施情况，《建设工程工程量清单计价规范》（GB 50500—2013）将招标控制价的含义调整为"招标人根据国家或省级、行业建设主管部门颁发的有关计价依据和办法，以及拟定的招标文件和招标工程量清单，结合工程具体情况编制的招标工程的最高投标限价"。此次调整使人们更加明确招标控制价的作用是作为最高投标限价，即不能像以往一样将招标控制价下浮后作为投标上限。同时，此次调整还强调招标控制价的确定依据除了有关计价依据和办法外，还应包括招标文件和招标工程清单，而不是 2008 版规范中所说的设计施工图纸，这样就使招标控制价与投标报价的编制有了相同的基准，有利于对投标报价进行评审和比较。

在确定招标控制价时，各地在实际操作过程中存在不同的做法，有的地方直接将依据工程量清单、计价定额和信息价计算出来的价格作为招标控制价，而有的地方将该价格称为标底，而将标底下浮一定比例后（其中竞争费不下浮）得到的价格作为招标控制价。

2.4.2 招标控制价的作用

1. 最高投标限价

招标控制价的含义中已经明确招标控制价是最高投标限价，即投标人编制的投标报价不能高于招标控制价，否则即被作为废标处理。作为最高投标限价，招标控制价必须合理编制，不能过高或过低。因此投标人在招标控制价公布后，应依据工程量清单及相应计价文件进行认真组价，复核招标控制价是否合理。如果发现招标控制价存在问题，应向招标监督机构或工程造价管理机构投诉，敦促招标人对招标控制价进行修改。

2. 评标委员会评标的参考

招标控制价是依据现行的计价文件、计价办法、工程量清单及工程造价信息等编制的，反映了完成招标内容所需发生的各项支出的合理价格，是评标委员会对各投标人的投标报价进行评审的主要依据。例如，在评审各分部分项工程综合单价、措施费等是否合理时，很多省（自治区、直辖市）都将其与招标控制价中该分部分项工程的综合单价相比较，衡量其高或低的幅度，并以此来评审是否属于不平衡报价，从而对投标报价做出量化评分。

3. 确定招标报价是否低于成本价的依据

为避免投标人之间的恶意竞争，各地在进行投标时都要求投标报价不能低于成本价，而成本价的计算往往也是以招标控制价为基础。很多省（自治区、直辖市）以招标控制价总价下浮一定比例后的价格作为成本价，也有将人工费、材料费、机械费、利润、管理费、措施费等分别下浮一定比例后计算出成本价，再与投标报价或各分部分项价格相比较，从而判定投标人的报价是否低于成本价。若据此判定投标报价低于成本价，投标人的投标报价将被作为无效标或废标处理，同时还可能被视为企业的不诚信行为。

4. 确定合同价格的基础

依据招标投标范围及规模标准规定，工程造价较小的建设工程发包时可以不进行招标投标，而采用竞争性发包等方式进行招标。此时为了节省招标人及投标人的时间及成本，有些省（自治区、直辖市）则直接依据招标控制价确定中标价，并依此签订合同。

2.4.3 招标控制价编制的依据

招标控制价编制的主要依据有：

（1）建筑工程工程量清单计价规范。

（2）房屋建筑与装饰工程工程量计算规范。

（3）国家或省级、行业建设主管部门颁发的计价定额、工期定额、费用定额和相关计价文件。

（4）招标文件、招标工程量清单。

（5）与建设工程项目有关的标准、规范、规程、技术资料等。

（6）施工现场情况、地勘水文资料、工程特点及常规施工方案。

（7）工程造价管理机构发布的工程造价信息，当工程造价信息没有发布时，参照市场价。

（8）其他相关资料。

2.4.4 招标控制价的主要内容

招标控制价的主要内容包括招标控制价封面（图 2.3），招标控制价扉页（图 2.4），建设项目招标控制价表（表 2.16），单项工程招标控制价表（格式与表 2.16 类似），单位工程招标控制价表（表 2.17），分部分项工程和单价措施项目清单与计价表（表 2.18），综合单价分析表（表 2.19），总价措施项目计价表，其他项目计价汇总表（其中包括暂列金额明细表、材料暂估价表、专业工程暂估价表、计日工表、总承包服务费计价表），规费、税金项目清单与计价表，发包人提供材料和工程设备一览表等。

```
                    _____工程

                         招标控制价

                 招 标 人：_____
                            （单位盖章）


                 造价咨询人：_____
                            （单位盖章）


                       年      月      日
```

图 2.3　招标控制价封面样式

```
                    _____工程

                         招标控制价

                 招标控制价（小写）：_____
                 招标控制价（大写）：_____

招 标 人：_____            造价咨询人：_____
       （单位盖章）                          （单位资质专用章）


法定代表人：_____           法定代表人：_____
或其授权人：_____           或其授权人：_____
       （签字或盖章）                        （签字或盖章）


编 制 人：_____            复 核 人：_____
   （造价人员签字盖专用章）                （造价工程师签字盖专用章）


编制时间：   年  月  日              复核时间：   年  月  日
```

图 2.4　招标控制价扉页样式

表 2.16　　　　　　　　　　　**建设项目招标控制价表**

序号	单项工程名单	金额/元	金额/元		
			暂估价	安全文明施工费	规费
合　计					

表 2.17　　　　　　　　　　　**单位工程招标控制价表**

序号	汇　总　内　容	金额/元	暂估价/元
1	分部分项工程		
1.1			
1.2			
2	措施项目		
2.1	安全文明施工费		
3	其他项目		
3.1	暂列金额		
3.2	专业工程预估价		
3.3	计日工		
3.4	总承包服务费		
4	规费		
5	税金		
招标控制价合计			

表 2.18　　　　　　　　**分部分项工程和单价措施项目清单与计价表**

序号	项目编码	项目名称	项目特征描述	计量单位	工程量	金额/元		其中
						综合单价	合计	暂估价

表 2.19　　　　　　　　　　　**综　合　单　价　分　析　表**

项目编号		项目名称		计量单位		工程量	
清单综合单价组成明细							

定额编号	定额项目名称	定额单位	数量	单价/元				合价/元			
				人工费	材料费	机械费	管理费和利润	人工费	材料费	机械费	管理和利润

续表

项目编号		项目名称		计量单位		工程量	
清单综合单价组成明细							
人工单价/（元/工日）	合计						
	未计价材料费						
材料费明细	主要材料名称、规格、型号	单位	数量	单价/元	合价/元	暂估单价/元	暂估合价/元
	其他材料费						
	材料费小计						

2.4.5 招标控制价编制的要点

1. 招标控制价的编制对象要求

对于国有资金投资的工程项目招标，招标人必须编制招标控制价，并以此价格作为最高投标限价。由于国有资金投资项目的投资控制实行的是投资概算审批制度，即初步设计阶段的概算额不能超过项目立项审批时的投资概算额，所以施工图预算不能超过投资概算额。而招标控制价即为施工图预算的一种体现形式，因此，国有资金投资的建设工程招标时的招标控制价原则上不能超过经批准的投资概算额。如果招标控制价超出投资概算额，需重新上报相关主管部门进行审核。

2. 招标控制价的编制主体

招标控制价应由招标人负责编制。如果招标人具有编制能力，即本单位有与招标项目专业相符的造价员、注册造价工程师时，招标控制价可以由招标人自行编制。当招标人不具备编制招标控制价的能力时，根据《工程造价咨询企业管理办法》的规定，招标人可委托具有工程造价咨询资质的工程造价咨询企业编制。

3. 招标控制价的签字、盖章要求

我国在工程造价计价活动管理中，对从业人员实行的是执业资格管理制度，对工程造价咨询人实行的是资质许可管理制度。建设部先后发布了《工程造价咨询企业管理办法》（建设部令第149号）、《注册造价工程师管理办法》（建设部令第150号），中国建设工程造价管理协会印发了《全国建设工程造价员管理办法》（中价协〔2011〕21号）。招标控制价封面、扉页应按上述规范中的要求进行盖章、签字，这是招标控制价生效的必备条件。

招标控制价若由招标人自行编制，编制人员必须是在招标人单位注册的造价员或造价工程师。当编制人是造价员时，由其在编制人栏签字盖专用章，并由注册造价工程师复核，在复核人栏签字盖执业专用章；当编制人是注册造价工程师时，由其签字盖执业专用章。无论编制人是谁，最后都要盖招标人单位公章，由法定代表人或其授权人签字或盖章。

若招标人委托工程造价咨询人编制招标控制价，编制人员必须是在工程造价咨询人单位注册的造价人员。当编制人是注册造价工程师时，由其签字盖执行专用章；当编制人是造价员时，由其在编制人栏签字盖专用章，并由注册造价工程师复核，在复核人栏签字盖执业专用章。最后还需盖工程造价咨询人单位公章，由法定代表人或其授权人签字或盖章。

4. 招标控制价说明

招标控制价说明应写清楚工程概况、施工方法、编制依据、风险计取等事项。其中，工程概况应包括建设规模、工程特征、计划工期、合同工期、自然地理条件等；施工方法主要是分部分项综合单价及措施费计算时所涉及的施工方法；编制依据应重点提及材料、人工、措施费的计算依据。

5. 分部分项工程项目计价

分部分项工程费指各专业工程的分部分项工程应予列支的各项费用，由人工费、材料费、施工机具使用费、企业管理费和利润构成。人工费指按工资总额构成规定，支付给从事建筑安装工程施工的生产单位工人和附属生产单位工人的各项费用，包括计时工资或计件工资、奖金、津贴补贴、加班加点工资等；材料费指施工过程中消耗的原材料、辅助材料、构配件、零件、半成品或成品、工程设备的费用，包括材料原价、运杂费、运输损耗费、采购及保管费等；施工机具使用费指施工作业所发生的施工机械、仪器仪表使用费或其租赁费，其中施工机械使用费包括折旧费、大修理费、经常修理费、安装费及场外运费、人工费、燃料动力费、税费（车船使用税、保险费及年检费等），仪器仪表使用费指工程施工所需使用的仪器仪表的摊销及维修费用；企业管理费指施工企业组织施工生产和经营管理所需的费用，包括管理人员工资、办公费、差旅交通费、固定资产使用费、工具用具使用费、劳动保险和职工福利费、劳动保护费、工会经费、职工教育经费、财产保险费、财务费、税金（房产税、车船使用费、土地使用税、印花税等）、意外伤害保险费、工程定位复测费、检验试验费、企业技术研发费等；利润指施工企业完成所承包工程获得的盈利。

应根据拟定的招标文件和招标工程量清单项目中的特征描述及有关要求确定分部分项工程综合单价。综合单价按照全国、各省专业计价定额中的规定，依据设计图纸和经建设方认可的施工方案进行组价。当计价定额中关于分部分项工程量的计算规则与《建设工程工程量清单计价规范》（GB 50500—2013）中的计算规则不同时，应按计价定额中计算规则重新计算其工程量后再套用相应定额。

编制综合单价时采用的人工、材料、工程设备、施工机械台班等价格应是工程造价管理机构通过工程造价信息发布的指导价或参考价，工程造价信息未发布材料单价的，其价格应通过市场调查确定。工程造价信息是工程造价管理机构根据调查和测算发布的工程项目人工、材料、工程设备、施工机械台班的价格信息，以及各类工程的造价指数、指标。管理费、利润应根据国家或省级、行业建设主管部门规定的取费标准及规定计取。

6. 措施项目计价

措施项目中的单价措施项目的费用构成，综合单价的编制、取费标准等与分部分项工程综合单价的确定方法相同。

总价措施项目中的安全文明施工费、临时设施费、冬雨季施工增加费、夜间施工费、已完成工程及设备保护费、赶工措施费等应依据相应费率计算且应根据国家或省级、行业建设主管部门规定的取费标准和规定计取，不得随意调整；二次搬运费等措施费用应按实际或可能发生的费用进行计算。

7. 风险费用处理

风险是一种客观存在、可能会带来损失的、不确定的状态，具有客观性、损失性、不确定性的特点，并且风险始终是与损失相联系的。工程施工发包是一种期货交易行为。工程建设本身又具有单件性和建设周期长的特点。在工程施工过程中影响工程施工及工程造价的风险因素很多，但并非所有的风险都是承包人能预测、能控制的。基于市场交易的公平性要求和工程施工过程中发承包双方权、责的对等性要求，发承包双方应合理分摊风险。

风险费用隐含于已标价工程量清单综合单价中，是用于化解在工程合同约定的内容和范围内出现的市场价格波动所带来的风险的费用。建设工程发承包双方必须在招标文件、合同中明确计价的风险内容及其范围，不得采用"无限风险""所有风险"等类似语句规定计价中的风险内容及其范围、幅度。根据我国建设工程的特点，投标人应完全承担的风险是技术风险和管理风险，如管理费和利润；应有限度承担的风险是市场风险，如材料价格、施工机械使用费变化带来的风险；应完全不承担的风险是法律、法规、规章和政策变化带来的风险。

招标控制价虽由发包人编制，但这是投标报价的最高限价，因此为使招标控制价与投标报价所包含的内容一致，招标控制价的综合单价中应包含风险费用。综合单价中的风险费用一般以分部分项工程综合单价（人工费＋材料费＋机械费＋管理费＋利润）为基础，乘以一定的风险系数，其中风险系数应根据招标项目的规模、特点、难易程度、工期等因素确定。例如，江苏省苏州市2010年7月1日开始根据招标工期长短确定建设工程造价风险费用系数（表2.20）。苏工价〔2013〕16号文则明确规定："合同工期在6个月以上的招标项目，不再计取风险费用；合同工期在6个月以内的招标项目，是否计取风险费用在招标文件中明确。"

表 2.20　　　　　　　　　　　　风 险 费 用 系 数 表

序号	招 标 工 期	风险费用系数/%
1	半年以内	0～0.80
2	半年以上1年以内	0.80～1.20
3	1年以上2年以内	1.20～2.00
4	2年以上3年以内	2.00～2.50
5	3年以上	2.50

8. 其他项目计价

其他项目中的暂列金额应由招标人根据工程特点、工期长短，按有关计价规定进行估算确定，编制招标控制价时应按工程量清单中列出的金额填写，一般可以按分部分项工程费用的10%～15%估算，也可以不予考虑。暂估价中的材料、工程设备单价应按照工程造价管理机构发布的工程造价信息或参考市场价格确定，编制招标控制价时应按工程量清单中列出的单价计入；暂估价中的专业工程暂估价应分不同专业，按有关计价规定估算，编制招标控制价时应按工程量清单中列出的金额填写。计日工应根据工程特点，按照工程量清单中列出的计日工项目和有关计价依据计算。总承包服务费应根据招标文件中列出的内容和向总承包人提出的要求，并参照下列标准计算得出：①招标人仅要求对分包的专业工程进行总承包管理和协调时，按分包的专业工程估算造价的1.5%计算；②招标人要求对分包的专业工程进行总承包管理和协调并同时要求提供配合服务时，根据招标文件列出的配合服务内容和提出的要求按分包的专业工程估算造价的3%～5%计算；③招标人自行供应材料的，按招标人供应材料值的1%计算，各地在实际实施时可以在此基础上进行适当调整。

9. 招标控制价的公布

招标控制价的作用不同于标底，无需保密。《建设工程工程量清单计价规范》（GB

50500—2013）规定，招标控制价应在招标时公布，不应上浮或下调，招标人应将招标控制价及有关资料报送工程所在地的工程造价管理机构备查。投标人经复核认为招标人公布的招标控制价未按照本规范的规定进行编制的，应在招标控制价公布后 5 天内向招标监督机构和工程造价管理机构投诉。工程造价管理机构在接到投诉后应立即对招标控制价进行复查，当招标控制价复查结论与原公布的招标控制价误差超过±3％时，应责成招标人改正。

从上述规定可以看出，为了体现招标的公平、公正，防止招标人有意抬高或压低工程造价，招标人应如实公布招标控制价。如果招标控制价不合理，投诉人有权投诉，从而维护投标人的合法权益。

10. 投标限价的设定

在招标文件中应明确最高投标限价，为了防止投标人恶意竞争，同样应明确最低投标限价。有些地区的最高及最低投标限价不随招标文件一同发出，而在招标文件中约定发出时间，到了规定的时间再对最高及最低投标限价进行公示。投标人的投标报价若高于最高投标限价或低于最低投标限价，均作为无效标处理。

依据招标控制价的概念描述，招标控制价即为投标人投标报价的最高投标限价。即招标人确定的最高投标限价不能在招标控制价的基础上进行上调或下浮。最低投标限价的确定通常以招标控制价为基础，乘以统一的下浮比例，也可对人工费、材料费、机械费、管理费、利润、措施费等分别设定下浮比例再确定。有些省（自治区、直辖市）对于最低投标限价不作明确规定，但会对评标时的成本价标准进行明确。投标人的投标报价如果低于成本价，则可能会导致投标文件无效，因此成本价的本质与最低投标限价相似。

2.5 工程项目施工招标案例

2.5.1 施工招标公告

【背景】

某工业园内科裕一路和二路，由该省发展改革委员会批准建设，批文编号为省发改投字〔2006〕第 256 号，其中政府投资 24％，企业筹集 76％资金，经核准采用公开招标的方式选择施工单位。两条公路各为一个标段，统一组织施工招标，投标人仅能就这两个标段中的一个标段进行投标。招标文件计划于 2006 年 7 月 8 日起开始发售，售价 160 元/套，图纸押金3000 元/套。2006 年 7 月 28 日投标截止，投标文件的递交地点为××省××市××区××路 6 号公明镇同富裕工业园管委会第三会议室。

项目基本情况如下：

工程位于某工业园内，其中科裕一路长 903m，宽 40m，计划投资 11072991 元人民币；科裕二路长 618m，宽 30m，计划投资 5624516 元人民币。

计划开工日期 2006 年 9 月 15 日，计划竣工日期 2007 年 4 月 15 日，工期 212 日历天。

质量要求：达到国家质量检验与评定标准合格等级。

对投标人的资格要求是：市政工程施工总承包二级及以上资质，不接受联合体投标。

招标公告拟在《中国建设报》《中国采购与招标网》和省日报、市工程项目交易中心信息版等媒体上发布。

【问题】

（1）依法必须进行招标的工程施工项目，其招标条件是什么？施工招标公告包括哪些基本内容？

（2）建筑业企业应具备的条件及资质管理是如何规定的？

（3）针对本项目的条件与要求，编写一份施工招标公告。

【分析】

《工程建设施工招标投标办法》（30 号令）规定了施工招标项目的招标条件和招标公告的基本内容，住房和城乡建设部《建筑施工企业资质管理规定》对从事建筑施工的企业条件及管理进行了进一步规定。这里，检查考生对这些规定的综合理解，以及应用《中华人民共和国标准施工招标文件》（2007 版）中提供的招标公告样本，编写一份工程施工招标公告的能力。

【解答】

（1）《工程建设项目施工招标投标办法》（30 号令）第八条规定了依法必须招标的工程建设项目，应当具备下列条件才能进行施工招标：①招标人已经依法成立；②初步设计及概算应当履行审批手续的，已经批准；③招标范围、招标方式和招标组织形式等应当履行核准手续的，已经核准；④有相应资金或资金来源已经落实；⑤有招标所需的设计图纸及技术资料。

《工程建设项目施工招标投标办法》（30 号令）第十四条规定："招标公告应当至少载明下列内容：①招标人的名称和地址；②招标项目的内容、规模、资金来源；③招标项目的实施地点和工期；④获取招标文件或者资格预审文件的地点和时间；⑤对招标文件或者资格预审文件收取的费用；⑥对投标人的资质等级的要求。"

《招标公告发布暂行办法》（国家发展计划委员会令第 4 号）第六条规定："招标公告应当载明招标人的名称和地址、招标项目的性质、数量、实施地点和时间、投标截止日期以及获取招标文件的办法等事项。"

（2）建筑业企业应具备的条件及关于资质管理的规定如下：

1）建筑业企业应具备的条件。根据《建筑法》的规定，从事建筑活动的建筑施工企业应当具备下列条件：有符合国家规定的注册资本；有与其从事的建筑活动相适应的具有法定执业资格的专业技术人员；有从事相关建筑活动所应有的技术装备；法律、行政法规规定的其他条件。

2）建筑业企业的资质管理。《建筑法》明确规定："从事建筑活动的建筑业企业按照其拥有的注册资本、专业技术人员、技术装备和已完成的建筑工程业绩等资质条件，划分为不同的资质等级，经资质审查合格，取得相应等级的资质证书后，方可在其资质等级许可的范围内从事建筑活动。"2007 年发布的《建筑业企业资质管理规定》（建设部令〔2007〕第 159 号）将建筑施工企业资质划分为施工总承包、专业承包和劳务分包三个序列。

获得施工总承包资质的企业，可以对工程实行施工总承包或者对主体工程实行施工承包。承担施工总承包的企业可以对所承接的工程全部自行施工，也可以将非主体工程或者劳务作业分包给具有相应专业承包资质或者劳务分包资质的其他建筑业企业。

获得专业承包资质的企业，可以承接施工总承包企业分包的专业工程或者建设单位按照规定发包的专业工程。专业承包企业可以对所承接的工程全部自行施工，也可以将劳务作业分包给具有相应劳务分包资质的劳务分包企业。获得劳务分包资质的企业，可以承接施工总承包企业或者专业承包企业分包的劳务作业。

施工总承包资质、专业承包资质、劳务分包资质序列按照工程性质和技术特点分别划分为若干资质类别。各资质类别按照规定的条件划分为若干等级。

（3）本项目招标公告如下：

招 标 公 告

招标编号：××××08-××号

1. 招标条件

本招标项目某工业园科裕一路、二路已由××省发展改革委员会以省发改投字〔2006〕第256号批准建设，项目业主为某工业园管委会，建设资金来自政府及园区企业自筹，项目出资比例为政府投资24％，园区企业筹集76％，招标人为某工业园管委会。项目已具备招标条件，现对该项目的施工进行公开招标。

2. 项目概况与招标范围

工程位于某工业园，其中科裕一路长903m，宽40m，计划投资11072991元；科裕二路长618m，宽30m，计划投资5624516元。

计划开工日期2006年9月15日，计划竣工日期2007年4月15日，工期212日历天。

本次招标划分为两个标段：

标段一：科裕一路；标段二：科裕二路。

质量标准：达到国家质量检验与评定标准合格质量等级。

3. 投标人资格要求

3.1　本次招标要求投标人须具备市政工程施工总承包二级及以上资质，1个及以上同等规模以上市政道路工程施工业绩，并在人员、设备、资金等方面具有相应的施工能力。

3.2　本次招标不接受联合体投标。

3.3　各投标人均可就上述标段中的1个标段投标。

4. 招标文件的获取

4.1　凡有意参加投标者，请于2006年7月8日至2006年7月14日，每日8：30—12：00，13：30—17：30（北京时间，下同），在××省××市××区××路某工业园管委会基建管理办公室持单位介绍信购买招标文件。

4.2　招标文件售价160元/套，售后不退。图纸押金3000元/套，在退还图纸时退还押金（不计利息）。

4.3　邮购招标文件的，需另加手续费（含邮费）30元。招标人在收到单位介绍信和邮购款（含手续费）后1日内寄送。

5. 投标文件的递交

5.1　投标文件递交的截止时间（投标截止时间，下同）为2006年7月28日10时00分。投标截止日前递交的，投标文件须送达招标人（地址、联系人见后）；开标当日递交的，投标文件须送达地点为××省××市××区××路6号公明镇同富裕工业园管委会第三会议室。

5.2　逾期送达的或者未送达指定地点的投标文件，招标人不予受理。

6. 发布公告的媒介

本次招标公告同时在《中国建设报》《中国采购与招标网》和省日报、省建设工程交易中心信息版上发布。

2.5.2 施工招标资格审查标准

【背景】

某大学扩建项目，其建安工程投资额 30000 万元人民币。项目地处某城市郊区，系在原农用耕地上修建，共包括 8 个单体建筑工程，分别为办公楼、1～3 号教学楼、学生食堂、学生公寓、图书馆、10kV 变电所和大门及门卫室等，总建筑面积 126436m²，占地面积 86000m²，其中教学楼和学生公寓地上六层框架结构，学生食堂、图书馆为地上三层框架结构，变电所及门卫室为单层混合结构。招标人拟将整个扩建工程施工作为一个标段，并采用资格预审组织发包，但不接受联合体申请。

【问题】

（1）资格审查有哪几种方法？给出其做法。怎样选择其一为一个项目资格审查方法？确定了审查方法后，有哪几种办法进行资格审查？

（2）施工招标资格审查有哪几方面的内容？这些审查内容怎样进一步分解为审查因素？

（3）针对本项目实际情况，选择资格审查方法的审查方法，并设置资格审查因素和审查标准。

（4）怎样处理资格预审过程中几个申请人得分相同的排序，举个例子。

【分析】

资格审查是用来衡量投标人一旦中标，是否有能力履行施工合同的一种重要手段，一般有两种做法：资格预审或资格后审。资格预审是在招标文件发售前，招标人通过发售资格预审文件，组织资格审查委员会对潜在投标人提交的资格申请文件进行审查，进而决定投标人名单的一种方法；资格后审是开标后，评标委员会在初步审查程序中，对投标文件中投标人提交的资格申请文件进行的审查。两种方法审查的内容基本一致，仅是时间的先后，但招标成本支出截然不同。

判断一个施工招标项目是否需要组织资格预审，是由满足该项目施工条件的潜在投标人数的多少来决定的。施工招标不同于其他类型的招标：①一般需要提供设计图纸，招标人成本支出较其他类项目招标大；②除少数高尖端项目及项目处在一些特殊地域外，潜在投标人普遍掌握项目的施工工艺，潜在投标人较多；③投标人需要组织人员编制工程预算、施工组织设计等文件，需要一定花费。这些特点，决定了一个施工招标项目是选择资格预审还是资格后审。《工程建设项目施工招标投标办法》（30 号令）第二十条规定："施工招标资格审查应主要审查以下 5 个方面的内容：①具有独立订立施工合同的权利；②具有履行施工合同的能力，包括专业、技术资格和能力，资金、设备和其他物质设施状况，管理能力、经验、信誉和相应的从业人员；③没有处于被责令停业，投标资格被取消，财产被接管、冻结、破产状态；④在最近三年内没有骗取中标和严重违约及重大工程质量问题；⑤法律、行政法规规定的其他资格条件等方面的内容。"这 5 个方面的内容，构成了施工招标资格审查因素。

【解答】

（1）资格审查方法分为资格预审与资格后审。资格预审是在招标文件发售前，招标人通过发售资格预审文件，组织资格审查委员会对潜在投标人提交的资格申请文件进行审查，进而决定投标人名单的一种方法；资格后审指的是开标后，评标委员会在初步审查程序中，对投标文件中投标人提交的资格申请文件进行的审查。

判断一个工程施工招标项目是否需要组织资格预审，是由满足该项目施工条件的潜在投标人数的多少来决定的。潜在投标人过多，造成招标人的成本支出和投标人的花费总量大，与项目的价值相比不值时，招标人需要组织资格预审；反之，则可以组织资格后审。

采用资格预审的，可以采用两种方法确定通过资格审查的申请人名单，一种是合格制，即符合资格审查标准的申请人均通过资格审查；另一种是有限数量制，即审查委员会对通过资格审查标准的申请文件按照公布的量化标准进行打分，然后按照资格预审文件确定的数量和资格申请文件得分，由高到低的顺序确定通过资格审查的申请人名单；采用资格后审的，一般采用合格制方法确定通过资格审查的投标人名单。

（2）工程施工招标资格审查应主要审查以下 5 个方面的内容：①具有独立订立施工合同的权利；②具有履行施工合同的能力，包括专业、技术资格和能力，资金、设备和其他物质设施状况，管理能力，经验、信誉和相应的从业人员；③没有处于被责令停业，投标资格被取消，财产被接管、冻结，破产状态；④在最近三年内没有骗取中标和严重违约及重大工程质量问题；⑤法律、行政法律规定的其他资格条件，这 5 个方面对应以下资格审查因素：

1）分解为：A. 有效营业执照；B. 签订合同的资格证明文件，如合同签署人的资格等。

2）分解为：A. 资格等级证书、安全生产许可证；B. 财务状况；C. 项目经理资格；D. 企业及项目经理类似项目业绩；E. 企业信誉；F. 项目经理部人员职业/执业资格；G. 主要施工机械设备。

3）分解为：A. 投标资格有效，即招标投标违纪公示中，投标资格没有被取消或暂停；B. 企业经营持续有效，即没有处于被责令停业，财产被接管、冻结，破产状态。

4）分解为：A. 近三年投标行为合法，即近三年内没有骗取中标行为；B. 近三年合同履约行为合法，即没有严重违约事件发生；C. 近三年工程质量合格，没有因重大工程质量问题受到质量监督部门通报或公示。

5）法律、行政法规规定的其他资格条件。

（3）该项目的特点是单位工程多、场地宽阔，潜在投标人普遍掌握其施工技术。为了降低招标成本，招标人应采用有限数量制办法组织资格预审，择优确定投标人名单。

资格审查标准分为初步审查标准、详细审查标准和评分标准三部分内容。表 2.21 和表 2.22 分别给出了一种初步审查和详细审查标准举例，表 2.22 还给出了一种打分标准举例。

1）初步审查标准见表 2.21。

表 2.21　　　　　　　　　　初 步 审 查 标 准

审查因素	审 查 标 准
申请人名称	与营业执照、资质证书、安全生产许可证一致
申请函	有法定代表人或其委托代理人签字或加盖单位章，委托代理人签字的，其法定代表人授权委托书须由法定代表人签署
申请文件格式	符合资格预审文件对资格申请文件格式的要求
申请唯一性	只能提交一次有效申请，不接受联合体申请；法定代表人为同一个人的两个及两个以上法人，母公司、全资子公司及其控股公司，都不得同时提出资格预审申请
其他	法律法规规定的其他资格条件

2）详细审查标准见表 2.22。

表 2.22   **详 细 审 查 标 准**

审查因素		审 查 标 准
营业执照		具备有效的营业执照
安全生产许可证		具备有效的安全生产许可证
资质等级		具备房屋建筑工程施工总承包一级及以上资质，且企业注册资本金不少于 6000 万元人民币
财务状况		财务状况良好，上一年度年资产负债率小于 95%
类似项目业绩		近三年完成过同等规模的群体工程一个以上
信誉		信誉良好
项目管理机构	项目经理	具有建筑工程专业一级建造师执业资格，安全生产三类人员"B"类证书，近三年组织过同等建设规模项目的施工，且承诺仅在本项目上担任项目经理
	技术负责人	具有建筑工程相关专业高级工程师资格，近三年组织过同等建设规模的项目施工的技术管理
	其他人员	岗位人员配备齐全，具备相应岗位从业人员职业/执业资格
主要施工机械		满足工程建设需要
投标资格		有效，投标资格没有被取消或暂停
企业经营权		有效，没有处于被责令停业，财产被接管、冻结，破产状态
投标行为		合法，近三年内没有骗取中标行为
合同履约行为		合法，没有严重违约事件发生
工程质量		近三年工程质量合格，没有因重大工程质量问题受到质量监督部门通报或公示
其他		法律法规规定的其他条件

3）打分标准见表 2.23。

表 2.23   **打 分 标 准**

评分因素	评 分 标 准
财务状况	A. 相对比较近三年平均净资产额并从高到低排名，1～5 名得 5 分，6～10 名得 4 分，11～15 名得 3 分，16～20 名得 2 分，20～25 名得 1 分，其余 0 分。 B. 资产负债率在 75%～85% 之间的得 15 分；资产负债率<75% 的得 13 分；资产负债率在 85%～95% 的得 8 分
类似项目业绩	近三年承担过 3 个及以上同等建设规模项目的得 15 分；近 3 年承担过 2～3 个同等建设规模项目的得 8 分；其余 0 分
信誉	A. 近三年获得过工商管理部门"重合同守信用"荣誉称号 3 个的得 10 分；2 个的得 5 分；其余 0 分； B. 近三年获得建设行政管理部门颁发文明工地证书 5 个及以上的得 5 分；2 个以上的得 2 分；其余 0 分； C. 近三年获得金融机构颁发的 AAA 级证书的，5 分；AA 证书的，3 分；其余 0 分
认证体系	A. 通过了 ISO 9000 质量管理体系认证的得 5 分； B. 通过了环保体系 ISO 14001 认证的得 3 分； C. 通过了安全体系 CB/T 28001 认证的得 2 分
项目经理	A. 项目经理承担过 3 个及以上同等建设规模项目的得 15 分；2 个的得 10 分；1 个的得 5 分； B. 组织施工的项目获得过 2 个及以上文明工地荣誉称号的得 10 分；1 个的得 5 分；其余 0 分
其他主要人员	岗位专业负责人均具备中级以上技术职称的得 10 分；每缺一个扣 2 分，扣完为止

（4）对于资格预审过程中几个申请人得分相同的情形，招标人可以在资格预审文件中增加一些排序因素，以确定申请人得分相同时的排序方法。例如，可以在资格预审文件中规定，依次采用以下原则决定资格预审申请人的排序：

1）按照项目经理得分多少确定排名先后。

2）如仍相同，以技术负责人得分多少确定排名先后。

3）如仍相同，以近三年完成的建筑面积数多少确定排名先后。

4）如仍相同，以企业注册资本金大小确定排名先后。

5）如仍相同，由评审委员会经过讨论确定排名先后。

2.5.3 工程建设项目施工招标公告发布媒介选择

【背景】

某地区一个总投资 4500 万元人民币的政府办公楼建设项目，总建筑面积 24000m²，其地下 2 层，地上 8 层，檐口高度 42m，招标人采用国内公开招标的方式组织项目施工招标。

招标公告编制完成后，招标人为了充分吸纳潜在投标人，分别在该省日报、《中国经济导报》和《中国工程建设和建筑业信息网》上发布了招标公告。其中，在《中国工程建设和建筑业信息网》上发布的招标公告为全文，同时为了减少招标公告的发布费用，招标人对在该省日报和《中国经济导报》上发布的招标公告内容进行了大幅度删减，但注明了招标公告全文见《中国工程建设和建筑业信息网》。招标公告规定，投标保证金为 16 万元，潜在投标人在购买招标文件的同时，须提交 50% 的投标保证金，否则无购买招标文件的资格。

针对招标人的上述做法，有以下三种观点：

A. 招标人选择的公告发布媒介符合国家、行业管理部门的相关管理规定，如《中国经济导报》为国家指定的招标公告发布媒介，《中国工程建设和建筑业信息网》为住房城乡建设部指定的房屋建筑工程和市政工程招标公告的发布媒介。

B. 工程建设项目的招标公告不能仅在《中国经济导报》上发布，还应该在《中国建设报》上发布；同时，该项目招标公告还需要在《中国采购与招标网》上发布。

C. 要求潜在投标人在购买招标文件的同时提交一定比例的投标保证金，可以有效防止招标失败，从而节省人力物力，降低招标成本。

【问题】

（1）国家指定的招标公告发布媒介有哪些？

（2）分析上述三种观点正确与否？为什么？

（3）招标人在上述发布招标公告过程中存在哪些不正确行为？为什么？

【分析】

《国家计委关于指定发布依法必须招标项目招标公告的媒介通知》和《招标公告发布暂行办法》（国家发展计划委员会令〔2000〕第 4 号，以下简称"4 号令"）中明确规定了《中国日报》《中国经济导报》《中国建设报》和《中国采购与招标网》为国家指定发布依法必须进行招标项目招标公告的媒介。本项目为房屋建筑工程，属于依法必须招标的项目。又依据住房城乡建设部《房屋建筑和市政基础设施工程招标投标管理办法》中对招标公告发布的要求，本项目除在国家指定媒介上发布招标公告外，需同时在《中国工程建设和建筑业信息网》上发布，以便吸引更多的潜在投标人，所以 A 的观点正确，也符合实际情况，B 的观点不正确。

投标保证金从性质上属于投标文件的一部分，是用来保证招标人权利的实现，约束投标人履行投标义务：招标文件载明的投标截止时间后，一般不得撤销其提交的投标文件，中标后按照招标文件的要求递交履约保证金，并与招标人签署合同协议书等一系列缔约行为。在投标截止时间前，投标人有权决定是否递交投标要约，投标截止时间前还有权随时撤回已经递交的投标文件，这是法律赋予潜在投标人的基本权利。《招标投标法实施条例》第二十六条规定："招标人在招标文件中要求投标人提交投标保证金的，投标保证金不得超过招标项目估算价的 2％。投标保证金有效期应当与投标有效期一致。"《工程建设项目施工招标投标办法》（国家发展计划委员会等 7 部委令第 30 号）第三十七条规定："招标人可以在招标文件中要求投标人提交投标保证金。投标保证金除现金外，可以是银行出具的银行保函、保兑支票、银行汇票或现金支票。投标保证金一般不得超过投标总价的 2％，但最高不得超过 80 万元人民币。本案中，招标人要求潜在投标人须提交 50％的投标保证金后才能够购买招标文件的做法侵犯了投标人的权利，所以 C 的观点不正确。

招标人在上述发布招标公告过程中，采用在《中国工程建设和建筑业信息网》上发布招标公告全文，在该省日报和《中国经济导报》上发布大幅度删减的招标公告的做法不符合《招标公告发布暂行办法》（4 号令）关于在这两个以上媒介发布同一项目招标公告的，公告内容应相同的规定。

【解答】

（1）国家指定的招标公告发布媒介有《中国日报》《中国经济导报》《中国建设报》和《中国采购与招标网》。

（2）A 的观点符合《国家计委关于指定发布依法必须招标项目招标公告的媒介通知》，《招标公告发布暂行办法》（4 号令）中对招标公告发布的规定，同时满足住房城乡建设部《房屋建筑和市政基础设施工程招标投标管理办法》对房屋建筑工程招标公告发布的要求，更有利于吸引潜在投标人投标，相对合理。

B 的观点不符合《招标公告发布暂行办法》（4 号令）的规定，不正确。

C 的观点不符合《招标投标法实施条例》的规定，不正确。

（3）招标人在发布招标公告过程中，存在以下两种不正确的行为：

1）要求潜在投标人提交 50％的投标保证金后才能购买招标文件。

2）在不同发布媒介上发布的招标公告内容不一致。

2.5.4　工程施工招标项目资格审查

【背景】

某地政府投资工程采用委托招标方式组织施工招标。依据相关规定，资格预审文件采用《中华人民共和国标准资格预审文件》（2007 版）编制。招标人共收到了 16 份资格预审申请文件，其中 2 份资格预审申请文件是在资格预审申请截止时间后 2 分钟收到。招标人按照以下程序组织了资格审查：

（1）组建资格审查委员会，由审查委员会对资格预审申请文件进行评审和比较。审查委员会由 5 人组成，其中招标人代表 1 人，招标代理机构代表 1 人，政府相关部门组建的专家库中抽取技术专家和经济专家 3 人。

（2）对资格预审申请文件外封装进行检查，发现 2 份申请文件的封装、1 份申请文件封套盖章不符合资格预审文件的要求，这 3 份资格预审申请文件为无效申请文件。审查委员会认为只要在资格审查会议开始前送达的申请文件均为有效。这样，2 份在资格预审申请截止时间后送达的申请文件，由于其外封装和标识符合资格预审文件要求，为有效资格预审申请文件。

（3）对资格预审申请文件进行初步审查。发现有 1 家申请人使用的施工资质为其子公司资质，还有 1 家申请人为联合体申请人，其中联合体 1 个成员又单独提交了 1 份资格预审申请文件。审查委员会认为这 3 家申请人不符合相关规定，不能通过初步审查。

（4）对通过初步审查的资格预审申请文件进行详细审查。审查委员会依照资格预审文件中确定的初步审查事项，发现有一家申请人的营业执照副本（复印件）已经超出了有效期，于是要求这家申请人提交营业执照的原件进行核查。在规定的时间内，该申请人将其刚申办下来的营业执照副本原件交给了审查委员会核查，审查委员会确认合格。

（5）审查委员会经过上述审查程序，确认了第（2）、第（3）步的 10 份资格预审申请文件通过了审查，并向招标人提交了资格预审书面审查报告，确定了通过资格审查的申请人名单。

【问题】

（1）招标人组织的上述资格审查程序是否正确？为什么？

（2）审查过程中，审查委员会的做法是否正确？为什么？

（3）如果资格预审文件中规定确定 7 名资格审查合格的申请人参加投标，招标人是否可以在上述通过资格预审的 10 人中直接确定，或者采用抽签方式确定 7 人参加投标？为什么？应该怎样做？

【分析】

（1）依据《工程建设项目施工招标办法》（30 号令）对资格审查的规定和《中华人民共和国标准施工招标资格预审文件》（2007 版）中的规定，对资格预审申请文件封装和标识的检查，是招标人决定是否受理该份申请的前提条件。审查委员会的职责主要是依据资格预审文件中的审查标准和方法，对招标人受理的资格预审申请文件进行审查，由于密封提交的资格预审申请文件在进入评审前并没有申请人检查确认资格预审申请文件的环节，为了防止招标人提前拆封，甚至损毁、篡改特定申请人的资格预审申请文件，资格审查委员会在评审前有义务检查资格申请文件的密封情况，出现一些被提前拆封，或者资格申请人文件存在被损毁等的痕迹，应当依法启动澄清、说明程序或者要求招标人召集相关资格预审申请人对其资格预审申请文件进行核查和确认，以确保资格预审结果的客观公正。

（2）审查过程中，第（1）、第（2）和第（4）步均存在问题。其中，第（1）步资格审查委员会的人员构成比例不符合《招标投标法实施条例》第十八条的规定，即招标人代表不能超过 1/3，政府相关部门组建的专家库抽取专家不能少于 2/3 的规定，因为招标代理机构的代表参加评审，视同招标人代表。第（2）步审查申请文件是否符合接收条件的工作内容不属于审查委员会的责任，这当中对 2 份在资格预审申请截止时间后送达的申请文件评审为有效申请文件的结论不正确，属于不予受理的申请文件，当然更不能将其判为有效资格预审申请文件。

审查委员会在第（4）步中对一家资格预审申请文件中营业执照副本（复印件）超出了有效期，进而查对原文件判定该份申请文件有效的做法不符合相关规定。按照《招标投标法实施条例》第十八条的规定，招标人应当组建资格审查委员会并依据资格预审文件中确定的资格审查标准和方法，对受理的资格预审申请文件进行审查，资格预审文件中没有规定的方法和标准不得采用。本案中，申请人提交的营业执照副本原件由于刚申办下来，不属于资格申请文件的内容。同时，查对原件的目的仅在审查委员会进一步判定原申请文件中营业执照副本（复印件）与其是否一致，该复印件是否有效，而不是判断营业执照副本原件是否有效。

这里需要提醒注意的是，审查委员会在第（3）步中的做法是正确的。①对母公司采用其子公司资质参加资格预审是不予通过资格审查的判定正确的。因为母公司采用子公司资质证书进行资格预审申请，属于《招标投标法实施条例》第四十二条规定的以他人名义投标，表明该母公司不具备本施工招标项目需要的资质条件，根据《招标投标法实施条例》第五十一条规定，当然不能通过资格审查。②对1家申请人为联合体申请人，其中联合体1个成员又单独提交了1份资格预审申请文件参加资格预审时不予通过资格审查的判定是可以的。根据《招标投标实施条例》第三十七条的规定，联合体各方在同一招标项目中以自己名义单独投标或者参加其他联合投标的，相关投标均无效，所以不能通过资格审查。

（3）依据《中华人民共和国标准施工招标资格预审文件》的规定，资格审查的方法只有两种：一种是合格制，另一种是有限数量制。招标人如果在资格预审文件中规定确定7名资格预审合格的申请人参加投标，资格预审文件中就需要规定对通过初步审查和详细审查的申请人的排序因素和排序方法，然后资格审查委员会按照资格预审文件中规定的方法，对通过详细审查的申请文件进行综合评分并排序，并择优确定通过资格预审的申请人名单。所以，如果招标人在资格预审文件没有采用有限数量制或者没有公布排序指标和排序方法，招标人不能事后通过任意选择或者采用抽签方式确定通过资格预审的申请人名单，因为这些做法不符合评审活动中的择优原则，限制了申请人之间平等竞争，违反了公平竞争的招标原则。

【解答】

（1）本案中，招标人组织资格审查的程序不正确。

依据《招标投标法实施条例》和《工程建设项目施工招标投标办法》（30号令），同时参照《中华人民共和国标准施工招标资格预审文件》（2007版），审查委员会的职责是依据资格预审文件载明的审查标准和方法，对招标人受理的资格预审申请文件进行审查，如果发现资格预审申请文件的封装和标识不符合资格预审文件规定，应当向招标人了解有关情况，同时书面要求相关资格预审申请人给予必要说明，以保证对所审核的资格预审申请文件封装和标识进行检查，但未经过必要的核实、澄清或者说明工作直接判定申请文件是否有效的做法不妥。

（2）审查过程中，审查委员会第（1）、第（2）和第（4）步的做法不正确。

第（1）步中资格审查委员会的构成比例不符合招标人代表不能超过1/3、政府相关部门组建的专家库确定的技术专家和经济专家不能少于2/3的规定，因为招标代理机构的代表参加评审，视同招标人代表。

第（2）步中对2份在资格预审申请截止时间后送达的申请文件评审为有效文件的结论不正确，不符合市场交易中的诚信原则，也不符合《中华人民共和国标准施工招标资格预审文件》（2007版）的规定。

第（4）步中查对原件的目的仅在于审查委员会进一步判定原申请文件中营业执照副本

复印件的有效与否，而不是判断营业执照副本原件是否有效。

（3）招标人不可以在上述通过资格预审的 10 名申请人中直接确定，或者采用抽签方式确定 7 名申请人参加投标，因为这些做法不符合评审活动的择优原则，限制了申请人之间的平等竞争，违反了公平竞争的招标原则。

如果招标人仅需要确定 7 名合格投标人参加投标，需要在资格预审文件中确定进一步的排序方法，以便资格审查委员会确定申请人的排序，进而推荐合格的投标人名单。本案中，招标人不能再采用资格预审文件规定以外的标准方法，限制通过资格预审的申请人参加投标。

2.5.5　工程施工招标联合体资格条件

【背景】

某工程项目发布的招标公告中，对投标人资格条件的要求为：①本次招标的资质要求是主项资质为房屋建筑工程施工总承包三级及以上资质；②有同类工程业绩，并在人员、设备、资金等方面具有相应的施工能力；③本次招标接受联合体投标。

A 建筑公司具备房屋建筑工程施工总承包二级资质，且具有多个同类工程业绩；B 建筑公司具备房屋建筑工程施工总承包三级资质，但同类工程业绩少。A、B 公司都想参加此次投标，但 A 公司目前资金比较紧张，而 B 公司则担心由于自己业绩一般，在投标中处于劣势，因此，两公司协商组成联合体进行投标。在评标过程中，该联合体的资质等级被确定为房屋建筑工程施工总承包三级。

【问题】

（1）什么是联合体投标？A、B 怎样组成联合体投标？如果中标，双方的权利和义务是什么？

（2）法律对联合体有何规定？A、B 组成的联合体资质等级是如何确定的？

【解答】

（1）所谓联合体投标，是指两个以上法人或者其他组织，依据法律规定组成非法人的联合体，并以该联合体的名义即一个投标人的身份参加投标。

A、B 双方应当签订共同投标协议，明确约定各方拟承担的工作和责任，并将共同投标协议连同投标文件一并提交招标人。如果 A、B 联合体中标，双方应当共同与招标人签订合同，就中标项目向招标人承担连带责任。

（2）《招标投标法》对联合体的规定是：联合体各方均应当具备承担招标项目的相应能力；国家有关规定或者招标文件对投标人资格条件有规定的，联合体各方均应当具备规定的相应资格条件。由同一专业的单位组成的联合体，按照资质等级较低的单位确定资质等级。我国法律规定由同一专业的单位组成的联合体的资质是按照联合体中资质等级较低的单位来确定的，也就是说，依据联合体协议分工，承担相同专业施工的二级资质单位和三级资质单位联合后，联合体在该专业的资质等级为三级，从而 A、B 公司组成的联合体资质等级确定为三级。

2.5.6　工程施工招标现场路勘及投标预备会组织

【背景】

某工程施工招标项目，共有 13 家施工企业购买了招标文件。根据招标文件的规定，招标人需要组织项目现场踏勘及投标预备会议。

【问题】

（1）招标人在组织踏勘现场前，需要进行哪些准备工作？

（2）写出踏勘现场与投标预备会的组织程序。

（3）踏勘现场与投标预备会结束后，招标人应及时完成哪几项工作？

【分析】

踏勘项目现场的目的，是为潜在投标人进一步了解现场的施工条件，有针对性地进行投标提供方便。《招标投标法》第二十一条规定，招标人根据招标项目的具体情况，可以组织潜在投标人踏勘项目现场；第二十二条规定，招标人不得向他人透露已获取招标文件的潜在投标人的名称、数量以及可能影响公平竞争的有关招标投标的其他情况。《招标投标法实施条例》第二十八条规定，招标人不得组织单个或者部分潜在投标人踏勘项目现场；《工程建设项目施工招标投标办法》（30号令）第三十二条规定，招标人根据招标项目的具体情况，可以组织潜在投标人踏勘项目现场，向其介绍工程场地和相关环境的有关情况；第三十三条又规定，对于潜在投标人在阅读招标文件和现场踏勘中提出的疑问，招标人可以书面形式或召开投标预备会的方式解答，但需同时将解答以书面方式通知所有购买招标文件的潜在投标人。这些规定，一方面为招标人组织投标人踏勘项目现场或投标预备会议提供了依据，另一方面也对组织内容、方式等进行了规定。

【解答】

（1）招标人在组织踏勘现场前，需要进行下列准备工作：①必要资料、数据的收集与整理；②必要的一些表格文件准备；③招标人踏勘中介绍的内容及确定踏勘行走路线；④专业介绍人员的准备；⑤踏勘现场条件准备，如行走道路、边界，生产加工条件，交通条件，地上、地下障碍物和安全条件等；⑥人、车进入踏勘现场条件准备，以及车辆停放场地准备等。

（2）踏勘现场的组织程序如下：①在招标文件载明的地点召集潜在投标人（但不得点名）；②组织潜在投标人前往项目现场；③依据确定的行走路线，介绍现场的各种施工条件及边界条件；④潜在投标人踏勘项目现场；⑤踏勘结束。

投标预备会的组织程序如下：①与会人员分开签到后引入会议室；②介绍参加会议的招标人代表和勘察、设计、招标代理等咨询单位的人员；③招标人介绍工程特点、招标文件对投标文件编制的特别规定和要求等情况；④澄清潜在投标人提出的商务、报价等方面的问题；⑤澄清潜在投标人提出的图纸及有关技术要求等问题；⑥宣布注意事项，投标预备会议结束。

（3）踏勘现场与投标预备会结束后，招标人应及时整理对招标文件澄清与修改的内容，必要时对一些有争议的或是没有完整回答的问题，与有关业务人员协商，给出完整的回答，并在投标截止时间15日前以书面形式发给所有购买招标文件的潜在投标人。注意发放招标文件澄清与修改时，需留下必要的记录，以证明澄清与修改发给了投标人，并要求其书面确认。

2.5.7 招标文件澄清与修改通知的方式

【背景】

某依法必须进行招标的项目，招标人增加了招标文件中载明的报价范围，整理完招标文件的澄清与修改后，在投标截止时间前15日打电话要求潜在投标人前来招标人办公地进行领取并签收。在规定时间内，有两家投标人没有到招标人所在地领取，其中投标人A要求招标人在规定时间内以传真方式发给其招标文件的澄清与修改，招标人及时传真给了投标人澄清与修改的内容；投标人B则一直到开标前3日才来领取。开标时，投标人A、B分别当场向招标人提出异议，随后向行政部门提出投诉，理由是招标人没有在投标截止时间前15日将招标文件的澄清与修改送达投标人，直接影响了其投标结果，要求有关行政监督部门宣布招标无效，并判定招标人依法重新招标。

【问题】

（1）招标人在发出招标文件的澄清与修改环节中是否存在问题？为什么？

（2）投标人的投诉是否能够得到支持？为什么？

【分析】

招标人在投标截止时间15日前将影响投标文件编制的招标文件的澄清与修改以书面形式通知所有获取招标文件的潜在投标人，是《招标投标法》第二十三条和《招标投标法实施条例》第二十一条赋予招标投标活动的一项基本义务，也是维护法律公平竞争原则的一项具体体现方式。这里的责任主体是招标人，通知的内容是招标文件的澄清与修改的部分相关的具体内容，而不是单纯告诉潜在投标人前来领取。本案中，招标人采用电话逐一通知潜在投标人前来领用的做法，将其自身义务转给了投标人，没有完全尽到法律规定的义务，存在一定缺陷。注意《合同法》第十一条规定了书面形式的承载形式，指的是合同书、信件和数据电文，包括电报、电传、传真、电子数据交换和电子邮件等可以有形地表现所载内容的形式。所以招标人发出招标文件的澄清与修改文件的正确做法应是在投标截止时间15日前，将招标文件的澄清与修改采用书面形式通知所有购买招标文件的投标人，包括纸质文件和数据电文、传真、邮递等可以有形地表现所载内容的形式。《招标投标实施条例》第八十二条的规定，依法必须进行招标的项目的投标活动违反招标投标法和本条例的规定，对中标结果造成实质性影响，且不能采取补救措施予以纠正的，招标、投标、中标无效，应当依法重新招标或者评标。

【解答】

（1）本案中，招标人在发出招标文件的澄清与修改环节中存在一些缺陷。《招标投标法实施条例》第二十一条规定，招标人对已发出的招标文件进行必要的澄清或者修改影响投标文件编制的，应当在招标文件要求提交投标文件截止时间至少15日前，以书面形式通知所有招标文件收受人。这里的书面形式，包括纸质文件和数据电文、传真、邮递等可以有形地表现所载内容的形式。本案中，招标人增加了报价范围，其对招标文件澄清与修改影响投标文件的编制。投标人A因为在投标截止时间15日前收到了招标文件澄清与修改的传真件，不存在招标人在规定的时间内没有通知其招标文件的澄清与修改问题。但如上述，招标人在处理投标人B的问题上存在问题，违反了《招标投标实施条例》第二十一条规定的招标人应当在招标文件要求提交投标文件的截止时间至少15日前，以书面形式通知所有获取招标文件的潜在投标人的规定。

（2）投标人A的投诉诉求不应得到支持，但投标人B要求有关行政监督部门宣布中标结果无效并判处招标人依法重新招标的诉求，依据《招标投标实施条例》第八十二条的规定，依法必须进行招标的项目的招标投标活动违反招标投标法和本条例的规定，对中标结果造成实质性影响，且不能采取补救措施予以纠正的，招标、投标、中标无效，应当依法重新招标或者评标。所以投标人B的投诉应得到支持，因为招标人的行为已实质上影响了评标结果，所以行政监督部门应该受理投标人B的投诉，并依法进行调查、核实与处理。

习 题

一、单选题

1. 按照最新的《工程建设项目自行招标试行办法》的规定，招标人自行招标，应当自确定中标人之日起 15 日内，向（ ）提交招标投标情况的书面报告。

    A. 国务院   B. 省级人民政府

    C. 国家发改委   D. 建设行政主管部门

2. 邀请招标需向（ ）个以上具备资质的特定法人或其他组织发出投标邀请书。

    A. 3   B. 4   C. 5   D. 6

3. 招标人自行办理招标事宜时，应当有（ ）名以上取得招标职业资格的专职指标业务人员。

    A. 2   B. 3   C. 5   D. 10

4. 依法必须进行招标的项目，招标人应当自收到评标报告之日起（ ）日内公示中标候选人。

    A. 3   B. 5   C. 10   D. 15

5. 中标候选人公示期不得少于（ ）日。

    A. 3   B. 5   C. 7   D. 10

6. 资格预审文件或者招标文件的发售期不得少于（ ）日。

    A. 3   B. 5   C. 10   D. 15

7. 自招标文件开始发出之日起至提交投标文件截止之日止，不得少于（ ）日。

    A. 3   B. 5   C. 7   D. 15

8. 建筑工程招标的投标保证金不得超过招标项目估算价的（ ）。

    A. 1％   B. 2％   C. 3％   D. 5％

二、多选题

1. 按照《工程建设项目施工招标办法》的规定，标段的划分是招标活动中较复杂的一项工作，应当综合考虑的因素有（ ）。

    A. 招标项目的专业要求   B. 招标项目的管理要求

    C. 对工程总承包的影响   D. 对工程投资的影响

    E. 工程各项工作的衔接

2. 必须进行公开招标的项目有（ ）。

    A. 大型基础设施、公用事业等关系社会公共利益和公众安全的项目

    B. 全部或者部分使用国有资金投资或者国家融资的项目

    C. 使用国际组织或者外国政府贷款、援助资金的项目

    D. 涉及国家重大军事机密的项目

3. 《工程建设项目招标范围和规模标准规定》明确了公开招标的数额标准，达到（ ）标准之一的，必须进行招标。

    A. 施工单项合同估算价在 200 万元以上的

    B. 重要设备、材料等货物的采购，单项合同估算价在 100 万元人民币以上的

C. 勘察、设计、监理等服务的采购,单项合同估算价在 50 万元人民币以上的

D. 单项目总投资额在 3000 万元人民币以上的

4. 招标人自行招标的,需要向国家发改委提交招标投标情况的书面报告。书面报告应包括（ ）。

A. 招标方式和发布资格预审公告、招标公告的媒介

B. 招标文件中投标人须知、技术规格、评标标准和方法、合同主要条款等内容

C. 评标委员会的组成和评标报告

D. 中标结果

5. 依法必须提交的保证金应以（ ）的形式从其基本账户转出。

A. 现金   B. 支票   C. 信用证   D. 担保

6. 招标人可以依法对工程以及与工程建设有关的（ ）进行招标。

A. 货物   B. 服务

C. 全部实行总承包   D. 部分实行总承包

7. 对（ ）的项目,招标人可以分两阶段进行招标。

A. 技术复杂   B. 无法精确拟定技术

C. 价格高   D. 外商投资

8. 建筑工程招标的公开原则包括（ ）。

A. 评标方法公开   B. 中标结果公开

C. 资质条件公开   D. 招标公告

9. 下列情况下的建筑工程招标无效的是（ ）。

A. 应当公开招标而不公开招标的   B. 不具备招标条件而进行招标的

C. 应当履行核准手续而未履行的   D. 不按项目审批部门核准内容进行招标的

三、简答题

1. 公开招标和邀请招标有哪些区别?

2. 自行招标需招标人具备什么条件?

3. 建筑工程招标方式的变更要办理哪些手段?

4. 建筑工程的招标程序包括哪些环节?

5. 工程项目需要具备哪些条件才可以招标?

6. 招标公告的发布有哪些要求?

四、案例题

1. 某市第一中学科教楼工程为该市重点教育工程。2012 年 10 月由市发改委批准立项,建筑面积 7800m², 投资 780 万元。该项目于 2013 年 3 月 12 日开工。此项目中,施工单位由业主经市政府和主管部门批准不招标,奖励给某建筑集团承建,双方直接就签订了施工合同。

问题:该项目有哪些不符合《招标投标法》和《招标投标实施条例》之处?

2. 某省拟建设一条高速公路,公路全长 250km。本工程采取公开招标的方式,共分 20 个标段,招标工作从 2013 年 7 月 2 日开始,到 8 月 30 日结束,历时 60 天。

问题:

（1）请为上述招标工作内容拟定合法而科学的招标程序。

（2）招标人对投标人进行资格预审的要求有哪些?

第3章　工程项目施工投标

【学习目标】

（1）掌握投标的基本概念、投标技巧，投标文件的组成及编制方法，投标报价的构成及编制标准。

（2）熟悉投标决策的前提、原则及影响因素。

（3）了解投标活动的组织及一般程序。

（4）通过学习，使学生能够为投标决策收集整理需要的信息资料，能够协助编写投标文件，能够协助造价工程师运用投标技巧调整投标报价。

3.1　工程项目施工投标的概念

3.1.1　投标的概念

投标有时也称报价，指投标人（或承包人）根据所掌握的信息，按照招标人的要求参与投标竞争，以获得工程建设承包权的法律活动。招标与投标是一个有机整体，招标是建设单位在招标投标活动中的工作内容；投标则是承包商在招标投标活动中的工作内容。投标的主要活动内容是：

（1）投标人了解了投标信息，提出投标申请。

（2）接受招标人的资格审查。

（3）购买招标文件及有关技术资料。

（4）参加现场踏勘，并提出疑问。

（5）编制投标文件。

（6）办理投标保函，递交投标文件。

（7）参加开标会。

（8）若中标，接收中标通知书并签订合同。

3.1.2　投标的组织

投标是一种市场竞争行为，在买方市场的状态下，投标过程竞争十分激烈，需要有专门的机构和人员对投标全过程加以组织与管理，以提高工作效率和中标的可能性。建立一个强有力的、内行的投标班子是投标获得成功的根本保证。

不同的工程项目，由于其规模、性质等不同，建设单位在决策时可能各有侧重，因而在确定投标班子人选及制订投标方案时必须充分考虑，在企业中抽调相关人员组成干练有效的投标班子投标，或选择合适的合作伙伴组成联合体投标，寻找良好的合作银行。投标班子的组成人员应包含以下四个方面的人才。

（1）经营管理类人才，指专门从事工程业务承揽工作的公司经营部门管理人员和拟定的项目经理。经营部门管理人员应具备一定的法律知识，熟悉《招标投标法》《合同法》《建筑法》和《建设工程质量管理条例》等法律、法规，熟悉招标文件，包括合同条款，对投标、合同签约有丰富经验；掌握大量的调查和统计资料，具备分析和预测等科学手段，有较强的社会活动和公共关系能力。项目经理应熟悉项目运行的内在规律，具有丰富的实践经验和大量的市场信息。这类人才在投标班子中起核心作用，制订和贯彻经营方针和规划，负责工作的全面筹划和安排。

（2）专业技术人才，主要指工程施工中的各类技术人才，诸如土木工程师、水暖电工程师、造价工程师、专业设备工程师等各类技术人员。他们具有丰富的工程经验，掌握本学科最新的专业知识，具备较强的实际操作能力，在投标时能从本公司的实际技术水平出发，确定各项专业实施方案，提出具有竞争力的报价，能从设计或施工角度对招标文件的设计图纸提出改进方案。

（3）商务金融类人才，指从事财务和商务等方面的人才。他们具有材料设备采购、财务会计、金融、保险和税务等方面的专业知识，与银行有良好的合作经历及合作经验，能够顺利办理贷款、存款，提请银行开具保函、信用证明、资信证明及代理调查等。投标报价所需要的市场信息主要来自于这类人才。

（4）在参加涉外工程投标时，还应配备了解建筑工程专业和合同管理的翻译人员。

一般情况下，企业有一个按专业和承包地区分组相对稳定的投标班子，同时一些投标人员和工程施工人员的工作是相互交叉的，即部分投标人员参加所投标项目的实施，这样才能减少工程实施过程中的失误和损失，不断积累经验，提高投标人员的水平和公司的总体投标水平。

投标人若无法独立承担招标项目的建设，或独立投标中标的可能性不大，以及在业主的某些特殊要求下，可以寻找其他有实力的或业主关系良好的承包商组成联合体参与竞争。

3.2 工程项目施工投标的程序

3.2.1 投标人应具备的条件

投标人是响应招标、参加投标竞争的法人或者其他组织。招标人的任何不具独立法人资格的附属机构（单位），或者为招标项目的前期准备或者监理工作提供设计、咨询服务的任何法人及其任何附属机构（单位），都无资格参加该招标项目的投标。具体要求参见招标人资格预审的有关要求。

1. 联合体投标

两个及以上法人或者其他组织可以组成一个联合体，以一个投标人的身份共同投标。联合体投标需遵循以下规定：

（1）联合体各方应按招标文件提供的格式签订联合体协议书，明确联合体牵头人和各方的权利、义务，牵头人代表联合体成员负责投标和合同实施阶段的主办、协调工作，并应当向招标人提交由所有联合体成员法定代表人签署的授权书。

（2）联合体各方签订共同投标协议后，不得再以自己的名义单独投标，也不得组成新的联合体或参加其他联合体在同一项目中的投标。

（3）联合体各方应具备承担本施工项目的资质条件、能力和信誉，通过资格预审的联合体，其各方组成结构或职责，以及财务能力、信誉情况等资格条件不得改变。

（4）由同一专业的单位组成的联合体，按照资质等级较低的单位确定资质等级。

（5）联合体投标的，应当以联合体各方或者联合体中牵头人的名义提交投标保证金。以联合体中牵头人的名义提交的投标保证金，对联合体各成员具有约束力。

2. 串通投标

在投标过程中有串通投标行为的，招标人或有关管理机构可以认定其投标无效。

下列行为均属于投标人串通投标报价：

（1）投标人之间相互约定抬高或压低投标报价。

（2）投标人之间相互约定，在招标项目中分别以高、中、低价位报价。

（3）投标人之间先进行内部竞价，内定中标人，然后再参加投标。

（4）投标人之间其他串通投标报价的行为。

下列行为均属于招标人与投标人串通投标报价：

（1）招标人在开标前开启投标文件，并将投标情况告知其他投标人，后者协助投标人撤换投标文件，更改报价。

（2）招标人向投标人泄露标底。

（3）招标人与投标人商定，投标时压低或抬高报价，中标后再给投标人或招标人额外补偿。

（4）招标人预先内定中标人。

（5）其他串通投标报价的行为。

3.2.2 工程项目施工投标的程序

任何一个施工项目的投标报价都是一项复杂的系统工程，需要周密思考，统筹安排，并遵循一定的程序（图3.1）。

3.2.3 工程项目施工投标的内容

在取得招标信息后，投标人首先决定是否参加投标，如果确定参加投标，要进行以下工作。

3.2.3.1 通过资格预审，获取招标文件

为了能够顺利通过资格预审，承包商申报资格预审时应当注意：

（1）平时对资格预审有关资料进行积累，随时存入计算机内，经常整理，以备填写资格预审表格之用。

（2）填表时应重点突出，除满足资格预审的要求外，还应适当地反映出本企业的技术管理水平、财务能力、施工经验和良好业绩。

（3）在资格预审准备中，如果发现本公司某些方面难以满足投标要求，则应考虑组成联合体参加资格预审。

3.2.3.2 组织投标报价班子

组织一个专业水平高、经验丰富、精力充沛的投标报价班子是投标获得成功的基本保证。班子中应包括企业决策层人员、估价人员、工程计量人员、施工计划人员、采购人员、设备管理人员、工地管理人员等。一般来说，班子成员可分为三个层次，即报价决策人员、报价分析人员和基础数据采集人员。各类专业人员之间应分工明确、通力合作配合，协调发挥各自的主动性、积极性和专长，完成既定投标报价工作。另外，还要注意保持报价班子成员的相对稳定，以便积累经验，不断提高其素质和水平，提高报价工作的效率。

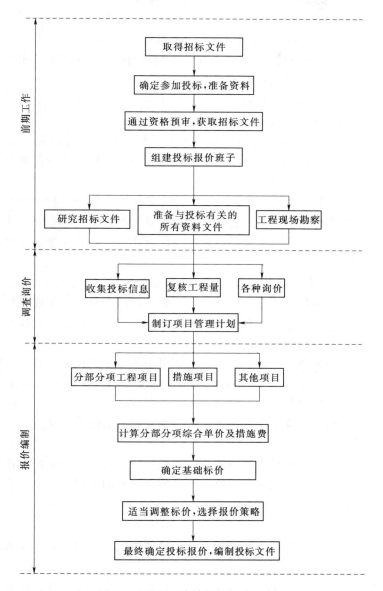

图 3.1　工程量清单投标报价程序

3.2.3.3　研究招标文件

投标人取得招标文件后，为保证工程量清单报价的合理性，应对投标人须知、合同条件、技术规范、图纸和工程量清单等重点内容进行分析，正确而深刻地理解招标文件和业主的意图。

1. 投标人须知

投标人反映了招标人对投标的要求，特别要注意项目的资金来源、投标书的编制和递交、投标保证金、更改或备选方案、评标方法等，重点在于防止废标。

2. 合同分析

（1）合同背景分析。投标人有必要了解与自己承包的工程内容有关的合同背景，了解监理方式，了解合同的法律依据，为报价和合同实施及索赔提供依据。

（2）合同形式分析。主要分析承包方式（如分项承包、施工承包、设计与施工总承包和管理承包等）和计价方式（如固定合同价格、可调合同价格和成本加酬金确定的合同价格等）。

（3）合同条款分析。主要包括以下几个方面：

1）承包商的任务、工作范围和责任。

2）工程变更及相应的合同价款调整。

3）付款方式、时间。应注意合同条款中关于工程预付款、材料预付款的规定。根据这些规定和预计的施工进度计划，计算出占用资金的数额和时间，从而计算出需要支付的利息数额并计入投标报价。

4）施工工期。合同条款中关于合同工期、竣工日期、部分工程分期交付工期等规定，是投标人制订施工进度计划的依据，也是报价的重要依据。要注意合同条款中有无工期奖罚的规定，尽可能做到在工期符合要求的前提下报价有竞争力，或在报价合理的前提下工期有竞争力。

5）业主责任。投标人所制订的施工进度计划和做出的报价，都是以业主履行责任为前提的，所以应注意合同条款中关于业主责任措辞的严密性，以及关于索赔的有关规定。

（4）技术标准和要求分析。工程技术标准是按工程类型来描述工程技术和工艺内容特点的，对设备、材料、施工和安装方法等所规定的技术要求，有的是对工程质量进行检验、试验和验收所规定的方法和要求。它们与工程量清单中各子项工作密不可分，报价人员应在准确理解招标人要求的基础上对有关工程内容进行报价。任何忽视技术标准的报价都是不完整、不可靠的，有时可能导致工程承包的重大失误和亏损。

（5）图纸分析。图纸是确定工程范围、内容和技术要求的重要文件，也是投标者确定施工方法等施工计划的主要依据。

图纸的详细程度取决于招标人提供的施工图设计所达到的深度和所采用的合同形式。详细的设计图纸可使投标人比较准确地估价，而不够详细的图纸则需要估价人员采用综合估价法，但其结果一般不是很精确。

3.2.3.4　工程现场调查

招标人在招标文件中一般会明确进行现场踏勘的时间和地点。投标人对一般区域的调查重点应注意以下几个方面：

（1）自然条件调查，如气象资料，水文资料，地震、洪水及其他自然灾害情况，地质情况等。

（2）施工条件调查，主要包括工程现场的用地范围、地形、地貌、地物、高程，地上或地下障碍物，现场的三通一平情况；工程现场周围的道路、进出场条件、有无特殊交通限制工程现场施工临时设施、大型施工机具、材料堆放场地安排的可能性，是否需要二次搬运；工程现场邻近建筑物与招标工程的间距、结构形式、基础埋深、新旧程度、高度；市政给水及污水、雨水排放管线的位置、高程、管径、压力，废水、污水处理方式，市政、消防供水管道管径、压力、位置等；当地供电方式、方位、距离、电压等；当地煤气供应的能力，管线位置、高程等；工程现场通信线路的连接和铺设；当地政府有关部门对施工现场管理的一般要求、特殊要求及规定，是否允许节假日和夜间施工等。

（3）其他条件调查。主要包括各种构件、半成品及商品混凝土的供应能力和价格，以及现场附近的生活设施、治安情况等。

3.2.3.5　调查询价

投标报价之前，投标人必须通过各种渠道，采用各种手段对工程所需各种材料、设备等的价格、质量、供应时间、供应数量等进行系统、全面的调查，同时还要了解分包项目的分包形式、分包范围、分包人报价、分包人履约能力和信誉等。询价是投标报价的基础，它为投标报价提供可靠的依据。询价时要特别注意两个问题：一是产品质量必须可靠，并满足招标文件的有关规定；二是供货方式、时间、地点，有无附加条件和费用。

1．询价的渠道

（1）直接与生产厂商联系。

（2）向生产厂商的代理人或从事该项业务的经纪人了解。

（3）向经营该项产品的销售商了解。

（4）向咨询公司进行询价。通过咨询公司得到的询价资料比较可靠，但需要支付一定的咨询费用，也可向同行了解。

（5）通过互联网查询。

（6）自行进行市场调查或信函询价。

2．生产要素询价

（1）材料询价。材料询价的内容包括调查、对比材料价格、供应数量、运输方式、保险和有效期、不同买卖条件下的支付方式等。询价人员在施工方案初步确定后，立即发出材料询价单，并催促材料供应商及时报价。收到询价单后，询价人员应将从各种渠道所询得的材料报价及其他有关资料汇总整理。对从不同经销部门所得到的同种材料的所有资料进行比较分析，选择合适、可靠的材料供应商的报价，提供给工程报价人员使用。

（2）施工机械设备询价。在外地施工需用的机械设备，有时在当地租赁或采购可能更为有利。因此，事前有必要进行施工机械设备的询价。必须采购的机械设备可向供应厂商询价。对于租赁的机械设备，可向专门从事租赁业务的机构询价，并应详细了解其计价方法。

（3）劳务询价。劳务询价主要有两种情况：一是成建制的劳务公司，相当于劳务分包，一般费用较高，但素质较高，工效较高，承包商的管理工作较轻；另一种是劳务市场招募的零散劳动力，根据需要进行选择，这种方式虽然劳务价格低廉，但有时素质达不到要求或工效较低，且承包商的管理工作较繁重。投标人应在对劳务市场充分了解的基础上决定采用哪种方式，并以此为依据进行投标报价。

3．分包询价

总承包商在确定了分包内容后，就将分包专业的工程施工图纸和技术说明送交预先选定的分包单位，请他们在约定的时间内报价，以便进行比较选择，最终选择合适的分包人。对分包人询价应注意以下几点：分包标函是否完整，分包工程单价所包含的内容，分包人的工程质量、信誉及可信赖程度，质量保证措施，分包报价。

3.2.3.6　复核工程量

在实行工程量清单计价的施工工程中、工程量清单应作为招标文件的组成部分，由招标人提供。工程量的多少是投标报价最直接的依据。复核工程量的准确程度，将影响承包商的经营行为：一是根据复核后的工程量与招标文件提供的工程量之间的差距，来考虑相应的投标策略，决定报价尺度；二是根据工程量的大小采取合适的施工方法，选择适用、经济的施工机具设备，确定投入使用的劳动力数量等，从而影响到投标人的询价过程。

复核工程量，要与招标文件中所给的工程量进行对比，注意以下几个方面：

（1）投标人应认真根据招标说明、图纸、地质资料等招标文件资料，计算主要清单工程量，复核工程量清单。其中应特别注意，按一定顺序进行，避免漏算或重算；正确划分分部分项工程项目，与《建设工程工程量清单计价规范》保持一致。

（2）复核工程量的目的不是修改工程量清单，即使有误，投标人也不能修改工程量清单中的工程量，因为修改了清单就等于擅自修改了合同。对于工程量清单存在的错误，可以向招标人提出，由招标人统一修改，并把修改情况通知所有投标人。

（3）针对工程量清单中工程量的遗漏或错误，是否向招标人提出修改意见取决于投标策略。投标人可以运用一些报价的技巧提高报价的质量，争取在中标后能获得更大的收益。

（4）通过工程量计算复核还能准确地确定订货及采购物资的数量，防止由于超量或少购等带来的浪费、积压或停工待料。

在核算完全部工程量清单中的细目后，投标人应按大项分类汇总主要工程总量，以便获得对整个工程施工规模的整体概念，并据此研究采用合适的施工方法，选择适用的施工设备等。

3.2.3.7　制订项目管理规划

项目管理规划是工程投标报价的重要依据，项目管理规划应分为项目管理规划大纲和项目管理实施规划。根据《建设工程项目管理规范》（GB/T 50326—2016），当承包商以编制施工组织设计代替项目管理规划时，施工组织设计应满足项目管理规划的要求。

1. 项目管理规划大纲

项目管理规划大纲是指由企业管理层在投标之前编制的，旨在作为投标依据、满足招标文件要求及签订合同要求的文件。大纲应包括下列内容：项目概况、项目实施条件分析、项目投标活动及签订施工合同的策略、项目管理目标、项目组织结构、质量目标和施工方案、工期目标和施工总进度计划、成本目标、项目风险预测和安全目标、项目现场管理和施工平面图、投标和签订施工合同、文明施工及环境保护。

2. 项目管理实施规划

项目管理实施规划是指在开工之前由项目经理主持编制的，旨在指导施工项目实施阶段管理的文件。项目管理实施规划必须由项目经理组织项目部在工程开工之前编制完成。应包括下列内容：工程概况、施工部署、施工方案、施工进度计划、资源供应计划、施工准备计划、施工平面图、技术组织措施计划、项目风险管理、信息管理、技术经济指标分析。

3.2.3.8　投标报价的编制

1. 定额模式投标报价

定额模式投标报价是国内工程以前经常使用的方法，现在也在应用。报价编制与工程概预算基本一致。

2. 工程量清单计价模式投标报价

工程量清单计价模式投标报价是按《建筑工程工程量清单计价规范》（GB 50500—2013）为依据的，也是与国际接轨的计价模式，它将越来越广泛地在工程计价中使用。

3.2.3.9　编制投标文件

投标文件的组成必须与招标文件的规定一致，不能带有任何附加条件，否则可能导致被否定或作废。具体内容及编写要求见本书投标文件编制相关内容。

3.2.3.10 递送投标文件

递送投标文件也称递标，是指投标人在规定的截止日期之前，将准备好的所有投标文件密封递送给招标人的行为。全部投标文件编制好后，按招标文件的要求加盖投标人印章并经法定代表人或委托代理人签字，密封后送达指定地点，逾期作废。

3.3 工程项目投标决策

3.3.1 投标决策的基本前提和原则

投标决策是指投标人对是否投标、投标哪些项目，是以高价投标还是以低价投标的决策过程。在激烈的市场竞争中，能够承揽到工程项目，不仅是企业之间财力和技术实力的较量，而且也是智力的比拼。因此，企业在积累雄厚的经济实力、拥有丰富的经验和管理能力，并创建了良好的社会声誉之后，还要有一套独特而有效的经营策略。也可以说，投标决策是指承包商为实现其一定的利益目标，针对招标项目的实际情况，对投标可行性和具体策略进行论证和抉择的活动。

3.3.1.1 投标决策的基本前提

由于投标决策是综合了经验、技术、智慧、信息等多方资源进行的活动，所以收集和掌握有关招标项目的情报和信息，对于有目的地做好投标准备工作具有十分重要的意义。

（1）建立广泛的信息来源渠道，建立项目数据库。企业可通过多渠道获得信息。如各级基本建设管理部门，包括发展和改革委员会、建设委员会、经济贸易委员会等建设单位及主管部门，各地勘察设计单位，各类咨询机构，各种工程承包公司、城市综合开发公司、房地产公司、行业协会等，各类刊物、广播、电视、互联网等多种媒体。

根据《招标投标法》制定的《招标公告发布暂行办法》规定："国家发展和改革委员会根据国务院授权，按照相对集中、适度竞争、受众分布合理的原则，指定《中国日报》《中国经济导报》《中国建设报》《中国采购与招标网》对招标公告发布活动进行监督。其中，依法必须招标的国际招标项目的招标公告应在《中国日报》上发布。"

通过上述渠道，及时、准确地掌握有关招标项目信息，同时建立一定格式的数据库，随着时间推移和情况的变化，及时对数据库中的数据加以补充和修改，这对于比较、权衡、选择有利项目是十分必要的。

（2）开展广泛的调查活动。为提高中标概率和获得良好的经济利益，除获知哪些项目拟进行招标外，投标人还应从战略角度全面调查、收集以下资料，做出投标与否的决策。工程方面的信息，包括工程的性质、规模、技术复杂程度、工程现场条件、工期、工程的材料供应条件、质量要求及交工条件等。

业主方面的信息，包括业主的信誉、资金来源有无保障、工程款支付能力等，是否要求承包商带资承包、延期支付，投标能否在公平条件下进行，是否已有内定的承包商。

市场竞争条件，包括当地的施工用料供应条件和市场价格当地机电设备采购条件、租赁费、零配件供应和机械修理能力等当地生活用品供应情况、食品供应和价格水平，当地劳务的技术水平、劳务态度、雇用价格及雇用手续、途径等，当地的运输状况，如车辆租赁价格、汽车零配件供应情况、油料价格及供应情况等有关海港、航空港及铁路的装卸能力、费用及管理方面的规定等。

竞争对手情况，包括竞争对手的数量、质量和投标的积极性，竞争对手已实施工程的投标价格，对手投标报价的标准等。

3.3.1.2　投标决策的原则

进行投标决策实际上是企业的经营决策问题，因此投标决策时，必须遵循下列原则。

1. 可行性原则

选择的投标对象是否可行，一定要从本企业的实际情况出发，实事求是，量力而行，从而保证以本企业均衡生产、连续施工为前提，防止出现窝工和赶工现象。首先，要从企业的施工力量、机械设备、技术能力、施工经验等方面，考虑该招标项目是否比较合适，是否有一定的利润，能否保证工期和满足质量要求；其次，要考虑能否发挥本企业的特点和特长、技术优势和装备优势，要注意扬长避短，选择适合发挥自己优势的项目，发扬长处才能提高利润、创造信誉，避开自己不擅长的项目和缺乏经验的项目；最后，要根据竞争对手的技术经济情报和市场投标报价动向，分析和预测是否有夺标的把握和机会。对于毫无夺标希望的项目，就不宜参加投标，更不能陪标，以免损害本企业的声誉，进而影响未来的中标机会。若明知竞争不过对手，则应退出竞争，减少损失。

2. 可靠性原则

要了解招标项目是否已经过正式批准，列入国家或地方的建设计划，资金来源是否可靠，主要材料和设备供应是否有保证，设计文件完成的阶段情况，设计深度是否满足要求等；此外，还要了解业主的资信条件及合同条款的宽严程度，有无重大风险性。应当尽早回避那些利润小而风险大的招标项目以及本企业没有条件承担的项目，否则将造成不应有的后果。特别是国外的招标项目，更应该注意这个问题。

3. 盈利性原则

利润是承包商追求的目标之一，保证承包商的利润，既可保证国家财政收入随着经济发展而稳定增长，又可使承包商不断改善技术装备，扩大再生产，同时有利于提高企业职工的收入，改善生活福利设施，从而有助于充分调动职工的积极性和主动性。所以，确定适当的利润率是承包商经营的重要决策。在选取利润率的时候，要分析竞争形势，掌握当时当地的一般利润水平，并综合考虑本企业近期及长远目标，注意近期利润和远期利润的关系。在国内投标中，利润率的选取要根据具体情况适当酌情增减。对竞争很激烈的投标项目，为了夺标，采用的利润率会低于计划利润率，但在以后的施工过程中，注重企业内部革新挖潜，实际的利润率不一定会低于计划利润率。

4. 审慎性原则

参与每次投标都要花费不少人力、物力，付出一定的代价。如能夺标，才有利润可言。特别在基建任务不足的情况下，竞争非常激烈，承包商为了生存都在拼命压价，盈利甚微。承包商要审慎选择投标对象，除非在迫不得已的情况下，决不能承揽亏本的施工任务。

5. 灵活性原则

在某些特殊情况下，采用灵活的战略战术。例如，为了在某个地区打开局面，取得立脚点，可以采用让利方针，以薄利优质取胜。由于报价低、干得好，赢得信誉，势必带来连锁效应。承揽了当前工程，更为今后的工程投标中标创造机会和条件。

在进行投标项目的选择时，还应考虑下列因素：本企业工人和技术人员的操作水平，本企业投入该项目所需机械设备的可能性，施工设计能力，对同类工程工艺的熟悉程度和管理经验，战胜对手的可能性，中标承包后对本企业在该地区的影响，流动资金周转的可能性。

做出正确的投标决策，首先应从多方面收集大量的信息，知己知彼。对承包难度大、风险度高、资金不到位以及"三边"工程，要考虑主动放弃；否则企业将会陷入工期拖长、成本加大的困难，企业的效益、信誉就会受到损害。

对决策投标的项目应充分估计竞争对手的实力、优势及投标环境的优劣等情况。竞争对手的实力越强，竞争就越激烈，对中标的影响就越大。竞争对手拥有的任务不饱满，竞争也会越激烈。

3.3.2 选择投标对象的策略

承包商通过投标取得项目，是市场经济条件下的必然。但是，作为承包商来说，并不是每标必投，这里有个投标决策的问题。所谓投标决策，包括两方面的内容：其一是投标项目选择的决策；其二是投标策略的决策。投标决策的正确与否，关系到能否中标和中标后的效益，关系到施工企业的发展前景和职工的经济利益。因此，企业的决策班子必须充分认识到投标决策的重要意义，把这一工作摆在企业的重要议事工程上。

3.3.2.1 定性分析法

建设工程投标决策的首要任务，是在获取招标信息后，对是否参加投标竞争进行分析、论证，并做出抉择。

若项目对投标人来说基本上不存在技术、设备、资金和其他方面的问题，或虽有技术、设备、资金和其他方面的问题，但可预见并已有了解决方法，就属于低风险标。低风险标实际上就是不存在未解决或解决不了的重大问题，没有大的风险的标。如果企业经济实力不强，经不起折腾，投低风险标是比较明智的选择。

若项目对投标人来说存在技术、设备、资金或其他方面未解决的问题，承包难度比较大，就属于高风险标。投高风险标，关键是要能想出办法解决好工程中存在的问题。如果问题解决好了，可获得丰厚的利润，开拓出新的技术领域，锻炼出一支好的队伍，使企业本质和实力上一个台阶；如果问题解决得不好，企业的效益、声誉等都会受损，严重的可能会使企业出现亏损甚至破产。因此，投标人对投标进行决策时，应充分估计项目的风险度。

承包商决定是否参加投标，通常要综合考虑各方面的情况，如承包商当前的经营状况和长远目标，参加投标的目的，影响中标机会的内部、外部因素等。一般来说，有下列情形之一的招标项目，承包商不宜选择投标：

1）工程规模超过企业资质等级的项目。

2）超越企业业务范围和经营能力之外的项目。

3）企业当前任务比较饱满，而招标工程是风险较大或盈利水平较低的项目。

4）企业劳动力、机械设备和周转材料等资源不能保证的项目。

5）竞争对手在技术、经济、信誉和社会关系等方面具有明显优势的项目。

3.3.2.2 定量分析法

投标企业在掌握大量有效信息的基础上，应借助一些决策理论和方法进行科学决策。在投标决策中，比较常用的决策方法有综合分析法、期望值法和决策树法。这三种方法中，除综合分析法较易掌握外，其他两种方法使用了较复杂的数学工具，如概率论中离散型随机变量，因此只要了解这两种决策方法即可。

1. 综合分析法

此方法将投标工程定性分析的各个因素通过评分转化为定量问题，计算综合得分，用以衡量投标工程的条件。下面通过一个简单的案例来说明该方法的运用。

【例3.1】 某企业在投标前拟对一项招标工程进行定量分析，以确定是否参加投标。

【解答】 企业结合工程特点、自身条件选择评价因素，评价因素主要有经营能力、经营需要、中标的可能性、工程条件、时间要求等5个方面，采用综合分析法对5个要素进行评分，见表3.1。

表3.1　　　　　　　　　　　　　评　标　评　价

评价因素	权数	评　分			得分
		好（10分）	一般（5分）	差（0分）	
经营能力	0.25	10			2.50
经营需要	0.20		5		1.00
中标的可能性	0.25	10			2.50
工程条件	0.10			0	0
时间要求	0.20		5		1.00
合　计	1.00				7.00

（1）对每个因素视其重要程度给出一个权数。

（2）将各因素的优劣分为三等，分别评为10分、5分、0分。

（3）计算综合得分，评价工程的投标条件。

从表3.1的评分过程可以看出，投标条件最好的为10分，但这种情况很少。实际工作中，常根据经验确定一个参加投标的标准分数线，高于此线就参加投标。假定该企业的投标标准分数线为6.5分，则该工程可以考虑参加投标。

2. 期望值法

企业投标一般都比较注重经济效益，期望值法就是以经济效益为目标对投标工程进行选择的决策方法。这里所说的期望值就是概率论中离散型随机变量的数学期望。把每个方案看成是离散型随机变量，其取值就是每个方案在各自自然状态下相应的损益值，而各方案的损益期望值则是各自然状态发生的概率与方案对应的损益值乘积之和。所谓期望值法，即以期望值最大的方案为最佳方案。

【例3.2】 某企业拟在A、B、C三个工程中选择一个投标，各种资料见表3.2，试决策应选哪个项目投标。

表3.2　　　　　　　　　　　　计　算　期　望　值

工程名称	未来状态下的收益值/万元		期望值/万元
	中标（0.4）	失标（0.6）	
A	20	−0.5	7.70
B	25	−0.8	9.52
C	30	−1.5	11.10

【**解答**】　采用风险型决策中期望值法计算各工程收益期望值，计算结果见表3.2。经过分析比较，应选择C工程投标，该企业可获得11.10万元的收益值。

3. 决策树法

如果企业由于施工能力和资源的限制，只能在不同项目中选择一项进行投标，就会有多种方案，该情况可采用决策树方法进行决策。

决策树是用于决策的一种工具，它是基于期望值法，模拟树的生长过程，从出发点开始不断分枝来表示事件发生的各种可能性，以分枝和修剪来寻优的决策方法。决策树法的基本决策过程，是先画出决策树，再计算各决策树点的损益期望值，然后选择损益期望值最大的方案为最优方案。

【**例3.3**】　某承包商面临A、B两项工程投标，因受本单位的资金条件限制，只能选择其中一项工程投标，或者两项均不投标。根据过去类似工程投标的经验数据，A工程投高标的中标概率是0.3，投低标的中标概率是0.6，编制投标文件的费用是3万元；B工程投高标的中标概率是0.4，投低标的中标概率是0.7，编制投标文件的费用是2万元。试运用决策树法进行投标决策。

各方案承包效果、概率及损益值见表3.3。

表3.3　　　　　　　　　　方　案　评　价　参　数

方　案	效　果	概　率	损益值/万元
A高	好	0.3	150
	中	0.5	100
	差	0.2	50
A低	好	0.2	110
	中	0.7	60
	差	0.1	0
B高	好	0.4	110
	中	0.5	70
	差	0.1	30
B低	好	0.2	70
	中	0.5	30
	差	0.3	−10
不投标			0

【**解答**】　根据各方案画出决策树，如图3.2所示。

计算各决策树点的损益期望值：

点②：$0.3 \times (0.3 \times 150 + 0.5 \times 100 + 0.2 \times 50) + 0.7 \times (-3) = 29.41$（万元）

点③：$0.6 \times (0.2 \times 110 + 0.7 \times 60 + 0.1 \times 0) + 0.4 \times (-3) = 37.2$（万元）

点④：$0.4 \times (0.4 \times 110 + 0.5 \times 70 + 0.1 \times 30) + 0.6 \times (-2) = 31.6$（万元）

点⑤：$0.7 \times [0.2 \times 70 + 0.5 \times 30 + 0.3 \times (-10)] + 0.3 \times (-2) = 17.6$（万元）

点⑥：$1 \times 0 = 0$（万元）

经过计算分析比较，决策树点③的期望值最大，故选择A工程投低标。

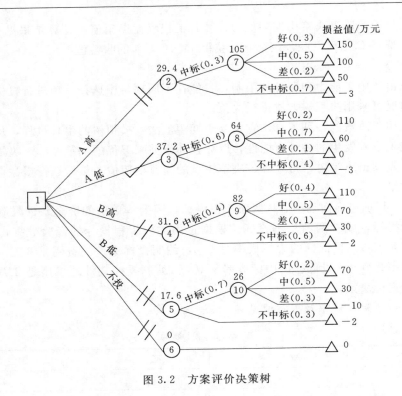

图 3.2　方案评价决策树

3.4　工程项目施工投标文件的编制

3.4.1　工程项目投标文件的基本内容

建设工程项目投标文件，是建设工程投标人单方面阐述自己响应招标文件要求，旨在向招标人提出愿意订立合同的意思表示，是投标人确定、修改和解释有关投标事项的各种书面表达形式的统称。从合同订立过程来分析，建设工程投标文件在性质上属于一种要约，其目的在于向招标人提出订立合同的意愿。

投标人在投标文件中必须明确向招标人表示愿以招标文件的内容订立合同的意思，必须对招标文件提出的实质性要求和条件做出响应，不得以低于成本的报价竞标，必须由有资格的投标人编制，必须按照规定的时间、地点递交给招标人，否则，该投标文件将被招标人拒绝。投标文件的编写应严格按照招标文件的要求，一般不带任何附加条件，否则会导致废标。建设工程投标文件是由一系列有关投标方面的书面资料组成的，投标文件一般应包括以下内容：

（1）投标函。其主要内容为投标报价、质量、工期目标、履约保证金数额等。

（2）投标书附录。其内容为投标人对开工工期、履约保证金、违约金以及招标文件规定其他要求的具体承诺。

（3）投标保证金。投标保证金的形式有现金、支票、汇票和银行保函，但具体采用何种形式应根据招标文件规定。另外，投标保证金被视作投标文件的组成部分，未及时交纳投标保证金，该投标将被作为废标而遭拒绝。

（4）法定代表人资格证明书。

（5）授权委托书。

（6）具有标价的工程量清单与报价表。当招标文件要求投标书需附计算书时，应附上。

（7）辅助资料表。常见的有企业资信证明资料、企业业绩证明资料、项目经理简历及证明资料、项目部管理人员表及证明资料、施工机械设备表、劳动力计划表和临时设施计划表等。

（8）资格审查表（资格预审的不采用）。

（9）对招标文件中的合同协议条款内容的确认和响应。该部分内容往往并入投标书或投标书附录。

（10）施工组织设计。内容一般包括施工部署，施工方案，总进度计划，资源计划，施工总平面图，季节性施工措施，质量、进度保证措施，安全施工、文明施工、环境保护措施等。

（11）按招标文件规定提交的其他资料。

上述（1）～（6）及（9）项内容组成商务标，（10）项为技术标的主要内容，（7）、（8）项内容组成资信标或并入商务标、技术标，具体根据招标文件规定。

投标人必须使用招标文件提供的投标文件表格格式，但表格可以按同样格式扩展。招标文件中拟定的供投标人投标时填写的一套投标文件格式，主要有投标书及投标书附录、工程量清单与报价表、辅助资料表等。

3.4.2 工程项目投标文件的编制步骤

在决定了投标、建立了投标组织后，下一步的核心工作就是编制投标文件。一般情况下，投标文件编制的主要工作按以下次序开展，但也不是一成不变的，根据编制投标文件的时间要求、拥有的资源不同及其他影响因素，有些工作可以同步推进。

3.4.2.1 接受资格预审

根据《招标投标法》的有关规定，招标人可以对投标人进行资格预审。投标人在获得招标信息后，可以从招标人处获得资格预审申请表，投标工作从填写资格预审申请表开始。

（1）为了顺利通过资格预审，投标人应在平时就将一般资格预审的有关资料准备齐全，最好储存在计算机中。若要填写某个项目资格预审调查表，可将有关文件调出来加以补充完善。因为资格预审内容中，财务状况、施工经验、人员能力等属于通用审查内容，在此基础上，附加一些其他具体项目的补充说明或填写一些其他表格，即可成为资格预审书送出。

（2）填表时要加强重点分析，以及针对工程项目的特点，填好重要部位。特别是要反映出本公司的施工经验、施工水平和施工组织能力，这往往是业主考虑的主要方面。

（3）在招标决策阶段，研究并确定本公司发展的主要地区和项目，注意收集信息，如有合适项目，及早动手做资格预审的申请准备，并根据相应的资格预审方法，为自己打分，找出差距。如果自己不能解决，则应考虑寻找合适的合作伙伴组成联合体来参加投标。

（4）做好递交资格预审调查表后的跟踪工作，一边及时发现问题，一边及时补充材料。

3.4.2.2 报价准备

1. 熟悉招标文件

企业通过资格预审获得投标资格后，要购买并研究和熟悉招标文件，在此过程中，应特别注意标价计算可能产生重大影响的问题，主要包括以下几个方面：①合同条件，如工期、拖期罚款、保函要求、保险、付款条件、货币、提前竣工奖励、争议、仲裁、诉讼法律等；②材料、设备和施工技术要求，如所采用的规范、特殊施工和施工材料的技术要求等；③工程范围和报价要求，承包商可能获得补偿的权利；④熟悉图纸和设计说明，为投标报价做准备熟悉招标文件，同时找出招标文件中含糊不清的问题，及时提请业主澄清。

2. 标前调查与现场踏勘

标前调查是投标前最重要的一步，如果在投标决策阶段已对投标项目所在地区进行了较深入的调查研究，则在领到招标文件后只需进行针对性的补充调查即可；否则，还需要进行深入调查。标前调查的内容包括：①工程的性质及工程与其他工程间的关系，投标人所投标的工程与其他承包商或分包商的关系；②工程所在地的政治形势、经济形势、法律法规、风俗习惯、自然条件、生产和生活条件等；③项目资金来源是否可靠，避免风险；④项目开工手续是否齐备，避免免费为其估价；⑤业主是否有明显的授标倾向，避免陪标；⑥竞争对手的数量，同类工程的经验，其他优势，管用的投标策略等。

现场踏勘是指去工地现场进行考察，招标人一般在招标文件中要注明现场考察的时间和地点，在文件发出后就要安排投标人进行准备工作。现场踏勘既是投标人的权利，又是其责任。因此，投标人在报价前必须认真地进行现场踏勘，全面、仔细地调查了解工地及其周围的政治、经济、地理等情况。现场踏勘均由投标人自费进行。投标人进入现场后应特别注意从以下5方面进行考察：①工程的性质以及与其他周边工程之间的关系；②投标人所投标的工程与其他承包商或分包商之间的关系；③工地地形、地貌、地质、气候、交通、电力、水源等条件，有无障碍物等；④工地附近的住宿条件、料场开采条件、其他加工条件、设备维修条件等；⑤工地附近的治安情况等。

3. 研究招标文件，校核工程量

招标文件是投标的主要依据，应该进行仔细分析。分析应主要放在投标人须知、专用条款、设计图纸、工程范围以及工程量表上，最好有专人或小组研究技术规范和设计图纸，明确特殊要求。

对于招标文件中的工程量清单，投标人一定要进行校核，因为这直接影响中标的机会和投标报价。对于无工程量清单的招标工程，应当计算工程量，其项目一般可以单价项目划分为依据。在校核中如发现工程量相差较大，投标人不能随便改变工程量，而应致函或直接找业主澄清。尤其对于总价合同要特别注意，如果业主在投标前不给予更正，而且是对投标人不利的情况，投标人应在投标时附上说明。投标人在核算工程量时，应结合招标文件中的技术规范明确工程量中每一细目的具体内容，才不至于在计算单位工程量价格时出现错误。如果招标工程是一个大型项目，而且投标时间又比较短，投标人至少要对工程量大而造价高的项目进行核实。

3.4.2.3 施工组织设计

施工组织设计是指导拟建工程施工全过程各项活动的技术、经济和组织的综合性文件。施工组织设计要根据国家的有关技术政策和规定、业主的要求、设计图纸和组织施工的基本原则，从拟建工程施工全局出发，结合工程的具体条件，合理地组织安排，采用科学的管理方法，不断地改进施工技术，有效地使用人力、物力，安排好时间和空间，以期达到耗工少、工期短、质量高和造价低的最优效果。

在投标过程中，必须编制施工组织设计，这项工作对于投标报价影响很大。但此时所编制的施工组织设计的深度和范围都比不上接到施工任务后由项目部编制的施工组织设计，此是初步的施工组织设计，如果中标，再编制详细而全面的施工组织设计。初步的施工组织设计一般包括进度计划和施工方案等。招标人将根据施工组织设计的内容评价投标人是否采取了充分和合理的措施，保证按期完成工程施工任务。另外，施工组织设计对投标人自己也是十分重要的，因为进度安排是否合理、施工方案选择是否恰当，对工程成本与报价有密切关系。

3.4.2.4 价格估算

投标人在研究了招标文件并对现场进行了考察之后，即进入工程价格估算阶段。投标人根据自己的经验和习惯，一般工程在施工图基础上进行报价，其方法与编制施工图预算的方法基本相同，但应注意以下问题。

1. 工程量计算

目前，由于各省（自治区、直辖市）的预算定额都有自己的规定，从而引起单价、费用、工程项目定额内容不尽相同。参加一个地区的投标报价，必须首先熟悉当地使用的定额及规定，才能将计算工程量时的项目划分清楚。此外，还应注意不可调整工程项目的计算。一般来说，上部工程的工程量不可调整，计算时应尽量准确无误，而允许调整（视招标文件规定）的工程项目，其准确性可以降低。最后，应注意工程量计算与现场实际相结合，如土石方工程、构件和半成品的运输及吊装等，尽量做到与今后施工相吻合。

2. 正确套用单价

正确套用单价的基础是要掌握定额单位所包含的内容，同时要与各分部分项工程的施工工艺和操作过程相一致。这就需要做标人除掌握定额外，还要对施工组织设计或施工方案有较深的了解。同时，还要熟悉本企业主要项目施工工艺的一般做法。

3. 准确计算各种数据

工程量、单价、合价以及各种费用的计算，都属于数据的计算，这些数据的计算一般都比较简单。但是，许多数字是相互关联的，一处错误就会引起一系列的错误。因此，工程量的计算首先应精确，而工程量的计算又取决于做标人计算程序的合理性。应当指出的是，投标报价是竞争激烈的商务活动，它不同于一般的施工图预算编制，投标人由于计算上的失误而失标，或中标后引起企业亏损的事例很多。因此，精明的投标人在完成计算后，一定要耐心细致地复核，以减少计算上的失误。

4. 合理确定各类费用

国内投标报价中所谓报价合理，是指企业根据自身条件及企业掌握的外部条件（如材料供应等）所确定的费用合理的工程造价。但是，前提必须是企业应有一定的利润。确定各类费用的收取标准是国内工程报价的核心问题。因此，投标人应尽力掌握企业当前经营状况的各种资料，主要应从企业管理费、其他直接费、其他间接费、材料差价等方面进行核算，以取得可靠数据，才能确定取费标准和合理计算各项费用。

3.4.2.5 单价分析

单价分析是对工程量表上所列项目的单价的分析、计算和确定，或者是研究如何计算不同项目的直接费和分摊间接费、利润和风险之后所得出的项目单价。有的招标文件要求投标人对部分项目要递交单价分析表，而一般招标文件不要求报单价分析表。但是对投标人来说，除很有经验、有把握的项目外，必须对工程量大、对工程成本起决定性作用、没有经验或特殊的项目进行单价分析，以使报价建立在可靠的基础之上。最后，将每个项目单价分析表中计算的人工费、材料费、机械台班费、分摊的管理费进行汇总，并与原来估算的各项费用对比后，调整各种管理分摊系数，得出修正后的工程总价。

3.4.2.6 投标报价决策

以上计算得出的价格只是特定的暂时标价，须经多方面分析后，才能作出最终报价决策。在报价时，投标人要客观而慎重地分析本行业的情况和竞争形势。在此基础上，对报价进行深入、细致的分析，包括分析竞争对手、市场材料价格、企业盈亏、企业当前任务情况等，最后作出报价决策。确定报价上浮或下浮的比例，多方面分析工程情况，决定最后报价。

报价是确定中标人的条件之一，而不是唯一的条件。一般来说，在工期、质量、社会信誉相同的条件下，招标人选择最低标价。但是，确定标价主要是和标底比较，许多地区规定合格标价的范围（即上下浮动范围）。在这种情况下应特别注意，不能追求报价最低，而应当在评价标准的诸因素上多下工夫。例如，企业自身掌握有三大材料及流动资金拥有量、施工组织水平高、工期短等优势，要以自身的优势去战胜竞争对手。标价过高或过低，不但不能中标，而且会严重损害本企业的形象。

3.4.3　工程项目投标文件的编制要求

（1）投标人编制投标文件时必须使用招标文件提供的投标文件表格格式，但表格可以按同样格式扩展。投标保证金、履约保证金的方式，按招标文件有关条款的规定可以选择。投标人根据招标文件的要求和条件填写投标文件的空格时，凡要求填写的空格都必须填写，不允许空着不填；否则，即被视为放弃意见。实质性的项目或数字如工期、质量等级、价格等未填写的，将被作为无效或作废的投标文件处理。将投标文件按规定的日期送交招标人，等待开标、决标。

（2）应当编制的投标文件正本仅 1 份，副本则按招标文件前附表所述的份数提供，同时要明确标明。"投标文件正本"和"投标文件副本"字样。投标文件正本和副本如有不一致之处，以正本为准。

（3）投标文件正本与副本均应使用不能擦去的墨水打印或书写，各种投标文件的填写都要字迹清晰、端正，补充设计图纸要整洁、美观。

（4）所有投标文件均由投标人的法定代表人签署、加盖印鉴，并加盖法人单位公章。

（5）填报投标文件应反复校核，保证分项和汇总计算均无错误。全套投标文件均应无涂改和行间插字，除非这些删改是根据招标人的要求进行的，或者是投标人造成的必须修改的错误。修改处应由投标文件签字人签字证明并加盖印鉴。

（6）如招标文件规定投标保证金为合同总价的某百分比，开投标保函不要太早，以防泄露己方报价。但有的投标人提前开出并故意加大保函金额，以麻痹竞争对手的情况也是存在的。

（7）投标人应将投标文件的正本和每份副本分别密封在内层包封，再密封在一个外层包封中，并在内包封上正确标明"投标文件正本"和"投标文件副本"。内层和外层包封都应写明招标人名称和地址、合同名称、工程名称、招标编号，并注明开标时间以前不得开封。在内层包封上还应写明投标人的名称与地址、邮政编码，以便投标出现逾期送达时能原封退回。如果内外层包封没有按上述规定密封并加写标志，招标人将不承担投标文件错放或提前开封的责任，由此造成的提前开封的投标文件将被拒绝，并退还给投标人。投标文件递交至招标文件前附表所述的单位和地址。

3.4.4 工程项目投标文件的递交

投标人应在招标文件前附表规定的日期内将投标文件递交给招标人。当招标人按招标文件中投标人须知的规定，延长递交投标文件的截止日期时，投标人应仔细记住新的截止时间，避免因标书的逾期送达而导致废标。

投标人可以在递交投标文件以后，在规定的投标截止时间之前，采用书面形式向招标人递交补充、修改或撤回其投标文件的通知。在投标截止日期以后，不能更改投标文件。投标人的补充、修改或撤回通知，应按招标文件中投标人须知的规定编制、密封、标志和递交，并在包封上标明"补充""修改"或"撤回"字样。补充、修改的内容为投标文件的组成部分。根据投标人须知的规定，在投标截止时间与招标文件中规定的投标有效期终止日之间的这段时间内，投标人不能再撤回投标文件，否则其投标保证金将不予退还。

投标人递交投标文件不宜太早，一般在招标文件规定的截止日期前一两天内密封送交指定地点比较好。

3.5 工程项目施工投标报价

3.5.1 投标报价编制的标准

工程报价是投标的关键性工作，也是整个投标工作的核心。它不仅是能否中标的关键，而且对中标后的盈利多少，在很大程度上起着决定性的作用。

3.5.1.1 工程投标报价的编制原则

（1）必须严格贯彻执行国家的有关政策和方针，符合国家的法律、法规和公共利益。

（2）必须严格贯彻等价有偿的原则。

（3）必须严格建立在科学分析和合理计算的基础之上，准确地反映工程价格。

3.5.1.2 影响投标报价计算的主要因素

工程报价编制是一项严肃的工作，究竟采用哪一种计算方法进行计价应视工程招标文件的要求，但不论采用哪一种方法都必须抓住编制报价的主要因素。

1. 工程量

工程量是计算报价的第一个主要依据。多数招标单位在招标文件中均附有工程实物量。因此，必须进行全面的或者重点的复核工作，核对项目是否齐全、工程做法及用料是否与图纸相符，重点核对工程量是否正确，以求工程量数字的准确性和可靠性，在此基础上再进行套价计算。另外，标书中根本没有给出工程量数字，在这种情况下就要组织人员进行详细的工程量计算工作，即使时间很紧迫也必须进行计算，否则影响编制报价。

2. 工程单价

工程单价是计算标价的又一个重要依据，同时又是构成标价的第二个主要因素。单价的正确与否，直接关系到标价的高低，因此必须十分重视工程单价的制订或套用。工程单价的制订依据为：

（1）国家或地方定的预算定额、单位估价表及设备价格等。

（2）人工费、材料费、机械使用费的市场价格。

3. 其他各类费用的计算

其他各类费用的计算是构成报价的第三个主要因素。这个因素占总报价的比重是很大的，少者占 20％～30％，多者占 40％～50％，因此应重视其计算。

为了简化计算，提高工效，可以把所有的各种费用都折算成一定的系数计入到报价中去，计算出直接费用后再乘以这个系数就可以得出总报价了。

工程报价计算出来以后，可用多种方法进行复核和综合分析，然后认真、详细地分析风险、利润、报价让步的最大限度，而后参照各种信息资料以及预测的竞争对手情况，最终确定实际报价。

3.5.2　投标报价的构成

3.5.2.1　工程报价的构成

国内工程投标报价的组成和国际工程的投标报价基本相同，但每项费用的内容及对项目分类稍有不同，投标报价的费用组成与现行概（预）算文件中的费用构成基本一致，主要有直接费、间接费、企业利润、税金以及不可预见费等。但投标报价与概（预）算是有区别的。工程概（预）算文件必须按照国家有关规定编制，尤其是各种费用的计算，而投标报价则可根据本企业的实际情况进行计算，更能体现企业的实际水平。

1. 直接费

直接费由直接工程费和措施费组成。直接工程费是指在工程施工中耗费的构成工程实体上的各项费用，包括人工费、材料费和施工机械使用费。措施费是指为完成工程项目施工，发生于该工程施工前和施工过程中非工程实体项目的费用。

2. 间接费

间接费指组织和管理工程施工所需的各项费用，由规费和企业管理费组成。规费是指政府有关权利部门规定必须缴纳的费用，企业管理费是指施工企业组织施工生产和经营管理所需的费用。

3. 企业利润和税金

企业利润和税金是指按照国家有关部门的规定，工程施工企业在承担施工任务时应计取的利润，以及按规定应计入工程造价内的营业税、城市维护建设税和教育费附加。

4. 不可预见费

不可预见费可由风险因素分析予以确定，一般在投标时按工程总造价的 3％～5％来考虑。

3.5.2.2　工程投标报价计算的依据

工程投标报价计算的依据包括：

（1）招标文件，包括工程范围质量、工期要求等。

（2）施工图设计图纸和说明书、工程量清单。

（3）施工组织设计。

（4）现行的国家、地方的概算指标或定额、预算定额、取费标准、税金等。

（5）材料预算价格、价差计算的有关规定。

（6）工程量计算的规则。

（7）施工现场条件。

（8）各种资源的市场信息及企业消耗标准或历史数据等。

3.5.3 投标报价的编制

3.5.3.1 工程量清单计价模式下的报价编制

依据招标人在招标文件中提供的工程量清单及《建设工程工程量清单计价规范》（GB 50500—2013）进行投标报价。

1. 工程量清单计价的投标报价的构成

工程量清单计价的投标报价应包括按招标文件规定完成工程量清单所列项目的全部费用，包括分部分项工程费、措施项目费、其他项目费、规费和税金等，即

$$工程报价＝分部分项工程费＋措施项目费＋其他项目费＋规费＋税金$$

2. 工程量清单应采用综合单价计价

综合单价指完成一个规定计量单位的工程所需的人工费、材料费、机械使用费、管理费和利润，并考虑风险因素。

（1）分部分项工程费。该费用是指完成"分部分项工程量清单"项目所需的工程费用。投标人根据企业自身的技术水平、管理水平和市场情况填报分部分项工程量清单计价表中每个分项的综合单价，每个分项的工程数量与综合单价的乘积即为合价，再将合价汇总就是分部分项工程费。

（2）措施项目费用。该费用是指为完成工程项目施工，发生于该工程施工前和施工过程中技术、生活、安全等方面的非工程实体项目所需的费用。

3.5.3.2 定额计价方式下投标报价的编制

定额计价方式下投标报价一般采用预算定额来编制，即按照定额规定的分部分项工程子目逐项计算工程量，套用预算定额基价或当时当地的市场价格确定直接费，然后套用费用定额计取各项费用，最后汇总形成初步的标价。

3.5.4 投标报价的技巧

由算标人员算出初步的标价之后，应当对这个报价进行多方面的分析和评估，其目的是分析标价的经济合理性，以便作出最终报价决策。标价的分析与评估应从以下几个方面进行。

3.5.4.1 标价的宏观审核分析

标价的宏观审核是依据长期的工程实践中积累的大量的经验数据，用类比的方法，从宏观上判断计算标价水平的高低和合理性，因此可采用下列宏观指标和评审方法。

（1）分项统计计算书中的汇总数据，并计算其比例指标。一般房屋建筑工程：①统计建筑物总面积与各单项建筑物面积；②统计材料费总价及各主要材料数量和分类总价，计算单位面积的总材料费用指标和各主要材料消耗指标及费用指标，计算材料费占标价的比重；③统计总劳务费及主要生产工人、辅助工人和管理人员的数量，算出单位建筑面积的用工数和劳务费，并算出按规定工期完成工程时生产工人和全员的人均月产值和人均年产值，计算

劳务费占总标价的比重；④统计临时工程费用、机械设备使用费及模板脚手架和工具等费用，计算它们总标价的比重；⑤统计各类管理费用，计算它们占总标价的比重，特别是计划利润、贷款利息的总数和所占比例。

（2）分析各类指标及其比例关系，从宏观上分析标价结构的合理性。例如，分析总直接费和总管理费的比例关系，劳务费和材料费的比例关系，临时设施和机具设备费与总的直接费用的比例关系，利润、流动资金及其利息与总标价的比例关系等。承包过类似工程的有经验的承包人不难从这些比例关系判断标价的构成是否基本合理。如果发现有不合理的部分，应当初步探讨其原因。首先研究本工程与其他类似工程是否存在某些不可比因素，如果考虑了不可比因素的影响后，仍存在不合理的情况，就应当深入探索其原因，并考虑调整某些基价、定额或分摊系数的合理性。

（3）探讨上述人均月产值和人均年产值的合理性和实现的可能性。如果从本公司的实践经验角度判断这些指标过高或过低，就应当考虑所采用定额的合理性。

（4）参照同类工程的经验，扣除不可比因素后，分析单位工程价格及用工、用料量的合理性。

（5）从上述宏观分析得出初步印象后，对明显不合理的标价构成部分进行微观方面的分析检查。重点是在提高工效、改变施工方案、降低材料设备价格和节约管理费用等方面提出可行措施，并修正初步计算标价。

3.5.4.2   标价的动态分析

标价的动态分析是假定某些因素发生变化，测算标价的变化幅度，特别是这些变化对工程计划利润的影响。

1. 工期延误的影响

由于承包人自身的原因，如材料设备交货拖延、管理不善造成工程延误、质量问题造成返工等，承包人可能会增大管理费、劳务费、机械使用费以及占用的资金及利息，这些费用的增加不可能通过索赔得到补偿，而且会导致误期罚款。一般情况下，可以测算工期延长某一段时间上述各种费用增大的数额及其占总标价的比率。这种增大的开支部分只能用风险费和计划利润来弥补。因此，可以通过多次测算得知工期拖延多久利润将全都丧失。

2. 物价和工资上涨的影响

通过调整标价计算中材料设备和工资上涨系数，测算其对工程计划利润的影响，同时调查工程物资和工资的升降趋势及幅度，合理判断分析，得知投标计划利润对物价和工资上涨因素的承受能力。

3. 其他可变因素的影响

影响标价的可变因素很多，而有些是投标人无法控制的，如贷款利率的变化、政策法规的变化等。通过分析这些可变因素的变化，可以了解投标项目计划利润的受影响程度。

3.5.4.3   标价的盈亏分析

初步计算标价经过宏观审核与进一步分析检查，可能对某些分项的单价做必要的调整，然后形成基础标价再经盈亏分析，提出可能的低标价和高标价，供投标报价决策时选择。盈亏分析包括盈余分析和亏损分析两个方面。

1. 盈余分析

盈余分析是从标价组成的各个方面挖掘潜力、节约开支，计算出基础标价可能降低的数额，即所谓挖潜盈余，进而算出低标价。盈余分析主要从下列几个方面进行：

（1）定额和效率，即工料、机械台班消耗定额以及人工、机械效率分析。

（2）价格分析，即对劳务、材料设备、施工机械台班价格三方面进行分析。

（3）费用分析，即对管理费、临时设施费等方面逐项分析。

（4）其他方面的分析，如对流动资金与贷款利息、保险费、维修费等方面逐项复核，找出有潜力可挖之处。

考虑到挖潜不可能百分之百实现，需乘以一定的修正系数（一般取 0.5～0.7），据此求出可能的低标价，即

$$低标价＝基础标价－挖潜盈余×修正系数$$

2. 亏损分析

亏损分析是分析在算标时由于对未来施工过程中可能出现的不利因素考虑不周和估计不足，可能产生的费用增加和损失。亏损分析主要从以下几个方面进行：

（1）人工、材料、机械设备价格。

（2）自然条件。

（3）管理不善造成质量、工作效率等问题。

（4）建设单位、监理工程师方面的问题。

（5）管理费失控。

以上分析估计出的亏损额，同样乘以修正系数（0.5～0.7），并据此求出可能的高标价，即

$$高标价＝基础标价＋估计亏损×修正系数$$

3.5.4.4　报价的技巧

报价的技巧研究其实是在保证工程质量与工期的条件下，为了中标并获得期望的效益，投标程序全过程几乎都要研究投标报价技巧的问题。

1. 不平衡报价

不平衡报价是指在总价基本确定的前提下，调整内部各子项的报价，以期既不影响总报价，又在中标后投标人可尽早收回垫支于工程中的资金和获取较好的经济效益，但要注意避免畸高畸低现象，失去中标机会。通常采用的不平衡报价有下列几种情况：

（1）对能早期结账收回工程款的项目（土方、基础等）的单价可报以较高价，以利于资金周转，对后期项目（如装饰、电气设备安装等）单价可适当降低。

（2）估计今后工程量可能增加的项目，其单价可提高，而工程量可能减少的项目，其单价可降低。但上述两点要统筹考虑。对于工程量有误的早期工程，如不可能完成工程量表中的数量，则不能盲目抬高单价，需要具体分析后再确定。

（3）图纸内容不明确或有错误，估计修改后工程量要增加的，其单价可提高；而工程内容不明确的，其单价可降低。

（4）没有工程量只填报单价的项目（如疏浚工程中的开挖淤泥工作等），其单价宜高。这样，既不影响总的投标报价，又可多获利。

（5）对于暂定项目，其实施可能性大的项目可定高价，估计该工程不一定实施的可定低价。

2. 零星用工（计日工）

零星用工（计日工）一般可稍高于工程单价表中的工资单价，之所以这样做是因为零星用工不属于承包有效合同总价的范围，发生时实报实销，也可多获利。

3. 多方案报价法

多方案报价法是利用工程说明书或合同条款不够明确之处，以争取达到修改工程说明书和合同为目的的一种报价方法。当工程说明书或合同条款有些不够明确之处时，往往使投标人承担较大风险。为了减少风险就必须提高工程单价，增加不可预见费，但这样做又会因报价过高而增加被淘汰的可能性。多方案报价法就是为对付这种两难局面而出现的。

其具体做法是：在标书上报两价目单价，一是按原工程说明书合同条款报一个价，二是加以注解，例如工程说明书或合同条款可做某些改变时，则可降低的费用数额，使报价成为最低，以吸引业主修改说明书和合同条款。还有一种方法是对工程中一部分没有把握的工作，注明按成本加若干酬金结算的办法。但是如有规定，政府工程合同的方案是不容许改动的，这个方法就不能使用。

4. 增加建议方案

有时招标文件中规定，可以提供一个建议方案，即可以修改原设计方案，提出投标者的方案。投标人这时应抓住机会，组织一批有经验的设计师和施工工程师，对原招标文件的设计和施工方案仔细研究，提出更合理的方案以吸引业主，促成自己的方案中标。这种新的建议方案可以降低总造价或提前竣工或使工程运用更合理，但要注意的是对原招标方案也要报价，以供业主比较。增加建议方案时，不要将方案写得太具体，保留方案的关键技术，防止业主将此方案交给其他承包商。同时要强调的是，建议方案一定要比较成熟，或过去有实践经验，因为投标时间不长，如果仅为中标而匆忙提出一些没有把握的方案，可能会引起后患。

5. 突然降价法

报价是一件保密的工作，但是对手往往通过各种渠道、手段来刺探情况，因此在报价时可以采取迷惑对方的手法，即先按一般情况报价或表现出自己对该工程兴趣不大，到快投标截止时，再突然降价。如鲁布革水电站引水系统工程招标时，日本大成公司知道自己的主要竞争对手是前田公司，因而在临近开标前把总报价突然降低 8.04％，取得最低标，为以后中标打下基础。

采用这种方法时，一定要在准备投标报价的过程中考虑好降价的幅度，在临近投标截止日期前，根据情报信息与分析判断，再作最后决策。

如果由于采用突然降价法而中标，因为开标只降总价，在签订合同后可采用不平衡报价的思想调整工程量表内的各项单价或价格，以期取得更高的效益。

6. 先亏后盈法

有的承包商，为了打进某一地区，依靠国家、某财团或自身的雄厚资本实力，而采取种不惜代价，只求中标的低价投标方案。应用这种手法的承包商必须有较好的资信条件，并且提出的施工方案也是先进可行的，同时要加强对公司情况的宣传，否则即使低标价，也不一定被业主选中。

7. 开口升级法

将工程中的一些风险大、花钱多的分项工程或工作抛开，仅在报价单中注明，由双方再度商讨决定。这样就大大降低了报价，用最低价吸引业主，取得与业主商谈的机会，而后在议价谈判和合同谈判中逐渐提高报价。

8. 无利润算标

缺乏竞争优势的承包商，在不得已的情况下，只好在算标中根本不考虑利润去夺标。这种办法一般是处于以下条件时采用：

（1）有可能在得标后，将大部分工程分包给索价较低的一些分包商。

（2）对于分期建设的项目，先以低价获得首期工程，而后赢得机会创造第二期工程中的竞争优势，并在以后的实施中赚得利润。

（3）较长时间内，承包商没有在建的工程项目，如果再不得标，就难以维持生存。

因此，虽然本工程无利可图，只要能有一定的管理费维持公司的日常运转，就可设法度过暂时困难，以图将来东山再起。

投标报价的技巧还可以再举出一些。聪明的承包商在多次投标和施工中还会摸索总结出对付各种情况的经验，并不断丰富完善。国际上知名的大型工程公司都有自己的投标策略和编标技巧，属于商业机密，一般不会见诸公开刊物。承包商只有通过自己的实践，积累经验、总结过去，才能不断提高自己的编标报价水平。

习　　题

一、单选题

1. 以下关于工程量清单说法不正确的是（　　　）。

A. 工程量清单应以表格形式表现　　　　B. 工程量清单是招标文件的组成部分

C. 工程量清单可由招标人编制　　　　　D. 工程量清单是由投标人提供的文件

2. 投标保证金一般不得超过招标项目估算价的（　　　）。

A. 1%　　　　　　　B. 2%　　　　　　　C. 3%　　　　　　　D. 5%

3. 提交投标文件的投标人少于（　　　）个的，招标人应当依法重新招标。

A. 1　　　　　　　　B. 3　　　　　　　　C. 5　　　　　　　　D. 7

4. 投标文件应当载明投标有效期，投标有效期从（　　　）起计算。

A. 发布招标公告　　　　　　　　　　　B. 发售招标文件

C. 提交投标文件截止日　　　　　　　　D. 投标报名

5. 投标人撤回已提交的投标文件，应当在投标截止时间前书面通知招标人，招标人已收取投标保证金的，应当自收到投标人书面撤回通知之日起（　　　）日内退还。

A. 1　　　　　　　　B. 3　　　　　　　　C. 5　　　　　　　　D. 7

二、多选题

1. 招标人去现场踏勘之前，应仔细研究招标文件中有关概念的含义和各项要求，特别是招标文件中的（　　　）。

A. 工作范围　　　　　　　　　　　　　B. 专用条款

C. 工程地质报告　　　　　　　　　　　D. 设计图纸

E. 设计说明

2. 下列（　　　）是投标报价的技巧。

A. 不平衡报价法　　　　　　　　　B. 突然袭击法

C. 亏本报价法　　　　　　　　　　D. 增加建议方案法

E. 多方案报价法

3. 投标报价的编制方法有（　　　）。

A. 定额计价法　　　　　　　　　　B. 估算法

C. 头脑风暴法　　　　　　　　　　D. 清单计价法

E. 企业法

4. 影响投标决策的因素有（　　　）。

A. 技术方面的实力　　　　　　　　B. 经济实力

C. 管理水平　　　　　　　　　　　D. 信誉

E. 投标报价

5. 投标时投标人应根据自己的经济实力和管理水平作出（　　　）的选择。

A. 投风险标　　　　　　　　　　　B. 投保险标

C. 投盈利标　　　　　　　　　　　D. 投保本标

E. 不定

三、案例题

1. 2016 年 5 月，某污水处理厂为了进行技术改造，决定对污水设备的设计、安装、施工等一揽子工程进行招标。考虑到该项目的一些特殊专业要求，招标人决定采用邀请招标的方式，随后向具备承包条件而且施工经验丰富的 A、B、C 三家承包人发出投标邀请。A、B、C 三家承包单位均接受了邀请并在规定的时间、地点领取了招标文件，招标文件对新型污水设备的设计要求、设计标准等基本内容都作了明确的规定。为了把项目搞好，招标人还根据项目要求的特殊性主持了项目答疑会，对设计的技术要求作了进一步的解释说明，3 家投标单位都如期参加了这次答疑会。在投标截止日期前 10 天，招标人书面通知各投标单位，由于某种原因，决定将安装工程从原招标范围内删除。之后三家投标单位都按规定时间提交了招标文件。但投标单位 A 在送出投标文件后发现由于对招标文件的技术要求理解错误造成了报价估算有较严重的失误，于是在投标截止时间前 10 分钟向招标人递交了一份书面声明，要求撤回已提交的招标文件。由于投标单位 A 已撤回投标文件，在剩下的 B、C 两家投标单位中，通过评标委员会专家的综合评价，最终选择了投标单位 B 为中标单位。

问题：

（1）投标单位 A 提出的撤回投标文件的要求是否合理？为什么？

（2）从所介绍的背景资料来看，在该项目的招标过程中哪些方面不符合《招标投标法》的有关规定？

2. 某建设工程项目依法必须公开招标，项目初步设计及概算已经批准。资金来源尚未落实，设计图纸及技术资料已经能够满足招标需要。考虑到参加投标的施工企业来自各地，招标人委托造价咨询单位编制了两个标底，分别用于对本市和外省市投标人的评标。评标采用经评审的最低投标价法。

招标公告发布后，有 10 家施工企业参与。资格预审采用合格制。在资格预审阶段，招标人对施工企业组织机构和概况、近三年工程完成情况、目前正在履行的合同情况、资源方面等进行了审查，认定所有单位的资格均符合条件，通过了资格审查。考虑到通过施工审查的施工单位数量较多，招标工作难度较大，招标人邀请了其中 5 家参加投标。

某投标人收到招标文件后，分别于第 5 日和第 10 日对招标文件中的几处疑问以书面形式向招标单位提出。招标人以超过了招标文件中约定的提出疑问的截止时间为由拒绝说明。

招标过程中，因了解到招标人对本市和外省市的投标单位区别对待，3 家购买招标文件的外省市企业退出了投标。招标人经研究，决定招标继续进行。某投标人在递交投标文件后，在招标文件规定的投标截止时间前，对投标文件进行了补充、修改并送达招标人。招标人拒绝受理该投标人对其投标文件的补充、修改。

问题：

请指出本案招标过程中的不妥之处，并说明应如何处理。

3. 某承包商通过资格预审后，对招标文件进行了仔细分析，发现业主所提出的工期要求过于苛刻，且合同条款中规定每拖延 1 天工期罚合同价的 1‰。若要保证实现该工期要求，必须采取特殊措施，从而大大增加成本。另外，原设计结构方案采用框架剪力墙体系过于保守。因此，该承包商在投标文件中说明业主的工期要求难以实现，因而按自己认为的合理工期（比业主要求的工期增加 6 个月）编制施工进度计划并据此报价，还建议将框架剪力墙体系改为框架体系，并对这两种结构体系进行了技术经济分析和比较，证明框架体系不仅能保证工程结构的可靠性和安全性、增加使用面积、提高空间利用的灵活性，而且还可降低造价约 3‰。

该承包商将技术标和商务标分别封装，在封口处加盖本单位公章和项目经理签字后，在投标截止日期前 1 天上午将投标文件报送业主。次日（即投标截止日当天）下午，在规定的开标时间前 1 小时，该承包商又递交了一份补充材料，其中声明将原报价降低 4%。但是，招标单位的有关工作人员认为，根据国际上"一标一投"的惯例，一个承包商不得递交两份投标文件，因而拒收承包商的补充材料。

开标会由市招投标办的工作人员主持，市公证处有关人员到会，各投标单位代表均到场。开标前，市公证处人员对各投标单位的资质进行审查，并对所有投标文件进行审查，确认所有投标文件均有效后，正式开标。主持人宣读投标单位名称、投标价格、投标工期和有关投标文件的重要说明。

问题：

（1）该承包商运用了哪几种报价技巧？其运用是否得当？请逐一加以说明。

（2）招标人对投标人进行资格预审应包括哪些内容？

（3）从所介绍的背景资料来看，在该项目招标程序中存在哪些不妥之处？请分别作简单说明。

第4章 工程项目施工的开标、评标与定标

【学习目标】

（1）熟悉工程项目施工开标、评标和定标的概念和程序。

（2）掌握评标委员会成员的组成要求、评标的主要工作步骤和评标的基本方法。

（3）结合本章案例，重点掌握综合评分法的计算规则和方法。

（4）能联系实际，并对案例作出正确的分析。

【引例】

某招标代理机构受某业主的委托办理该单位办公大楼装饰（含幕墙）工程施工项目招投标事宜。该办公大楼装饰（含幕墙）工程施工招标于 2016 年 5 月 23 日公开发布招标公告，到报名截止日 2016 年 5 月 27 日，因响应的供应商报名数（仅有 1 个）未能达到法定要求，使招标失败；遂于 2016 年 5 月 28 日在省建设工程信息网络上延长了 7 天报名时间，又对该工程进行第二次公开招标，招标人还从当地建筑企业供应商库中电话邀请了 7 家符合资质的供应商参与竞标。到 2016 年 7 月 5 日投标截止时间，有 3 家投标单位参与投标，经资格审查，有两家投标企业资格不符合招标文件要求，使招标再次失败。依据省里有关规定，现拟采用直接发包方式确定施工单位。

监督管理机构的经办人员在资料审查过程中发现，评标委员会出具评审报告中的综合评审意见与评审中反映的问题存在以下几个问题：A 公司与 B 公司组建了联合体投标，投标报价 173 万元，工期 100 天，联合体不符合法律规定应作废标处理。原因是：双方只有建筑装修装饰工程专业承包资质，没有建筑幕墙工程专业承包资质。评标委员会一致认为：联合体资质不符合要求，应作废标处理。C 公司投标报价 149 万元，工期 105 天，无幕墙工程施工资质应作废标处理。在其企业资质证书变更栏中载明：可承担单位工程造价 60 万元及以下建筑室内、室外装修装饰工程（建筑幕墙工程除外）的施工。无幕墙工程施工资质应作废标处理。而第三投标人 D 公司的投标报价为 161 万元，工期 102 天，该公司既有装饰资质又有幕墙工程专业承包资质，从其评标报告的施工组织方案来看，只对其工序中的某一环节作了调整，完全符合招标文件的要求，属于合格标。这样 3 家投标，2 家为废标，只有 1 家投标人为有效投标，明显失去了竞争力。因此，评标委员会评审报告的最后结论是："有效投标少于 3 家，建议宣布招标失败"。

监督管理机构的审查人员对这个项目招标投标的全过程进行了综合分析。从招标文件的内容来看，比较周密、科学，体现了公开招标的公平性；从 3 家投标人的投标文件所反映的施工组织设计和预算报价来看，是认真的、慎重的，3 家报价悬殊且具有一定的竞争性。因此，审查人认为：这次招标程序合法，操作比较规范，体现了《招标投标法》的基本精神实质，应当确定第三投标人为中标人，评标委员会的评审结论不够科学。所以，向领导反映审查情况的同时，审查人建议提交当地建设工程专家鉴定委员会评审。

经过建设工程争议评标项目专家鉴定委员会专家的详细评审和对有关法律条款的充分讨

论，一致认为："应当根据两次公开招标的实际情况，推荐有效投标人为中标单位。"

最终监管机构经集体研究，不予同意招标代理机构要求采用直接发包方式确定施工单位，要求其采纳专家鉴定委员会的建议确认其有效投标人为中标单位，并按法定程序，予以公示，无异议后发给中标通知书，签订合同。

思考：

（1）该评标委员会出具的评标报告存在哪些问题？

（2）监管机构最后的裁定是否合理？

4.1 工程项目施工开标

4.1.1 工程项目施工开标的时间和地点

公开招标和邀请招标均应举行开标会议，体现招标的公开、公平和公正原则。开标应在招标文件确定的投标截止同一时间公开进行。开标地点应是在招标文件规定的地点，已经建立工程项目交易中心的地方，开标应当在当地工程项目交易中心举行。

4.1.2 工程项目施工开标的程序

1. 参加开标会议的人员

开标会议由招标单位主持，并邀请所有投标单位的法定代表人或其代理人参加。建设行政主管部门及其工程招标投标监督管理机构依法实施监督。

2. 投标文件拒收情况

（1）未通过资格预审的申请人提交的投标文件。

（2）逾期送达的投标文件。

（3）不按照招标文件要求密封的投标文件。

3. 开标程序

（1）宣布开标纪律。

（2）公布在投标截止时间前递交投标文件的投标人名称，并点名确认投标人是否派人到场。

（3）宣布开标人、唱标人、记录人、监标人等有关人员姓名。

（4）按照投标人须知前附表规定检查投标文件的密封情况。

（5）按照投标人须知前附表的规定确定并宣布投标文件开标顺序。

（6）设有标底的，公布标底。

（7）按照宣布的开标顺序当众开标，公布投标人名称、标段名称、投标保证金的递交情况、投标报价、质量目标、工期及其他内容，并记录在案。

（8）投标人代表、招标人代表、监标人、记录人等有关人员在开标记录上签字确认。

（9）开标结束。

施工开标记录表详见表4.1。

投标人对开标有异议的，应当在开标现场提出，招标人应当当场做出答复，并制作记录。

招标项目设有标底的，招标人应当在开标时公布标底只能作为评标的参考，不得以投标报价是否接近标底作为中标条件，也不得以投标报价超过标底上下浮动范围作为否决投标的条件。

表4.1 **（项目名称）标段施工开标记录表**

开标时间：____年____月____日____时____分

开标地点：_____

（一）唱标记录

序号	投标人	密封情况	投标保证金	投标价/元	质量目标	工期	备注	签名
……	……							
投标人编制的标底（如果有）								

（二）开标过程中的其他事项记录

（三）出席开标会的单位和人员（附签到表）

招标人代表： 记录人： 监标人：

年 月 日

4. 暂缓或推迟开标时间的情况

（1）招标文件发布后对原招标文件做了变更或补充。

（2）开标前发现有影响招标公正情况的不正当行为。

（3）出现突发事件等。

4.2 工程项目施工评标

4.2.1 工程项目施工评标的原则

评标人员应当按照招标文件确定的评标标准和方法，对投标文件进行评审和比较，要本着实事求是的原则，不得带有任何主观意愿和偏见，高质量、高效率完成评标工作，并应遵循以下原则：

（1）认真阅读招标文件，严格按照招标文件规定的要求和条件对投标文件进行评审。

（2）公正、公平、科学合理。

（3）质量好、信誉高、价格合理、工期适当、施工方案先进可行。

（4）规范性与灵活性相结合。

4.2.2 工程项目施工评标的要求

1. 评标委员会

评标由招标人依法组建的评标委员会负责。其评标委员会由招标人的代表和有关技术、经济等方面的专家组成，成员人数为5人以上单数，其中招标人、招标代理机构以外的技术、经济等方面的专家不得少于成员总数的2/3。评标委员会的专家成员，应当由招标人从建设行政主管部门及其他有关政府部门确定的专家名册或者工程招标代理机构的专家库内相关专业的专家名单中确定。确定专家成员一般应当采取随机抽取的方式。

与投标人有利害关系的人不得进入相关项目的评标委员会，已经进入的应当回避更换。评标委员会成员的名单在中标结果确定前应当保密。

评标委员会成员有下列情形之一的，应当回避：

（1）招标或投标主要负责人的近亲属。

（2）项目主管部门或者行政监督部门的人员。

（3）与投标人有经济利益关系，可能影响对投标公正评审的。

（4）曾因在招标、评标及其他与招标投标有关活动中从事违法行为而受过行政处罚或刑事处罚的。

评标委员会成员不得收受他人的财物或者其他好处，不得向他人透漏对投标文件的评审和比较、中标候选人的推荐情况及评标有关的其他情况。在评标活动中，评标委员会成员不得擅离职守，影响评标程序正常进行，不得使用"评标办法"没有规定的评审因素和标准进行评标。

2. 对招标人的纪律要求

招标人不得泄露招标投标活动中应当保密的情况和资料，不得与投标人串通损害国家利益、社会公共利益或者他人的合法权益。在《招标投标法实施条例》中有下列情形之一的，属于招标人与投标人串通投标：

（1）招标人在开标前开启投标文件并将有关信息泄露给其他投标人。

（2）招标人直接或者间接向投标人泄露标底、评标委员会成员等信息。

（3）招标人明示或者暗示投标人压低或者抬高投标报价。

（4）招标人授意投标人撤换、修改投标文件。

（5）招标人明示或者暗示投标人为特定投标人中标提供方便。

（6）招标人与投标人为谋求特定投标人中标而采取的其他串通行为。

3. 对投标人的纪律要求

投标人不得相互串通投标或者与招标人串通投标，不得向招标人或评标委员会成员行贿谋取中标，不得以他人名义投标或者以其他方式弄虚作假骗取中标；投标人不得以任何方式干扰、影响评标工作。在《招标投标法实施条例》中，禁止投标人相互串通投标。

有下列情形之一的，属于投标人相互串通投标：

（1）投标人之间协商投标报价等投标文件的实质性内容。

（2）投标人之间约定中标人。

（3）投标人之间约定部分投标人放弃投标或者中标。

（4）属于同一集团、协会、商会等组织成员的投标人按照该组织要求协同投标。

（5）投标人之间为谋取中标或者排斥特定投标人而采取的其他联合行动。

有下列情形之一的，也被视为投标人相互串通投标：

（1）不同投标人的投标文件由同一单位或者个人编制。

（2）不同投标人委托同一单位或者个人办理投标事宜。

（3）不同投标人的投标文件载明的项目管理成员为同一人。

（4）不同投标人的投标文件异常一致或者投标报价呈规律性差异。

（5）不同投标人的投标文件相互混装。

（6）不同投标人的投标保证金从同一单位或者个人的账户转出。

4．对与评标活动有关的工作人员的纪律要求

与评标活动有关的工作人员不得收受他人的财物或者其他好处，不得向他人透漏对投标文件的评审和比较、中标候选人的推荐情况及评标有关的其他情况。在评标活动中，与评标活动有关的工作人员不得擅离职守，影响评标程序的正常进行。

5．其他要求

投标人和其他利害关系人认为本次招标活动违反法律、法规和规章规定的，有权向有关行政监督部门投诉。

《招标投标法实施条例》规定，招标项目设有标底的，招标人应当在开标时公布。标底只能作为评标的参考，不得以投标报价是否接近标底作为中标条件，也不得以投标报价超过标底上下浮动范围作为否决投标的条件。

4.2.3　工程项目施工评标的步骤

施工招标的评标和定标依据招标工程的规模、技术复杂程度来决定评标的办法与时间。一般国际性招标项目评标大约需要 3～6 个月时间，如我国鲁布革水电站引水工程国际公开招标项目评标时间为 1983 年 11 月至 1984 年 4 月。但小型工程由于承包工作内容较为简单、合同金额不大，可以采用即开、即评、即定的方式，可由评标委员会直接确定中标人。国内大型工程项目的评审因评审内容复杂、涉及面宽，通常分成初步评审和详细评审两个阶段进行。

1．初步评审

初步评审也称对投标书的响应性审查，此阶段不是比较各投标书的优劣，而是以投标须知为依据，检查各投标书是否为响应性投标，确定投标书的有效性。初步评审从投标书中筛选出符合要求的合格投标体，剔除所有无效投标和严重违法的投标书，以减少详细评审的工作量，保证评审工作的顺利进行。

初步评审主要包括以下内容。

（1）符合性评审审查的内容如下：

1）投标人的资格。核对是否为通过资格预审的投标人；或对未进行资格预审提交的资格材料进行审查，该项工作内容和步骤与资格预审大致相同。

2）投标文件的有效性。主要是指投标保证的有效性，即投标保证的格式、内容、金额、有效期，开具单位是否符合招标文件要求。

3）投标文件的完整性。投标文件是否提交了招标文件规定应提交的全部文件，有无遗漏。

4）与招标文件的一致性。即投标文件是否实质响应招标文件的要求，具体是指与招标文件的所有条款、条件和规定相符，对招标文件的任何条款、数据或说明是否有任何修改、保留和附加条件。

通常符合性评审是初步评审的第一步，如果投标文件实质上不响应招标文件的要求，招标单位将予以拒绝，并不允许投标单位通过修正或撤销其不符合要求的差异或保留，使之成为具有响应性的投标。

（2）技术性评审。投标文件的技术性评审包括施工方案、工程进度与技术措施、质量管理体系与措施、安全保证措施、环境保护管理体系与措施、资源（劳务、材料、机械设备）、技术负责人等方面是否与国家相应规定及招标项目符合。

（3）商务性评审。投标文件的商务性评审主要是指投标报价的审核，审查全部报价数据计算的准确性。如投标书中存在计算或统计的错误，由招标委员会予以修正后请投标人签字确认。修正后的投标报价对投标人起约束作用，如投标人拒绝确认，没收其投标保证金。

（4）对招标文件响应的偏差。投标文件对招标文件实质性要求和条件响应的偏差分为重大偏差和细微偏差。所有存在重大偏差的投标文件都属于在初评阶段应淘汰的投标书。

细微偏差是指投标文件在实质上响应招标文件要求，但在个别地方存在漏项或者提供了不完整的技术信息和数据等情况，并且补正这些遗漏或者不完整不会对其他投标人造成不公平的结果。细微偏差不影响投标文件的有效性。评标委员会应当书面要求存在细微偏差的投标人在评标结束前予以补正。拒不补正的，在详细评审时可以对细微偏差作不利于该投标人的量化，量化标准应在招标文件中规定。

（5）《招标投标法实施条例》中规定，有下列情形之一的，评标委员会应当否决其投标：

1）投标文件未经投标单位盖章和单位负责人签字。

2）投标联合体没有提交共同投标协议。

3）投标人不符合国家或者招标文件规定的资格条件。

4）同一投标人提交两个以上不同的投标文件或者投标报价，但招标文件要求提交备选投标的除外。

5）投标报价低于成本或者高于招标文件设定的最高投标限价。

6）投标文件没有对招标文件的实质性要求和条件作出响应。

7）投标人有串通投标、弄虚作假、行贿等违法行为。

2．详细评审

详细评审指在初步评审的基础上，对经初步评审合格的投标文件，按照招标文件确定的评标标准和方法，对其技术部分（技术标）和商务部分（经济标）进一步审查，评定其合理性，以及合同授予该投标人在履行过程中可能带来的风险。在此基础上再由评标委员会对各投标书分项进行量化比较，从而评定出优劣次序。

3．对投标文件的澄清

为了有助于对投标文件的审查、评价和比较，评标委员会可以书面方式要求投标人对投标文件中含义不明确、对同类问题表述不一致或者有明显文字和计算错误的内容做必要的澄清、说明或补正。对于大型复杂工程项目评标委员会可以分别召集投标人对此内容进行澄清或说明。在澄清会上对投标人进行质询，先以口头形式询问并解答，随后在规定的时间内投标人以书面形式予以确认作出正式答复。但澄清或说明的问题不允许更改投标价格或投标书的实质内容。

投标文件中的大写金额和小写金额不一致的，以大写金额为准；总价金额与单价金额不一致的，以单价金额为准，但单价金额小数点有明显错误的除外；对不同文字文本投标文件的解释发生异议的，以中文文本为准。

【例4.1】 我国鲁布革水电站引水工程采用国际公开招标的有关投标文件的澄清情况。

从投标报价来看，排在前三位的是日本大成、日本前田和意美联营的英波吉洛公司，而且其报价比较接近。居第四位的两家公司的报价与前三名相差2720万～3660万元。根据国际评标惯例，第四名及以后的几家企业已经不具备竞争能力，因此，前三名可确定为评标对象。

　　为了进一步弄清 3 家企业在各自投标文件中存在的问题，分别对 3 家企业进行了为时各 3 天的投标澄清会谈。在投标澄清会上，3 家公司为取得中标，在工期不变、报价不变的前提下，都表示愿意按照中方的意愿修改施工方案和施工布置；此外，还提出了不少优惠条件吸引业主，以达到中标的目的。

　　例如：

　　（1）在原投标书中，大成和前田公司都在进水口附近布置了一条施工支洞。这种施工布置就引水系统工程而言是合理的，但却会对其他承包商在首部枢纽工程施工时产生干扰。经过澄清会上的说明，大成公司同意放弃施工支洞。前田公司也同意取消，但改用接近首部的 1 号支洞。澄清会后，前田公司意识到这方面处于劣势，又立即电传答复放弃使用 1 号支洞，从而改善首部工程施工的条件。

　　（2）关于投标书上压力钢管外混凝土的输送方式，大成和前田公司分别采用溜槽和溜管，但这对于倾角 48°、高差达 308.8m 的长斜井施工难于保证质量，也缺少先例。澄清会谈结束后，为符合业主意愿，大成公司电传表示改变原施工方法，用设有操纵阀的混凝土泵代替。尽管由此会增加水泥用量，但大成公司表示不会因此增加报价。前田公司电传表示原施工方法，用混凝土运输车沿铁轨运送混凝土，仍然保证工期，不改变原报价。

　　（3）根据投标书，前田公司投入的施工设备最强，不仅开挖和混凝土施工设备数量多，而且全部是新设备。为吸引业主，在澄清会上，前田公司提出在完工后将全部施工设备无偿赠送我国，并赠送 84 万元备件。英波吉洛公司为缩小和大成、前田公司在报价方面的差距，在澄清会上提出了书面声明，若能中标可向鲁布革工程提供 2500 万美元的软贷款，贷款利率为 2.5%。同时，还表示愿与我国的昆水公司实行标后联营，还愿同业主的下属公司联营共同开展海外合作。大成公司为保住报价最低的优势，也提出以 41 台新设备替换原标书中所列的旧施工设备，在完工后也都赠予我国。而且，还提出免费培训中国的技术工人，免费对一些新技术转让的建议。

　　（4）中国水利水电第十四工程局有限公司（以下简称"十四局"）在昆明附近早已建成一座钢管厂，投标企业能否将高压钢管的制造与运输分包给该厂，这也是业主十分关心的问题。在原投标书中，前田公司不分包，已委托外国分包商施工，大成公司也只把部分项目分包给十四局。通过澄清会谈，当了解业主意图后，两家公司都表示愿意将钢管的制作、运输、安装全部分包给十四局钢管厂。

　　（5）在澄清会上，业主认为大成公司在水工隧洞方面的施工经验不及前田公司，大成公司立即递交大量工程履历，并做出了与前田公司的施工经历对比表，以争取业主的信任。

　　【解答】　评标委员会可以分别召集投标人对投标书中某些含义不明确的内容进行澄清或说明，但澄清和说明的内容不得超出投标文件的范围或改变投标文件的实质性内容。是否有实质性改动的一个重要方面反映在投标人给发包人提出的优惠条件，写在投标书中的优惠条件。开标时要当众公布以体现招标和投标的公平、公开和公正，评标时予以考虑。本例中在澄清会上的有关优惠条件评标委员会结合考虑国际惯例和国家的实际利益进行了分析比较。英波吉洛公司提出的中标后的贷款优惠和与中方公司的施工企业联营，都属于对投标书进行了实质性改动而不予考虑。钢管制作分包给中国制造商对投标人的基本义务没有影响，且该分包商是发包方同意接受的分包单位。对大成和前田公司的设备赠与、技术合作和免费培训及钢管分包在评标时作为考虑因素。

4. 评标报告

评标委员会在完成评标后，应向招标人提出书面评标结论性报告，并抄送有关行政监督部门。

评标报告应当如实记载以下内容：

（1）本招标项目情况和数据表。

（2）评标委员会成员名单。

（3）开标记录。

（4）符合要求的投标一览表。

（5）废标情况说明。

（6）评标标准、评标方法或者评标因素一览表。

（7））经评审的价格或者评分比较一览表。

（8）经评审的投标人排序。

（9）推荐的中标候选人名单与签订合同前要处理的事宜。

（10）澄清、说明、补正事项纪要。

评标报告由评标委员会全体成员签字。对评标结论持有异议的评标委员会成员可以书面方式阐述其不同意见和理由。评标委员会成员拒绝在评标报告上签字且不陈述其不同意见和理由，视为同意评标结论。评标委员会应当对此做出书面说明并记录在案。评标委员会推荐的中标候选人应当限定在1～3人，并标明排列顺序。

向招标人提交书面评标报告后，评标委员会即告解散。评标过程中使用的文件、表格及其他资料应当即时归还招标人。

依法必须进行招标的项目，招标人应当自收到评标报告之日起3日内公示中标候选人，公示期不得少于3日。

5. 废标、否决所有投标和重新招标

在评标过程中，评标委员会如果发现法定的废标情况和问题，可以对个别或所有的投标文件作废标处理，或者有效投标不足，使投标明显缺乏竞争不能达到招标目的，则可以依法否决所有投标。投标人不足3个或所有投标被否决的，招标人应依法重新组织招标。

（1）废标一般是评标委员会履行评标职责过程中，对投标文件依法作出的取消中标资格，不再予以评审的处理决定。废标时应注意几个问题：第一，废标一般是由评标委员会依法作出的处理决定。其他相关主体，如招标人或招标代理机构，无权对投标作废标处理。第二，废标应符合法定条件。评标委员会不得任意废标，只能根据法律规定及招标文件的明确要求对投标文件进行审查决定是否予以废标。第三，被作废标处理的投标，不再参加投标文件的评审，也完全丧失了中标的机会。

（2）《评标委员会和评标方法暂行规定》规定了4类废标情况。

1）在评标过程中，评标委员会发现投标人以他人的名义投标、串通投标、以行贿手段谋取中标或者以其他弄虚作假方式投标的，该投标人的投标应作废标处理。

2）在评标过程中，评标委员会发现投标人的报价明显低于其他投标人的报价或者在设有标底时明显低于标底，使得其投标报价可能低于其个别成本的，应当要求该投标人做出书面说明并提供相关证明材料。投标人不能合理说明或者不能提供相关证明材料的，由评标委员会认定该投标人以低于成本报价竞争，其投标应作废标处理。

3）投标人的资格不符合国家有关规定和招标文件要求的，或者拒不按照要求对投标文件进行澄清、说明或者补正的，评标委员会可以否决其投标。

4）未能在实质上响应招标文件的要求，应作废标处理。投标文件有下列情形之一的，属于未能对招标文件作出实质上响应：

第一，没有按照招标文件要求提供投标担保或者所提供的投标担保有瑕疵。

第二，投标文件没有投标人授权代表签字和加盖公章。

第三，投标文件载明的招标项目完成期限超过招标文件规定的期限。

第四，明显不符合技术规格、技术标准的要求。

第五，投标文件载明的货物包装方式、检验标准和方法等不符合招标文件的要求。

第六，投标文件附有招标人不能接受的条件。

第七，不符合招标文件中规定的其他实质性要求。

（3）《工程建设项目施工招标投标办法》规定的废标处理情况。

投标文件有下列情形之一的，由评标委员会初审后按废标处理：

1）无单位盖章并无法定代表人或法定代表人授权的代理人签字或盖章的。

2）未按规定的格式填写，内容不全或关键字迹模糊、无法辨认的。

3）投标人递交两份或多份内容不同的投标文件，或在一份投标文件中对同一招标项目报有两个或多个报价，且未声明哪一个有效，按招标文件规定提交备选投标方案的除外。

4）投标人名称或组织结构与资格预审时不一致的。

5）未按招标文件要求提交投标保证金的。

6）联合体投标未附联合体各方共同投标协议的。

（4）否决所有投标和重新招标。

《招标投标法》第四十二条规定："评标委员会经评审，认为所有投标都不符合招标文件要求的，可以否决所有投标。"

《招标投标法》第二十八条规定："投标人少于 3 个的，招标人应当依照本法重新招标。"第四十二条规定："依法必须进行招标的项目的所有投标被否决的，招标人应当依照本法重新招标。"

4.2.4 工程项目施工评标的主要方法

工程项目评标的方法很多，我国目前常用的评标方法有经评审的最低投标价法和综合评估法等。

4.2.4.1 经评审的最低投标价法

经评审的最低投标价法是指对符合招标文件规定的技术标准，满足招标文件实质性要求的投标，根据招标文件规定的量化因素及量化标准进行价格折算，按照经评审的投标价由低到高的顺序推荐中标候选人，或根据招标人授权直接确定中标人，但投标报价低于其成本的除外。经评审的投标价相等时，投标报价低的优先；投标报价相等的，由招标人自行确定。

1. 适用情况

一般适用于具有通用技术、性能标准或者招标人对其技术、性能没有特殊要求的招标项目。

2. 评标程序及原则

（1）评标委员会根据招标文件中评标办法的规定对投标人的投标文件进行初步评审。有一项不符合评审标准的，作废标处理。最低投标价法初步评审内容和标准可参考《标准施工招标文件》（2010 年版）评标办法。

（2）评标委员会应当根据招标文件中规定的评标价格调整方法，对所有投标人的投标报价及投标文件的商务部分做必要的价格调整。但评标委员会无需对投标文件的技术部分进行价格折算。

评标委员会发现投标人的报价明显低于其他投标报价，或者在设有标底时明显低于标底，使其投标报价可能低于其成本的，应当要求该投标人做出书面说明并提供相应的证明材料。投标人不能合理说明或者不能提供相应证明材料的，由评标委员会认定该投标人以低于成本报价竞标，其投标作废标处理。

（3）根据经评审的最低投标价完成详细评审后，评标委员会应当拟定一份"标价比较表"，连同书面评标报告提交招标人。"标价比较表"应当注明投标人的投标报价、对商务偏差的价格调整和说明以及经评审的最终投标价。

（4）除招标文件中授权评标委员会直接确定中标人外，评标委员会按照经评审的价格由低到高的顺序推荐中标候选人。

【例 4.2】 有段公路投资 1200 万元，经咨询公司测算的标底为 1200 万元，工期 300 天，每天工期损益价为 2.5 万元，甲、乙、丙 3 家企业的工期和报价以及经评标委员会评审后的报价见表 4.2。

表 4.2   评 审 报 价 表

企业名称	报价/万元	工期/天	工期损益价格/万元	经评审综合价/万元
甲	1100	260	650	1650
乙	1100	200	500	1600
丙	800	310	775	1575

综合考虑报价和工期因素后，以经评审的综合价作为选定中标候选人的依据，因此，最后选定乙企业为中标候选人。

评审的综合价格是符合招标实质性条件的全部费用，报价不是定标的唯一依据。上述 3 家工期中丙报价最低，但工期已经超过了标底的工期，因此不予考虑。甲企业报价虽比乙企业低，但综合考虑工期的损益价后，乙公司较甲公司的价格低，最后选定乙企业为中标候选人。

【解答】 本案例说明，工程报价最低并不是工程评审综合价格最低。在评审时要将所有实质性要求，如工期、质量等因素综合考虑到评审价格中。如工期提前可能为投资者节约各种利息，项目及时投入使用后及早回收建设资金，创造经济效益又如可能因为工程质量不合格、合格而未达到优良，将给业主带来销售困难、因工程质量问题给投资者带来不良社会影响等问题。因此，招标人要合理确定利用最低评审价格法的具体操作步骤和价格因素，这样才可能使评标更加合理、科学。

4.2.4.2 综合评估法

综合评估法，是对价格、施工组织设计（或施工方案）、项目经理的资历和业绩、质量、工期、信誉和业绩等各方面因素进行综合评价，从而确定中标人的评标定标方法。它是适用最广泛的评标定标方法。

综合评估法按其具体分析方式的不同，可分为定性综合评估法和定量综合评估法。

1. 定性综合评估法（评估法）

定性综合评估法又称评估法。通常的做法是，由评标组织对工程报价、工期、质量、施工组织设计、主要材料消耗、安全保障措施、业绩、信誉等评审指标，分项进行定性比较分析，综合考虑，经评估后选出其中被大多数评标组织成员认为各项条件都比较优良的投标人为中标人，也可用记名或无记名投票表决的方式确定中标人。定性评估法的特点是不量化各项评审指标。它是一种定性的优选法。采用定性综合评估法，一般要按从优到劣的顺序，对各投标人排列名次，排序第一名的即为中标人。

采用定性综合评估法，有利于评标组织成员之间的直接对话和交流，能充分反映不同意见，在广泛深入地开展讨论、分析的基础上，集中大多数人的意见，一般也比较简单易行。但这种方法评估标准弹性较大，衡量的尺度不具体，各人的理解可能会相去甚远，造成评标意见差距过大，会使评标决策左右为难，不能让人信服。

2. 定量综合评估法（打分法、百分法）

定量综合评估法又称打分法、百分制计分评估法（百分法）。通常的做法是，事先在招标文件或评标定标办法中对评标的内容进行分类，形成若干评价因素，并确定各项评价因素在百分之内所占的比例和评分标准，开标后由评标组织中的每位成员按照评分规则，采用无记名方式打分，最后统计投标人的得分，得分最高者（排序第一名）或次高者（排序第二名）为中标人。

定量综合评估法的主要特点是要量化各评审因素。对各评审因素的量化是一个比较复杂的问题，各地的做法不尽相同。从理论上讲，评标因素指标的设置和评分标准分值的分配，应充分体现企业的整体素质和综合实力，准确反映公开、公平、公正的竞标法则，使质量好、信誉高、价格合理、技术强、方案优的企业能中标。

【例4.3】

1. 以最低报价为标准值的综合评分法

某综合楼项目经有关部门批准由业主自行进行工程施工公开招标。该工程有A、B、C、D、E共5家企业经资格审查合格后参加投标。评标采用四项综合评分法。四项指标及权重为：投标报价0.5，施工组织设计合理性0.1，工期0.3，投标单位的业绩与信誉0.1，各项指标均以100分为满分。报价以所有投标书中报价最低者为标准（该项满分），在此基础上，其他各家的报价比标准值每上升1%扣5分；工期比定额工期（600天）提前15%为满分，在此基础上，每延后10天扣3分。

5家投标单位的报价及有关评分情况见表4.3。

表 4.3　　　　　　　　　　　　　　　**报 价 及 评 分 表**

投标单位	报价/万元	施工组织设计/分	工期/天	业绩与信誉/分
A	4080	100	580	95
B	4120	95	530	100
C	4040	100	550	95
D	4160	90	570	95
E	4000	90	600	90

根据表 4.3，计算各投标单位综合得分，并据此确定中标单位。

【解答】

（1）5 家企业投标报价得分：

根据评标标准，5 家企业中，E 企业报价 4000 万元，报价最低，E 企业投标报价得分为满分 100 分。

A 企业报价为 4080 万元，A 企业投标报价得分：$(4080/4000-1)\times100\%=2\%$；$100-2\times5=90$（分）

B 企业报价为 4120 万元，B 企业投标报价得分：$(4120/4000-1)\times100\%=3\%$；$100-3\times5=85$（分）

C 企业报价为 4040 万元，C 企业投标报价得分：$(4040/4000-1)\times100\%=1\%$；$100-1\times5=95$（分）

D 企业报价为 4160 万元，D 企业投标报价得分：$(4160/4000-1)\times100\%=4\%$；$100-4\times5=80$（分）

（2）5 家企业工期得分：

根据评标标准，工期比定额工期（600 天）提前 15% 为满分，即 $600\times(1-15\%)=510$（天）为满分。

A 企业工期所报工期为 580 天，A 企业工期得分：$100-(580-510)/10\times3=79$（分）

B 企业工期所报工期为 530 天，B 企业工期得分：$100-(530-510)/10\times3=94$（分）

C 企业工期所报工期为 550 天，C 企业工期得分：$100-(550-510)/10\times3=88$（分）

D 企业工期所报工期为 570 天，D 企业工期得分：$100-(570-510)/10\times3=82$（分）

E 企业工期所报工期为 600 天，E 企业工期得分：$100-(600-510)/10\times3=73$（分）

（3）5 家企业综合得分：

A 企业：$90\times0.5+79\times0.3+100\times0.1+95\times0.1=88.2$（分）

B 企业：$85\times0.5+94\times0.3+95\times0.1+100\times0.1=90.2$（分）

C 企业：$95\times0.5+88\times0.3+100\times0.1+95\times0.1=93.4$（分）

D 企业：$80\times0.5+82\times0.3+9\times0.1+95\times0.1=83.1$（分）

E 企业：$100\times0.5+73\times0.3+90\times0.1+90\times0.1=89.9$（分）

根据得分情况，C 企业为中标单位。

2. 以标底作为标准值计算报价得分的综合评分法

某工程由于技术难度大，对施工单位的施工设备和同类工程施工经验要求高，工期也十分紧迫。因此，根据相关规定，业主采用邀请招标的方式邀请了国内 3 家施工企业参加投标。招标文件规定该项目采用钢筋混凝土框架结构，采用支模现浇施工方案施工。业主要求投标单位将技术标和商务标分别装订报送。

评分原则如下：

（1）技术标共 40 分，其中施工方案 10 分（因已确定施工方案，故该项投标单位均得分 10 分）；施工总工期 15 分，工程质量 15 分。满足业主总工期要求（32 个月）者得 5 分，每提前 1 个月加 1 分，工程质量自报合格者得 5 分，报优良者得 8 分（若实际工程质量未达到优良将扣罚合同价的 2%），近 3 年内获得鲁班工程奖者每项加 2 分，获得部优工程奖者每项加 1 分。

（2）商务标共 60 分标底为 42354 万元，报价为标底的 98% 者为满分 60 分；报价比标底 98% 每下降 1% 扣 1 分，每上升 1% 扣 2 分（计分按四舍五入取整）各单位投标报价资料见表 4.4。

表 4.4　　　　　　　　　　　　　报 价 资 料 表

投标单位	报价/万元	总工期/月	自报工程质量	鲁班工程奖得分	部优工程奖得分
甲	40748	28	优良	2	1
乙	42162	30	优良	1	2
丙	42266	30	优良	1	1

根据上述资料运用综合评标法计算。

（1）计算各投标单位的技术标得分，见表 4.5。

表 4.5　　　　　　　　　　　　　技 术 标 得 分 表

投标单位	施工方案/分	总工期/分	工程质量/分	合计
甲	10	$5+(32-28)\times1=9$	$8+2\times2+1=13$	32
乙	10	$5+(32-30)\times1=7$	$8+2+2=12$	29
丙	10	$5+(32-30)\times1=7$	$8+2+1=11$	28

（2）计算各投标单位的商务标得分，见表 4.6。

表 4.6　　　　　　　　　　　　　商 务 标 得 分 表

投标单位	报价/万元	报价占标底的比例/%	扣分/分	得分/分
甲	40748	$(40748/42354)\times100=96.2$	$(98-96.2)\times1\approx2$	$60-2=58$
乙	42162	$(42162/42354)\times100=99.5$	$(99.5-98)\times2\approx3$	$60-3=57$
丙	42266	$(42266/42354)\times100=99.8$	$(99.8-98)\times2\approx4$	$60-4=56$

（3）计算各投标单位的综合得分，见表 4.7。

表 4.7　　　　　　　　　　　　　综 合 得 分 表

投标单位	技术标得分/分	商务标得分/分	综合得分/分
甲	32	58	90
乙	29	57	86
丙	28	56	84

因此，根据综合得分情况，甲公司为中标单位。

3. 以修正标底值计算报价的评分法

以标底报价作为评定标准时，有可能因为编制的标底没能反映出较先进的施工技术水平和管理能力，导致最终报价评分不合理。因此，在制订评标依据时，既不全部以标底价作为评标依据，也不全部以投标报价为评标依据，而是将这两方面的因素结合起来，形成一个标底的修正值作为衡量标准，此方法也被称为"$A+B$"法。A 值反映投标人报价的平均水平，可采用简单算数平均值，也可以是加权平均值；B 值为标底。

某项工程施工招标，报价项评分采用"$A+B$"，法，报价项满分为 60 分。标底价格为 5000 万元。报价项每项比修正的标底值高 1％扣 3 分，比修正的标底值低 1％扣 2 分。试求各入围企业报价项得分。

（1）确定投标报价入围的企业。

入围的 5 家企业报价如下：C 企业为 5250 万元，D 企业为 5050 万元，E 企业为 4850 万元，F 企业为 4800 万元，G 企业为 4750 万元。

（2）计算 A 值（本例采用加权平均值方法计算 A 值）：$A=aX+bY$；

低于标底入围报价的平均值为 X，加权系数 $a=0.7$；

高于标底入围报价的平均值为 Y，加权系数 $b=0.3$。

$$X=(4850+4800+4750)/3=4800（万元）$$

$$y=(5250+5050)/2=5150（万元）$$

$$A=4800\times0.7+5150\times0.3=4905（万元）$$

（3）$B=5000$ 万元。

（4）修正后的标准值：$(A+B)/2=(4950+5000)/2=4952.5（万元）$

（5）计算各投标书报价得分：

C 企业：$60-3\times(5250-4952.5)/4952.5\times100=41.98（分）$

D 企业：$60-3\times(5050-4952.5)/4952.5\times100=54.09（分）$

E 企业：$60-2\times(4952.5-4850)/4952.5\times100=55.86（分）$

F 企业：$60-2\times(4952.5-4800)/4952.5\times100=53.84（分）$

G 企业：$60-2\times(4952.5-4750)/4952.5\times100=51.82（分）$

【评析】 采用修正标底的评标办法，能够在一定程度上避免预先制订的标底不够准确，对具有竞争性报价投标人受到不公正待遇的缺点采用这种评标方法计算时，为鼓励投标的竞争性，如果所有投标报价均高于标底，则通常仍以标底作为标准值。

4.3 工程项目施工定标及签订合同

4.3.1 工程项目施工定标

定标也称决标，是指招标人最终确定中标的单位。除特殊情况外，评标和定标应当在投标有效期结束日 30 个工作日前完成。招标文件应当载明投标有效期。投标有效期从提交投标文件截止日起计算。

招标人根据评标委员会提出的书面评标报告和推荐的中标候选人确定中标人，也可以授权评标委员会直接确定中标人。使用国有资金投资或者国家融资的项目，招标人应当确定排名第一的中标候选人为中标人。排名第一的中标候选人放弃中标、因不可抗力提出不能履行合同，或者招标文件规定应当提交履约保证金而在规定的期限内未能提交的，招标人可以确定排名第二的中标候选人为中标人。排名第二的中标候选人因前款规定的同样原因不能签订合同的，招标人可以确定排名第二的中标候选人为中标人。

在确定中标人之前，招标人不得与投标人就投标价格、投标方案等实质性内容进行谈判。中标人的投标应当符合下列条件之一。

（1）能够最大限度满足招标文件中规定的各项综合评价标准。

（2）能够满足招标文件的实质性要求，并且经评审的投标价格最低；但是投标价格低于成本的除外。

招标人在评标委员会依法推荐的中标候选人以外确定中标人的，依法必须进行招标的项目在所有投标被评标委员会否决后自行确定中标人的，中标无效。责令改正，可以处中标项目金额 0.5% 以上 1% 以下的罚款；对单位直接负责的主管人员和其他直接责任人员依法给予处分。

4.3.2　发出《中标通知书》

中标人确定后，招标人应当向中标人发出《中标通知书》，同时通知未中标人，并与中标人在 30 日之内签订合同。《中标通知书》对招标人和中标人具有法律约束力。《中标通知书》发出后，招标人改变中标结果或者中标人放弃中标的，应当承担法律责任。

招标人迟迟不确定中标人或者无正当理由不与中标人签订合同的，给予警告，根据情节可处 1 万元以下的罚款；造成中标人损失的，应当赔偿损失。

【例 4.4】　2016 年 3 月，甲公司准备对其将要完工的大厦工程进行装饰装修，经研究决定，采取招标方式向社会公开招标施工单位。乙公司参与了竞标，并于 5 月 1 日收到甲公司发出的《中标通知书》。按甲公司要求，乙公司于 5 月 10 日进场施工，并同时建样板间，在此前后，双方对样板间的验收标准未作约定。

6 月 20 日，甲公司以样板间不合格为由通知乙公司，要求乙公司 3 日内撤离施工现场。乙公司认为，甲公司擅自毁约，不符合《招标投标法》的规定，遂诉至人民法院，要求甲公司继续履约，并签订装修合同。

【解答】　本案是一起在招标投标过程中引起的纠纷。根据《招标投标法》相关规定，投标人一旦中标即在招标与中标单位之间形成了相应的权利和义务关系，中标文件即是招标与中标单位之间已形成的相应的权利义务关系的证明。招标单位有义务、中标单位有权利要求自中标通知书发出之日起 30 日内，按照招标文件和中标者的投标文件与中标人订立书面合同，招标人和中标人都不得再行订立背离合同实质性内容的其他协议。

本案中甲公司有义务于 5 月 31 日以前与中标人乙公司签订正式合同，并不得要求乙公司撤离施工现场，如果因甲公司的违约行为给乙公司造成损害的，还应赔偿乙公司的损失。

4.3.3　签订合同

1. 合同签订

招标人和中标人应当在《中标通知书》发出 30 日内，按照招标文件和中标人的投标文件订立书面合同。招标人与中标人不得再行订立背离合同实质性内容的其他协议。

如果投标书内提出某些非实质性偏离的意见而发包人也同意接受时，双方应就此内容谈判达成书面协议，不改动招标文件中专用条款和通用条款条件，将对某些条款协商一致后，改动的部分在合同协议书附录中予以明确。合同协议书附录经双方签字后作为合同的组成部分。

2. 投标保证金和履约保证

1) 投标保证金的退还。招标人与中标人签订合同后 5 个工作日内，应当向中标人和未中标的投标人退还投标保证金及银行同期存款利息。中标人不与招标人订立合同的，投标保证金不予退还并取消其中标资格，给招标人造成的损失超过投标保证金数额的，应当对超过部分予以赔偿；没有提交投标保证金的，应当对招标人的损失承担赔偿责任。

2) 提交履约保证。招标文件要求中标人提交履约保证金的，中标人应当提交。若中标人不能按时提供履约保证，可以视为投标人违约，没收其投标保证金，招标人再与下一位候选中标人签订合同。当招标文件要求中标人提供履约保证时，招标人也应当向中标人提供工程款支付担保。

【例 4.5】 某办公楼的招标人于 2016 年 3 月 20 日向具备承担该项目能力的甲、乙、丙 3 家承包商发出投标邀请书，其中说明，3 月 25 日在该招标人总工程师室领取招标文件，4 月 5 日 14 时为投标截止时间。该 3 家承包商均接受邀请，并按规定时间提交了投标文件。

开标时，由招标人检查投标文件的密封情况，确认无误后，由工作人员当众拆封，并宣读了该 3 家承包商的名称、投标价格、工期和其他主要内容。

评标委员会委员由招标人直接确定，共有 4 人组成，其中招标人代表 2 人，经济专家 1人，技术专家 1 人。

招标人预先与咨询单位和被邀请的这 3 家承包商共同研究确定了施工方案。经招标工作小组确定的评标指标及评分方法如下。

(1) 报价不超过标底（35500 万元）的 ±5％者为有效标，超过者为废标。报价为标底的 98％者得满分，在此基础上，每下降 1％扣 1 分，每上升 1％，扣 2 分（计分按四舍五入取整）。

(2) 定额工期为 500 天，评分方法是：工期提前 10％为 100 分，在此基础上每拖后 5天扣 2 分。

(3) 企业信誉和施工经验得分在资格审查时评定。

上述 4 项评标指标的总权重分别为：投标报价 45％，投标工期 25％，企业信誉和施工经验均为 15％，各家具体情况见表 4.8。

表 4.8   各 投 标 人 情 况 表

投标单位	报价/万元	总工期/天	企业信誉得分	施工经验得分
甲	35642	460	95	100
乙	34364	450	95	100
丙	33867	460	100	95

【问题】

(1) 从所介绍的背景资料来看，该项目的招标投标过程中有哪些方面不符合《招标投标法》的规定？

（2）请按综合得分最高者中标的原则确定中标单位。

【解答】

（1）从所介绍的背景资料来看，该项目的招标投标过程中存在以下问题：

1）从 3 月 25 日发放招标文件到 4 月 5 日提交投标文件截止，这段时间太短。根据《招标投标法》第二十四条规定，依法必须进行招标的项目，自招标文件开始发出之日起至投标人提交投标文件截止之日，最短不得少于 20 天。

2）开标时，不应由招标人检查投标文件的密封情况。根据《招标投标法》第三十六条规定，开标时，由投标人或者其推选的代表检查投标文件的密封情况，也可以由招标人委托的公证机构检查并公证。

3）评标委员会委员不应全部由招标人直接确定，而且评标委员会成员组成也不符合规定。根据《招标投标法》第三十七条规定，评标委员会由招标人的代表和有关技术、经济等方面的专家组成，成员人数为 5 人以上单数，其中技术、经济等方面的专家不得少于成员总数的 2/3 评标委员会中的技术、经济专家，一般招标项目应采取（从专家库中）随机抽取方式，特殊招标项目可以由招标人直接确定。本项目是办公楼项目，显然属于一般招标项目。

（2）各单位的各项指标得分及总得分见表 4.9 和表 4.10。

表 4.9　　　　　　　　　　　　各 单 位 得 分 表

投标单位	报价/万元	报价与标底的比例/%	扣分	得分
甲	35642	35642/35500＝100.4	（100.4−98）×2≈5	100−5＝95
乙	34364	34364/35500＝96.8	（98−96.8）×1≈1	100−1＝99
丙	33867	33867/35500＝95.4	（98−95.4）×1≈3	100−3＝97
投标单位	总工期/天	工期与定额工期的比较	扣分	得分
甲	460	460−500×（1−10％）＝10	10/5×2＝4	100−4＝96
乙	450	450−500×（1−10％）＝0	0	0
丙	460	460−500×（1−10％）＝10	10/5×2＝4	100−4＝96

表 4.10　　　　　　　　　　　　综 合 评 定 表

得分	报价得分	工期得分	企业信誉得分	施工经验得分	总得分
甲	95	96	95	100	96
乙	99	100	95	100	98.8
丙	97	96	100	95	96.9
权重	45％	25％	15％	15％	100％

乙单位的综合得分最高，应选择乙单位为中标单位。

习   题

一、单选题

1. 在投标截止时间前递交投标文件的投标人少于（   ）的，招标无效，开标会即告结束，招标人应当依法重新组织招标。

A. 2 家　　　　　B. 3 家　　　　　C. 4 家　　　　　D. 5 家

2. 评标委员会成员应从事相关专业领域工作满（   ）年，并具有高级职称或者具有同等专业水平的工程技术、经济管理人员，并实行动态管理。

A. 5　　　　　B. 8　　　　　C. 10　　　　　D. 12

3. 根据《招标投标法》规定，开标应由（   ）主持。

A. 地方政府相关行政主管部门　　　　B. 招标代理机构

C. 招标人　　　　　　　　　　　　　D. 中介机构

4. 评标委员会成员应为（   ）人以上的单数，评标委员会中技术、经济等方面的专家不得少于成员总数的（   ）。

A. 5，2/3　　　B. 7，4/5　　　C. 5，1/3　　　D. 3，2/3

5. 某工程项目在估算时算得成本是 1000 万元，概算时算得成本是 950 万元，预算时算得成本是 900 万元，投标时某承包商根据自己企业定额算得成本是 800 万元。根据《招标投标法》中规定"投标人不得以低于成本的报价竞标"，该承包商投标时报价不得低于（   ）。

A. 1000 万元　　　B. 950 万元　　　C. 900 万元　　　D. 800 万元

6. 开标应当在招标文件确定的提交投标文件截止时间的（   ）进行。

A. 当天公开　　　　　　　　　B. 当天不公开

C. 同一时间公开　　　　　　　D. 同一时间不公开

7. 在评标时，（   ）应当明确、严格，对所有在投标截止日期以后送到的投标书都应拒收，与投标人有利害关系的人员都不得作为评标委员会的成员。

A. 评标程序　　　　　　　　　B. 评标时间

C. 评标标准　　　　　　　　　D. 评标方法

8. 按照《招标投标法》和相关法规的规定，开标后允许（   ）。

A. 投标人更改投标书的内容和报价

B. 投标人再增加优惠条件

C. 评标委员会对投标书的错误加以修正

D. 招标人更改评标、标准和办法

9. 某建设单位就一个办公楼群项目进行招标，依据《招标投标法》，该项目的评标工作应由（   ）来完成。

A. 该建设单位的领导　　　　　B. 该建设单位的上级主管部门

C. 当地的政府部门　　　　　　D. 该建设单位依法组建的评标委员会

10. 招标信息公开是相对的，对于一些需要保密的事项是不可以公开的。例如，（   ）在确定中标结果之前就不可以公开。

A. 评标委员会成员名单　　　　　　B. 投标邀请书

C. 资格预审公告　　　　　　　　　D. 招标活动的信息

11. 评标委员会推荐的中标候选人应当限定在（　　）人，并标明排列顺序。

A. 1～2　　　　B. 1～3　　　　C. 1～4　　　　D. 1～5

12. 根据《招标投标法》的有关规定，下列说法符合开标程序的是（　　）。

A. 开标应当在招标文件确定的提交投标文件截止时间的同一时间公开进行

B. 开标地点由招标人在开标前通知

C. 开标由建设行政主管部门主持，邀请中标人参加

D. 开标由建设行政主管部门主持，邀请所有投标人参加

13. 根据《招标投标法》的有关规定，招标人和中标人应当自中标通知书发出之日起（　　）内，按照招标文件和中标人的投标文件订立书面合同。

A. 10 日　　　　B. 15 日　　　　C. 30 日　　　　D. 3 个月

14. 关于评标委员会成员的义务，下列说法中错误的是（　　）。

A. 评标委员会成员应当客观、公正地履行职务

B. 评标委员会成员可以私下接触投标人，但不得收受投标人的财物或者其他好处

C. 评标委员会成员不得透露对投标文件的评审和比较的情况

D. 评标委员会成员不得透露对中标候选人的推荐情况

15. 投标单位在投标报价中，对工程量清单中的每一单项均需计算填写单价和总价，在开标后，发现投标单位没有填写单价和总价的项目，则（　　）。

A. 允许投标单位补充填写　　　　B. 视为废标　　　　C. 退回投标书

D. 认为此项费用已包括在工程量清单的其他单价和总价中

16. 采用百分法对各投标单位的标书进行评分，（　　）的投标单位为中标单位。

A. 总得分最低　　B. 总得分最高　　C. 投标价最低　　D. 投标价最高

17. 投标文件中总价金额与单价金额不一致的，应（　　）。

A. 以单价金额为准　　　　　　　　B. 以总价金额为准

C. 由投标人确认　　　　　　　　　D. 由招标人确认

18. 《评标委员会和评标方法暂行规定》规定，如果否决不合格投标者后，有效投标不足 3 家的处理办法是（　　）。

A. 招标人应当依法重新招标　　　　B. 招标人继续进行招标

C. 招标人通过商议决定中标单位

19. 招标人和中标人应当自中标通知书发出之日起（　　）日内，按照招标文件和中标人的投标文件订立书面合同。

A. 30　　　　B. 15　　　　C. 10　　　　D. 7

20. 公布中标结果后，未中标的投标人应当在发出中标通知书后的（　　）日内退回招标文件和相关的图样资料，同时招标人应当退回未中标人的投标文件和发放招标文件时收取的押金。

A. 7　　　　B. 15　　　　C. 10　　　　D. 30

21. 采用百分法对各投标单位的标书进行评分，（　　）的投标单位为中标单位。

A. 总得分最低　　B. 总得分最高　　C. 投标价最低　　D. 投标价最高

22. 根据法律规定，下列说法中正确的是（   ）。

A. 在评标过程中，可以改变招标文件中规定的评标标准

B. 招标项目可以进行无底招标

C. 因延长投标有效期造成投标人损失的，招标人不予补偿

D. 招标人组织投标人进行现场踏勘

二、多选题

1. 采用评标价法评标时，应当遵循的原则包括（   ）。

A. 以评标价最低的标书为最优

B. 以投标报价最低的标书为最优

C. 技术建议带来的实际经济效益，按预定的方法折算后，增加投标价

D. 中标后按投标价格签订合同价

E. 中标后按评标价格签订合同价

2. 下列有关招标投标签订合同的说法，正确的是（   ）。

A. 应当在中标通知书发出之日起 30 天内签订合同

B. 招标人、中标人不得再订立背离合同实质性内容的其他协议

C. 招标人和中标人可以通过合同谈判对原招标文件、投标文件的实质性内容做出修改

D. 如果招标文件要求中标人提交履约担保，招标人应向中标人提供

E. 中标人不与招标人订立合同的，应取消其中标资格，但投标保证金应予以退还

3. 有下列情形之一的人员，应当主动提出回避，不得担任评标委员会成员（   ）。

A. 招标人主要负责人的近亲属

B. 项目主管部门或者行政监督部门的人员

C. 与招标人有经济利益关系，可能影响投标公正评审的

D. 曾因在招标有关活动中从事违法行为而受到行政处罚或刑事处罚的

E. 与招投标单位无关联的专家

4. 重大偏差的投标文件包括以下情形（   ）。

A. 没有按照招标文件要求提供投标担保或提供的投标担保有瑕疵

B. 没有按照招标文件要求由投标人授权代表签字并加盖公章

C. 投标文件记载的招标项目完成期限超过招标文件规定的完成期限

D. 明显不符合技术规格、技术标准的要求

E. 投标附有招标人不能接受的条件

5. 推迟开标时间的情况有下列几种情形（   ）。

A. 招标文件发布后对原招标文件做了变更或补充

B. 开标前发现有影响招标公正情况的不正当行为

C. 出现突发严重的事件

D. 因为某个投标人坐公交车延误了时间

E. 因某投标人突发疾病延误了时间

6. 在开标时，如果投标文件出现下列情形之一，应当当场宣布为无效投标文件不再进入评标（   ）。

A. 投标文件未按照招标文件的要求予以标志、密封、盖章

B. 投标文件未按照招标文件规定的格式、内容和要求填报，投标文件的关键内容字迹模糊、无法辨认

C. 投标人在投标文件中对同一招标项目报有两个或多个报价，且未书面声明以哪个报价为准

D. 投标人未按照招标文件的要求提供投标保证金或者投标保函

E. 组成联合体投标的，投标文件未附联合体各方共同投标协议

7. 某市一基础设施项目进行招标，现拟组建招标评标委员会，按《评标委员会和评标方法暂行规定》，下列人员中不得担任评标委员会成员的有（　　）。

A. 投标人的亲属

B. 行政监督管理部门人员

C. 与投标人有经济利益关系的人员

D. 招标代理机构的工作人员

E. 与招标人有利害关系的人员

8. 某招标人委托某招标代理机构办理招标事宜，并委托公证机构对开标进行公证，招标文件规定 2016 年 12 月 6 日 14 时为投标截止时间。甲，乙、丙、丁四家承包商参加投标，并均于 2016 年 12 月 5 日 17 时前提交了投标文件，但 2016 年 12 月 6 日 14 时前，丙公司又提交了一份补充文件，而丁公司则由于某种原因书面提出撤回已提交的投标文件。对此，下列情况中，正确的是（　　）。

A. 开标会由该招标代理机构主持

B. 由于某评标专家迟到小时，开标会推迟到 2016 年 12 月 6 日 15 时进行

C. 开标时由公证机构检查投标文件的密封情况

D. 丙公司的投标文件有效，但其补充投标文件在评标时将不予考虑

E. 丁公司的投标文件在当众拆封、宣读后即宣布为无效投标文件

9. 某政府投资的工程项目向社会公开招标，并成立了评标委员会，该项目技术特别复杂、专业性要求特别高。则下列说法正确的有（　　）。

A. 评标委员会由该市的建设行政主管部门负责组建

B. 评标委员会成员的名单在开标时予以公布

C. 评标委员会由 9 人组成，其中技术、经济等方面的专家为 6 人

D. 评标委员会的专家成员可以由招标人直接确定

E. 招标人可以直接授权评标委员会确定中标人

10. 下列评标委员会成员中，符合《招标投标法》规定的是（　　）。

A. 某甲，由招标人从省人民政府有关部门提供的专家名册的专家中确定

B. 某乙，现任某公司法定代表人，该公司常年为某投标人提供建筑材料

C. 某丙，从事招标工程项目领域工作满 10 年并具有高级职称

D. 某丁，在开标后，中标结果确定前将自己担任评标委员会成员的事告诉了某投标人

11. 采用公开招标方式，（　　）等都应公开。

A. 评标的程序　　　　　　　　　　B. 评标人的名单

C. 开标的程序　　　　　　　　　　D. 评标的标准

E. 中标的结果

12. 在项目中标通知书发出后，招标人和中标人应按照（　　）订立合同。

A. 招标公告　　　　　　　　　　B. 招标文件

C. 投标文件　　　　　　　　　　D. 投标人的报价

E. 最后淡判达成的降价协议

13. 评标报告的内容有（　　）。

A. 招标公告　　　　　　　　　　B. 评标规则

C. 评标情况说明　　　　　　　　D. 对各个合格投标书的评价

E. 推荐合格的中标人

14. 投标文件有（　　）情形之一的，由评标委员会初审后按废标处理。

A. 大写金额与小写金额不一致

B. 总价金额与单价金额不一致

C. 关键内容字迹模糊、无法辨认的标书

D. 未按招标文件要求提交投标保证金的

E. 投标工期长于招标文件中要求工期的标书

15. 《招标投标法》规定，开标时由（　　）检查投标文件密封情况，确认无误后当众拆封。

A. 招标人　　　　　　　　　　　B. 投标人或投标人推选的代表

C. 评标委员会　　　　　　　　　D. 地方政府相关行政主管部门

E. 公证机构

16. 关于细微偏差的说法，正确的选项包括（　　）。

A. 在实质上响应了招标文件的要求，但存在个别漏项

B. 在实质上响应了招标文件的要求，但提供了不完整的技术信息和数据

C. 补正遗漏会对其他投标人造成不公平的结果

D. 细微偏差不影响投标文件的有效性

E. 细微偏差将导致投标文件成为废标

三、案例题

1. 某工程项目业主邀请甲、乙、丙三家承包商参加投标。根据招标文件的要求，这三家投标单位分别将各自报价按施工进度计划分解为逐月工程款，见表 4.11。招标文件中规定按逐月进度拨付工程款，若甲方不能及时拨付工程款，则以每月 1‰ 的利率计息；若乙方不能保证逐月进度，则以每月拖欠工程部分的 2 倍工程款滞留至工程竣工（滞留工程款不计息）。

表 4.11　　　　　　　　　　各投标单位逐月工程款汇总表　　　　　　　　　　单位：万元

投标单位	1月	2月	3月	4月	5月	6月	7月	8月	9月	10月	11月	12月	工程款合计
甲	70	90	90	180	180	180	180	180	230	230	230	230	2090
乙	90	70	70	160	160	160	160	160	270	270	270	270	2090
丙	100	100	140	140	140	140	300	300	180	180	180	180	2080

评标规则规定，按综合百分制评标，商务标和技术标分别评分，商务标权重为 60%，技术标权重为 40%。

商务标的评标规则为，以三家投标单位的工程款现值的算术平均数（取整数）为评标基数，工程款现值等于评标基数的得 100 分，工程款现值每高出评标基数 1 万元扣 1 分，每低于评标基数 1 万元扣 0.5 分（商务标评分结果取 1 位小数）。

技术标评分结果为甲、乙、丙三家投标单位分别得 98 分、96 分、94 分。

问题：

（1）试计算三家投标单位的综合得分。

（2）试以得分最高者中标的原则，确定中标单位。

2. 某大型工程，由于技术难度大，对施工单位的施工设备和同类工程施工经验要求高，而且对工期的要求也比较紧迫。业主在对有关单位和在建工程考察的基础上，仅邀请了 A、B、C 三家国有一级企业参加投标，并预先与咨询单位和该 3 家施工单位共同研究确定了施工方案。业主要求投标单位将技术标和商务标分别装订报送。经招标领导小组研究确定的评标规定如下：

（1）技术标共 30 分，其中施工方案 10 分（因已确定施工方案，各投标单位均得 10 分），施工工期 10 分，工程质量 10 分。满足业主总工期要求（36 个月）者得 4 分，每提前一个月加 1 分，不满足者不得分；自报工程质量合格者得 4 分，自报工程质量优良者得 6 分（若实际工程质量未达到优良将加罚合同价的 2%），近三年内获得鲁班工程奖每项加 2 分，获得省优工程奖每项加 1 分。

（2）商务标共 70 分。报价不超过标底（35500 万元）的 ±5% 者为有效标，超过者为废标。报价为标底的 98% 者得满分（70 分），在此基础上，报价比标底每下降 1%，扣 1 分，每上升 1%，扣 2 分。

各投标单位的有关情况见表 4.12。

表 4.12　　　　　　　　　　　　各投标单位的基本情况

投标单位	报价/万元	总工期/月	自报工程质量	鲁班工程奖	省优工程奖
A	35642	33	优良	1	1
B	34364	31	优良	0	2
C	33867	32	合格	0	1

问题：

（1）开标、评标、定标通过什么程序来确定中标单位？

（2）该工程采用邀请招标方式且仅仅邀请 3 家施工单位投标，是否违反有关规定？

（3）请按综合得分最高者中标的原则确定中标单位。

3. 某工程施工招标项目采用资格后审方式组织公开招标，在投标截止时间前，招标人共收到了投标人提交的 6 份投标文件。随后招标人组织有关人员对投标人的资格进行审查，查对有关证明、证件原件。有一个投标人没有派人参加开标会议，还有一个投标人少携带了一个证件的原件，没能通过招标人组织的资格审查。招标人就对通过资格审查的投标人 A、B、C、D 组织了开标。

投标人 A 没有递交投标保证金，招标人当场宣布 A 的投标文件为无效投标文件，不能进入唱标程序。

唱标过程中，投标人 B 的投标函上有两个报价，招标人要求其确认其中的一个报价进行唱标；投标人 C 在投标函上填写的报价，大写与小写数值不一致，招标人查对了投标文件中的投标报价汇总表，发现投标函上的报价小写数值与投标报价汇总表一致，于是按照其小写数值进行了唱标；投标人 D 的投标函没有加盖投标单位印章，同时没有法定代表人或其委托代理人签字，招标人唱标后，当场宣布 D 为废标。这样仅剩下 B、C 两家，招标人认为有效投标少于 3 家，不具有竞争性，否决了所有投标。

问题：

（1）招标人确定能够进入开标或唱标阶段的投标人的做法是否正确？为什么？

（2）招标人在唱标过程中的做法是否正确？为什么？

（3）投标人在开标会上否决所有投标是否正确？为什么？正确的做法是什么？

第 5 章　工程合同法律概述

【学习目标】
（1）了解合同法的概念、分类和订立。
（2）掌握合同的效力、履行、变更及争议解决。
（3）利用合同管理的法律知识分析、解决工程项目合同案例。

5.1　合同法概述

5.1.1　合同法的基本原则

合同法是调整平等主体的自然人、法人、其他组织之间设立、变更、终止民事权利义务关系的法律规范总称。合同法的基本原则既是合同当事人在合同的订立、履行、变更、解除、转让、承担违约责任时应遵守的基本原则，又是人民法院、仲裁机构在审理、仲裁合同纠纷时应遵循的原则。

1. 平等原则

《合同法》规定，合同当事人的法律地位平等。即享有民事权利和承担民事义务的资格是平等的，一方不得将自己的意志强加给另一方。合同中的双方当事人意思表示必须是完全自愿的，任何一方当事人均不得享有特权，平等原则是合同关系的本质特征，是对合同法的必然要求，是调整合同关系的基础。

平等原则的具体表现有：①自然人的民事权利能力一律平等；②不同的民事主体参与民事关系适用同一法律，具有平等地位；③民事主体在民事法律关系中必须平等协商。

2. 自愿原则

这是合同法的重要原则之一。自愿原则也称意思自治原则，即合同当事人在法律规定的范围内，可以按照自己的意愿设立、变更、终止民事法律关系。不受任何单位和个人的非法干预。

自愿原则的具体表现主要有：①缔结合同的自由；②选择相对人的自由；③决定合同内容的自由；④变更解除合同的自由；⑤决定合同方式的自由。合同自由不是绝对的自由，它要受到国家法律、法规的限制。

3. 公平原则

合同当事人应当遵循公平原则确定各方的权利和义务。在合同的订立和履行中，合同当事人应当正当行使合同权利和履行合同义务，兼顾他人利益，使当事人的利益能够均衡；当事人变更、解除和终止合同关系也不能导致不公平的结果出现。

4. 诚实信用原则

合同当事人行使权利、履行义务应当遵循诚实信用原则。这是市场经济活动中形成的道德规则，它要求人们在订立和履行合同中讲究信用，信守诺言，诚实不欺。在合同关系终止后，当事人也应当遵循诚实信用原则履行通知、协助和保密等义务。

5. 遵守法律法规和公序良俗原则

当事人订立、履行合同，应当遵守法律、行政法规，只有将合同的订立纳入法律的轨道，才能保障经济活动的正常秩序。

公序良俗即公共秩序和善良风俗。善良风俗应当是以道德为核心的，是某一特定社会应有的道德准则。公序良俗原则要求当事人在订立、履行合同时不仅遵守法律而同样应当尊重社会道德，不得扰乱社会经济秩序，损害社会公共利益。

5.1.2 合同的类型

从不同的角度可以对合同做不同的分类。

5.1.2.1 合同法的基本分类

《合同法》分则部分将合同分为 15 类：买卖合同；供用电、水、气、热力合同；赠与合同；借款合同；租赁合同；融资租赁合同；承揽合同；工程项目合同；运输合同；技术合同；保管合同；仓储合同；委托合同；行纪合同；居间合同。这是《合同法》对合同的基本分类，在《合同法》中对每一类合同都作了较为详细的规定。

5.1.2.2 合同的其他分类

1. 计划与非计划合同

计划合同是指依据国家有关部门下达的计划签订的合同；非计划合同则是当事人依据市场需求和自己的意愿订立的合同。虽然在市场经济中，依计划订立的合同的比重降低了，但仍然有一部分合同是依据国家有关计划订立的。计划合同和非计划合同在合同的签订、履行、变更和解除等方面都存在很大的差别：计划合同在以上各方面都要符合有关计划的要求，而非计划合同则完全取决于当事人自愿。

2. 双务合同与单务合同

根据当事人双方权利和义务的分担方式，可以把合同分为双务合同与单务合同。双务合同是指当事人双方相互享有权利、承担义务的合同。如买卖、互易、租赁、承揽、运送、保险等合同为双务合同。单务合同是指当事人一方只享有权利，另一方只承担义务的合同，如赠予、借用合同就是单务合同。

3. 诺成合同与实践合同

根据合同的成立是否以交付标的物为要件，可将合同分为诺成合同与实践合同。诺成合同又称不要物合同，是指当事人意思表示一致即可成立的合同。实践合同又称要物合同，是指除当事人意思表示一致外，还必须交付标的物方能成立的合同。在现代经济生活中，大部分合同都是诺成合同。这种合同分类的目的在于确立合同的生效时间。

4. 主合同与从合同

根据合同间是否有主从关系，可将合同分为主合同与从合同。主合同是指不依赖其他合同而能够独立存在的合同。从合同是指须以主合同的存在为前提而存在的合同。主合同的无效、终止将导致从合同的无效、终止，但从合同是否有效不会影响主合同的效力。担保合同是典型的从合同。

5. 有偿合同与无偿合同

根据当事人取得权利是否以偿付为代价，可以将合同分为有偿合同与无偿合同。有偿合同是指当事人一方享有合同权利须向另一方偿付相应代价的合同。有些合同只能是有偿的，如买卖、互易、租赁等合同；有些合同只能是无偿的，如赠予等合同；有些合同既可以是有偿的也可以是无偿的，由当事人协商确定，如委托、保管等合同。双务合同都是有偿合同，单务合同原则上为无偿合同，但有的单务合同也可为有偿合同，如有息贷款合同。

6. 要式合同与不要式合同

根据合同的成立是否需要特定的形式，可将合同分为要式合同与不要式合同。要式合同是指法律要求必须具备一定的形式和手续的合同。不要式合同是指法律不要求必须具备一定形式和手续的合同。

7. 定式合同

定式合同又称定型化合同、标准合同，是指合同条款由当事人一方预先拟订，对方只能表示全部同意或者不同意的合同，亦即一方当事人要么整体上接受合同条件，要么不订立合同。

5.2 合 同 的 订 立

5.2.1 合同的形式

合同的形式是指合同双方当事人对合同的内容、条款，经过协商，作出共同的意思表示的具体方式。《合同法》规定，合同的形式有书面形式、口头形式和其他形式。口头形式是以口头语言形式表现合同内容的合同；书面形式是指合同书、信件和数据电文（包括电报、传真、电子数据交换和电子邮件）等可以有形地表现所载内容的形式；其他形式则包括公证、审批、登记的形式。

《合同法》第十条第二款规定，法律、行政法规规定采用书面形式的，应当采用书面形式。当事人约定采用书面形式的，应当采用书面形式。《合同法》明确规定非自然人之间的借款合同、租赁期限为6个月以上的租赁、融资租赁合同、建设工程合同、技术开发合同以及技术转让合同等6种合同应当采用书面形式。为了贯彻合同自愿原则，《合同法》第三十六条进一步规定，法律、行政法规规定或者当事人约定采用书面形式订立合同，当事人未采用书面形式但一方已经履行主要义务，对方接受的，该合同成立。

根据《合同法》司法解释二对合同的订立有了更明确的说明：

第一条　当事人对合同是否成立存在争议，人民法院能够确定当事人名称或者姓名、标的和数量的，一般应当认定合同成立。但法律另有规定或者当事人另有约定的除外。

第二条　当事人未以书面形式或者口头形式订立合同，但从双方从事的民事行为能够推定双方有订立合同意愿的，人民法院可以认定是以合同法第十条第一款中的"其他形式"订立的合同。但法律另有规定的除外。

第四条　采用书面形式订立合同，合同约定的签订地与实际签字或者盖章地点不符的，人民法院应当认定约定的签订地为合同签订地；合同没有约定签订地，双方当事人签字或者盖章不在同一地点的，人民法院应当认定最后签字或者盖章的地点为合同签订地。

第五条　当事人采用合同书形式订立合同的，应当签字或者盖章，当事人在合同书上摁手印的，人民法院应当认定其具有与签字或者盖章同等的法律效力。

第八条　依照法律、行政法规的规定经批准或者登记才能生效的合同成立后，有义务办理申请批准或者申请登记等手续的一方当事人未按照法律规定或者合同约定办理申请批准或者未申请登记的，属于《合同法》第四十二条第（三）项规定的"其他违背诚实信用原则的行为"，人民法院可以根据案件的具体情况和相对人的请求，判决相对人自己办理有关手续；对方当事人对由此产生的费用和给相对人造成的实际损失，应当承担损害赔偿责任。

5.2.2 合同的内容

合同的内容即当事人的权利和义务。合同的内容由当事人约定，这是合同自由的重要体现。《合同法》规定了合同一般应当包括的条款，但具备这些条款不是合同成立的必备条件。

1. 当事人的名称或者姓名和住所

当事人由其名称或姓名及住所加以特定化、固定化，在合同中明确当事人的基本情况，有利于合同的顺利履行，也利于确定诉讼管辖。

2. 标的

标的是合同权利和义务所共同指向的对象。标的的表现形式为物、劳务、行为、智力成果、工程项目等。合同的标的必须明确、具体、合法。标的没有或不明确的，合同无法履行或不能成立。

3. 数量

数量是衡量合同标的多少的尺度，以数字和计量单位表示。数量是确定合同当事人权利义务范围、大小的标准。若双方未约定具体数量，则合同无法履行。

4. 质量

质量是标的的内在品质和外观形态的综合指标，如产品的品种、型号、规格和工程项目的标准等。签订合同时，必须明确质量标准，对于技术上较为复杂的和容易引起争议的词语、标准，应当加以说明和解释。如果标的有不同的质量标准，当事人应在合同中写明合同执行的是什么标准，若标的有国家强制性标准或行业性标准，当事人必须执行，合同约定质量不得低于该强制性标准。

5. 价款或报酬

价款或报酬是指当事人一方履行义务时另一方当事人以货币形式支付的代价。价款通常指标的物本身的价款，但因商业上的大宗买卖一般是异地交货，便产生了运费、保险费、装卸费、保管费、报关费等一系列额外费用。它们由哪一方支付，需在价款条款中写明。

6. 履行期限、地点和方式

履行期限是当事人各方依照合同规定全面完成各自义务的时间。履行期限直接关系到合同义务完成的时间，涉及当事人的期限利益，也是确定违约与否的一个重要因素。履行地点是指当事人交付标的和支付价款或报酬的地点，是确定运输费用由谁负担、风险由谁承受的依据。履行方式是当事人完成合同规定义务的具体方法。履行方式包括很多方面的内容，如标的的交付方式、价款或报酬的结算方式、货物运输方式等。

7. 违约责任

违约责任是任何一方当事人不履行或不适当履行合同规定的义务而应承担的法律责任。当事人可以在合同中约定，一方当事人违反合同时，向另一方当事人支付违约金或赔偿金。

8. 争议解决的方法

解决争议的方法是指当事人在订立合同时约定，在合同履行过程中产生争议以后，通过什么方式来解决。即解决争议运用什么程序、适用何种法律、选择哪家检验或签订机构等内容。

5.2.3　合同订立的程序

合同的订立需要经过要约和承诺两个阶段。实际上就是当事人对合同内容进行协商,达成一致意见的过程。

5.2.3.1　要约

1. 要约的概念和条件

要约是希望和他人订立合同的意思表示。提出要约的一方为要约人,接受要约的一方为受要约人。要约应当具有以下条件:第一,要约的内容必须具体确定;第二,应表明经受要约人承诺,要约人即受该意思表示的约束;第三,要约必须是对相对人发出的行为;第四,要约必须具备合同的主要条款。

2. 要约邀请

要约邀请是希望他人向自己发出要约的意思表示。要约邀请不是合同成立过程中的必经过程,它是当事人订立合同的预备行为,在法律上无须承担责任。这种意思表示的内容往往不确定,不含有合同得以成立的主要内容,也不含有相对人同意后受其约束的表示。比如价目表的寄送、招标公告、商业广告(如果商业广告内容符合要约规定的,视为要约)、招股说明书等,即是要约邀请。悬赏广告是要约而不是要约邀请。

3. 要约的撤回和撤销

要约可以撤回。要约撤回是指要约在发生法律效力之前,要约人欲使其不发生法律效力而取消要约的意思表示。要约人撤回要约的通知应当在要约到达受要约人之前或同时到达受要约人。

要约可以撤销。要约撤销是指要约生效后,要约人欲使其丧失法律效力的意思表示。要约人撤销要约的通知应当在受要约人发出承诺通知之前到达受要约人。但有下列情形之一的,要约不得撤销:第一,要约人确定承诺期限或者以其他形式明示要约不可撤销;第二,受要约人有理由认为该要约是不可撤销的,并且已经为履行合同做了准备工作的,比如向银行贷款、购买原材料、租赁运输工具等。

4. 要约失效

要约失效是指要约丧失了法律上的拘束力,因而不再对要约人和受要约人具有拘束作用。在合同订立过程中有下列情形之一的,要约失效:第一,拒绝要约的通知到达要约人;第二,要约人依法撤销要约;第三,承诺期限届满,受要约人未作出承诺;第四,受要约人对要约内容作出实质性的变更。

5.2.3.2　承诺

1. 承诺的概念和条件

承诺是受要约人作出同意要约的意思表示。承诺意味着合同成立,意味着当事人之间形成了合同关系。因此,承诺的有效成立应当具备以下条件:第一,承诺必须是由受要约人作出;第二,承诺只能向要约人作出;第三,承诺的内容必须与要约的内容相一致;第四,承诺必须在承诺期限内发出。

承诺的内容应当与要约的内容相一致是指受要约人对要约的内容不得作实质性变更。所谓实质性变更包括有关合同标的、数量、质量、价款或报酬、履行期限、履行地点和方式、违约责任和解决争议方法的变更。受要约人对要约的内容作出实质性变更的,应视为新要约,而不是承诺。

2. 承诺的撤回与延迟

承诺可以撤回。承诺的撤回是承诺人阻止或者消灭承诺发生法律效力的意思表示。撤回承诺的通知应当在承诺通知到达要约人之前或者与承诺的通知同时到达要约人。承诺迟延的，除要约人及时通知该承诺有效外，为新要约。

但是承诺不可以撤销。因为承诺生效合同成立，如允许撤销承诺，将等同于撕毁合同。

5.2.3.3 要约和承诺的生效

要约和承诺的生效指的是要约和承诺开始受法律保护，具有法律效力。对于要约和承诺的生效，有以下不同的做法：

（1）发信主义。要约人发出要约以后，只要要约已处于要约人控制范围之外，要约即生效。

（2）到达主义。要约必须到达受要约人时生效。我国采用到达主义。

（3）了解主义。不但要求对方收到要约、承诺的意思表示，而且要求真正了解其内容时，该意思表示才生效。

【例 5.1】 2016 年 8 月 8 日，某建筑公司向某水泥厂发出了一份购买水泥的要约。要约中明确规定承诺期限为 2016 年 8 月 12 日中午 12：00。为了保证工作的快捷，要约中同时约定了采用电子邮件方式作出承诺并提供了电子信箱。水泥厂接到要约后经过研究，同意出售给建筑公司水泥。水泥厂于 2016 年 8 月 12 日上午 11：30 给建筑公司发出了同意出售水泥的电子邮件。但是，由于建筑公司所在地区的网络出现故障，直到下午 15：30 才收到邮件。

【问题】 你认为该承诺是否有效？为什么？

【解答】 根据《合同法》，采用数字电文形式订立合同的，收件人指定特定系统接收数据电文的，该数据电文进入特定系统的时间，视为到达时间。同时《合同法》第二十九条规定，受要约人在承诺期限内发出承诺，按照通常情形能够及时到达要约人，但因其他原因承诺到达要约人时超过承诺期限的，除要约人及时通知受要约人因承诺超过期限不接受该承诺的以外，该承诺有效。

水泥厂于 2016 年 8 月 12 日上午 11：30 发出电子邮件，正常情况下，建筑公司即时即可收到承诺，但是由于外界原因而没有在承诺期限内收到。此时根据《合同法》第二十九条，建筑公司可以承认该承诺的效力，也可以不承认。如果不承认该承诺的效力，就要及时通知水泥厂；若不及时通知，就视为已经承认该承诺的效力。

5.2.4 缔约过失责任

1. 缔约过失责任的概念

缔约过失责任是指在合同订立过程中，当事人一方或双方因自己的过失而致合同不成立、无效或被撤销，给对方造成损失时所应承担的民事责任。

缔约过失责任既不同于违约责任，也有别于侵权责任，是一种独立的责任。

2. 缔约过失责任的构成

（1）当事人的行为发生在订立合同的过程中。这是缔约过失责任有别于违约责任的最重要原因。发生在合同订立过程中，即合同尚未成立。合同一旦成立，当事人应当承担的是违约责任或者合同无效的法律责任。

（2）当事人一方受有损失。损失事实是构成民事赔偿责任的首要条件，如果没有损失，就不会存在赔偿问题。缔约过失责任的损失是一种信赖利益的损失，即缔约的当事人信赖合同有效成立，但因法定事由发生，致使合同不成立、无效或被撤销等而造成的损失。

（3）当事人一方具有过错。承担缔约过失责任一方应当有过错，包括故意行为和过失行为导致的后果责任。这种过错主要表现为违反先合同义务。先合同义务是指自缔约人双方为签订合同而相互接触开始但合同尚未成立，逐渐产生的注意义务（或称随附义务），包括协助、通知、照顾、保护、保密等义务，它自要约生效开始产生。

（4）当事人的过错行为与该损失之间有因果关系。即该损失是由违反先合同义务引起的。

3. 承担缔约过失责任的情形

（1）假借订立合同，恶意进行磋商。恶意磋商是指一方没有订立合同的诚意，假借订立合同与对方磋商而导致另一方遭受损失的行为。

（2）故意隐瞒与订立合同有关的重要事实或者提供虚假情况。故意隐瞒重要事实或者提供虚假情况是指对涉及合同成立与否的事实予以隐瞒或者提供与事实不符的情况而引诱对方订立合同的行为。

（3）泄露或不正当地使用商业秘密。当事人在订立合同过程中知悉的商业秘密，无论合同是否成立，均不得泄露或者不正当使用。泄露或不正当使用该商业秘密给对方造成损失的，应当承担损害赔偿责任。

（4）其他违背诚实信用原则的行为。其他违背诚实信用原则的行为主要是指当事人一方对随附义务的违反．即违反了通知、保护、说明等义务。

5.3 合 同 的 效 力

5.3.1 合同的生效

1. 合同生效应当具备的条件

合同生效是指依法成立的合同自成立时产生法律上的约束力。合同一经生效，当事人即享有合同中所约定的权利和承担合同中所约定的义务，任何单位或个人都不得对合同当事人进行干涉。根据《合同法》规定，合同生效应当具备以下要件：

（1）当事人具有相应的民事权利能力和民事行为能力。

（2）意思表示真实。

（3）不违反法律或社会公共利益。

2. 合同生效的时间

（1）合同生效时间的一般规定。一般来说，依法成立的合同自成立时生效。具体地讲，口头合同自受要约人承诺时生效；书面合同自当事人双方签字或者盖章时生效；法律规定应当采用书面形式的合同，当事人虽未采用书面形式但已经履行全部或者主要义务的，可以视为合同有效。法律、行政法规规定应当办理批准、登记等手续生效的，依照其规定。

（2）附条件合同和附期限合同的生效时间。附条件合同是指合同当事人约定某种事实状态，并以其将来发生或不发生作为该合同生效或解除依据的合同，分为附生效条件和附解除条件的合同两种类型。附生效条件的合同，自条件成熟时生效；附解除条件的合同，自条件成熟时失效。

附期限合同是指以将来确定到来的事实作为合同的条款，并在该期限到来时合同的效力发生或终止的合同。

附期限合同与附条件合同的区别在于：期限为将来确定要发生的事实，是可知的；而所附的条件是将来可能发生也可能不发生的，是不确定的事实。

5.3.2 效力待定的合同

1. 效力待定合同的概念

效力待定合同是指已成立的合同欠缺一定的生效要件，其生效与否尚未确定，须由第三人作出承认或者拒绝的意思表示才能确定自身效力的合同。

2. 效力待定合同的种类

（1）限制民事行为能力人依法不能独立订立的合同。限制民事行为能力人订立的合同，经法定代理人追认后，合同有效。相对人可以催告法定代理人在1个月内予以追认，法定代理人未作表示的，视为拒绝追认。合同被追认之前，善意相对人有撤销的权利，撤销应当以通知的方式作出。

（2）无权代理人以被代理人的名义订立的合同。行为人没有代理权、超越代理权或者代理权终止后以被代理人的名义订立的合同，未经被代理人追认，对被代理人不发生效力，由行为人承担责任。相对人可以催告被代理人在1个月内予以追认。被代理人未作表示的，视为拒绝追认。

（3）无处分权人处分他人财产而订立的合同。无处分权人订立合同处分他人财产的，属于效力待定合同，须经权利人追认，或者无处分权人订立合同后取得处分权，该合同有效；否则该合同无效。

5.3.3 无效合同

1. 无效合同的概念

无效合同是指当事人违反了法律规定的条件而订立的，国家不承认其效力，不给予法律保护的合同。无效合同自订立之时起就没有法律效力，不论合同履行到什么阶段，合同被确认无效后，这种无效的确认要溯及到合同订立时。无效合同的确认权归人民法院或仲裁机构，其他任何机构或个人均无权确认合同无效。

2. 无效合同的情形

（1）合同当事人的主体资格不合格。合同法规定有下列情形之一的合同无效：

1）不具备法人资格的社会团体和组织以法人名义订立的合同。

2）当事人超越主管机关批准的经营范围或违反经营方式所订立的合同。

3）不具备相应民事权利能力和民事行为能力的当事人订立的合同。

（2）内容不合法的合同。合同法规定有下列情形之一的合同无效：

1）一方以欺诈、胁迫的手段订立，损害国家利益。

2）恶意串通，损害国家、集体或者第三人利益。

3）以合法形式掩盖非法目的。

4）损害社会公共利益。

5）违反法律、行政法规的强制性规定。

3. 合同的免责条款

合同的免责条款是指当事人约定免除或者限制其未来责任的合同条款。不是所有的免责条款都无效，合同中的下列免责条款无效：

（1）造成对方人身伤害的。

（2）因故意或者重大过失造成对方财产损失的。

以上两种免责条款违反了公平原则，占据有利地位的一方将自己的意志强加给他人。免责条款无效，并不影响合同其他条款的效力。

5.3.4　可撤销、可变更合同

1. 可撤销、可变更合同的概念

可撤销、可变更的合同是指欠缺生效条件，但一方当事人可依照自己的意思使合同的内容变更或者使合同的效力归于消灭的合同。可变更、可撤销的合同不同于无效合同，当事人提出请求是合同被变更、撤销的前提。只有人民法院或者仲裁机构有权变更或者撤销合同。当事人如果只要求变更，人民法院或者仲裁机构不得撤销其合同。

2. 可撤销、可变更合同的情形

下列合同，当事人一方有权请求人民法院或者仲裁机构变更或者撤销。

（1）因重大误解而订立的合同。

（2）在订立合同时显失公平的合同。

（3）一方以欺诈、胁迫等手段或者乘人之危，使对方在违背真实意思的情况下订立的合同。

可撤销的合同只是涉及当事人意思表示不真实的问题，法律对撤销权的行使有一定的限制，有下列情形之一的，撤销权消灭：具有撤销权的当事人自知道或者应当知道撤销事由之日起 1 年内没有行使撤销权；具有撤销权的当事人知道撤销事由后明确表示或者以自己的行为放弃撤销权。

【例 5.2】　2012 年 6 月，某建筑施工企业从水泵厂购得 20 台 A 级水泵，在现场使用后反映效果良好。因进一步需要，该施工企业决定派采购员王某再购进同样水泵 35 台。王某从 2012 年 6 月所购水泵所嵌的铭牌上抄下品牌、规格、型号、技术指标等，出示介绍信及前述铭牌内容，与同一厂家签订了购买 35 台 A 级水泵合同。该施工企业收到 35 台水泵后，即投入使用，与 2012 年 6 月所购水泵性能上存在较大差异，怀疑水泵厂第二次提供的水泵质量有问题，要求更换。水泵厂以提供产品均合格为由，拒绝更换。该施工企业遂诉至法院要求更换并赔偿损失。经查明：2012 年 6 月所供水泵实际上是 B 级水泵，由于水泵厂出厂环节失误，所镶铭牌错为 A 级水泵。

【问题】　施工企业提出的诉讼要求能否得到支持？

【解答】　建筑施工企业的本意是购买 B 级水泵，但由于水泵厂的原因，使其将本希望采购的 B 级水泵，错误地表达为 A 级水泵，与其真实意思发生重大错误，属于重大误解。因此，施工企业对第二次采购合同享有撤销权或者变更权，其主张变更标的物的主张能获得支持。

5.3.5　合同无效和被撤销后的法律后果

无效合同或者被撤销的合同自始就没有法律约束力。合同部分无效，不影响其他部分效力的，其他部分仍然有效。合同无效、被撤销或者终止的不影响合同中独立存在的有关解决争议方法的条款效力。

合同无效或者被撤销后，尚未履行的，不得履行；正在履行的应当立即终止履行。对因履行无效合同和被撤销合同而产生的财产后果，应当根据当事人的过错大小，采取以下方法处理：

（1）返还财产。返还财产是使当事人的财产关系恢复到合同订立以前的状态。如果当事人依据无效合同取得的标的物还存在，则应返还给对方；如果标的物已不存在，不能返还或者没有返还的必要时，则可不返还，但要折价补偿。

（2）赔偿损失。无效合同有过错的一方应当赔偿另一方当事人所受到的损失；如果双方都有过错，应当按照责任的主次、轻重来分别承担经济损失中与其责任相适应的份额。

（3）追缴财产，收归国有。对于当事人恶意串通，损害国家、集体或者第三人利益的，因此合同取得的财产应收归国家所有。触犯刑律的还应依法承担刑事责任。

5.4 合同的履行、变更、转让及终止

5.4.1 合同的履行

5.4.1.1 合同履行的概念

合同履行是指合同各方当事人按照合同的规定，全面履行各自的义务，实现各自的权利，使各方的目的得以实现的行为。合同的履行以有效的合同为前提和依据，也是当事人订立合同的根本目的。

5.4.1.2 合同履行的原则

1. 全面履行的原则

全面履行是指当事人应当按照合同约定的标的、价款、数量、质量、地点、期限、方式等全面履行各自的义务。

合同有明确约定的，应当按照约定履行。如果合同生效后，双方当事人就质量、价款、履行地点等内容没有约定或者约定不明的，可以协议补充。不能达成补充协议的，按照合同有关条款或者交易习惯确定。如果按照上述办法仍不能确定合同如何履行的，适用下列规定进行履行：

（1）质量要求不明的，按照国家标准、行业标准履行；没有国家、行业标准的，按照通常标准或者符合合同目的的特定标准履行。

（2）价款或报酬不明的，按照订立合同时履行地的市场价格履行；依法应当执行政府定价或者政府指导价的，按规定履行。

（3）履行地点不明确的，给付货币的，在接受货币一方所在地履行；交付不动产的，在不动产所在地履行；其他标的在履行义务一方所在地履行。

（4）履行期限不明确的，债务人可以随时履行，债权人也可以随时要求履行，但应当给对方必要的准备时间。

（5）履行方式不明确的，按照有利于实现合同目的的方式履行。

（6）履行费用的负担不明确的，由履行义务一方承担。

合同履行中既可能是按照市场行情约定价格，也可能执行政府定价或政府指导价。如果是按照市场行情约定价格履行，则市场行情的波动不应影响合同价，合同仍执行原

价格。

如果执行政府定价或政府指导价的，在合同约定的交付期限内政府价格调整时，按照交付时的价格计价。逾期交付标的物的，遇价格上涨时按照原价格执行；遇到价格下降时，按新价格执行。逾期提取标的物或者逾期付款的，遇价格上涨时，按新价格执行；价格下降时。按照原价格执行。

2. 诚实信用原则

当事人应当遵循诚实信用原则，根据合同性质、目的和交易习惯履行通知、协助和保密义务。履行中发现问题应及时协商解决，一方发生困难时，另一方在法律允许的范围内给予帮助，只有这样合同才能圆满履行。

5.4.1.3 合同履行中的抗辩权

抗辩权是指在双务合同中，当事人一方有依法对抗双方权利主张的权利。

1. 同时履行抗辩权

当事人互负债务，没有先后履行顺序的，应当同时履行。同时履行抗辩权包括：一方在对方履行之前有权拒绝其履行要求。

同时履行抗辩权的适用条件是：①必须是双务合同；②合同中未约定履行顺序；③对方当事人没有履行债务或者没有正确履行债务；④对方的义务是可能履行的义务。

2. 先履行抗辩权

先履行抗辩权是指当事人互负债务，有先后履行顺序的，先履行一方未履行债务或者履行债务不符合约定，后履行一方有权拒绝先履行一方履行的请求。

先履行抗辩权的适用条件是：①必须是双务合同；②合同中约定了履行的先后顺序；③应当先履行的合同当事人没有履行债务或者没有正确履行债务；④对方的义务是可能履行的义务。

3. 不安抗辩权

不安抗辩权是指合同中约定了履行顺序，合同成立后发生了应当后履行合同一方财务状况恶化的情况，应当先履行合同一方在对方未履行或者提供担保前有权拒绝先为履行。设立不安抗辩权的目的在于预防合同成立后情况发生变化而损害合同另一方的利益。

应当先履行合同的一方有确切证据证明对方有下列情形之一的，可以中止履行：

（1）经营状况严重恶化。

（2）转移财产、抽逃资金，以逃避债务的。

（3）丧失商业信誉。

（4）有丧失或者可能丧失履行债务能力的其他情形。

当事人中止履行合同的，应当及时通知对方。对方提供适当的担保时应当恢复履行。中止履行后，对方在合理期限内未恢复履行能力并且未提供适当的担保，中止履行一方可以解除合同。当事人没有确切证据就中止履行合同的应承担违约责任。

【例5.3】 2015年年底，某发包人与某施工承包人签订施工承包合同，约定施工到月底结付当月工程进度款。2016年初承包人接到开工通知后随即进场施工，截至2016年4月，发包人均结清当月应付工程进度款。承包人计划2016年5月完成的当月工程量为1000万元，此时承包人获悉，法院在另一诉讼案中对发包人实施保全措施，查封了其办公场所；同月，承包人又获悉，发包人已经严重资不抵债。2016年5月3日，承包人向发包人发出书面通知称，"鉴于贵公司工程款支付能力严重不足，本公司决定暂时停止本工程施工，并愿意与贵公司协商解决后续事宜。"

【问题】　施工承包人这么做是否合适？他行使什么权来维护自身的合法权益？

【解答】　上述情况属于有证据表明发包人经营状况严重恶化，承包人可以中止施工，并有权要求发包人提供适当担保，并可根据是否获得担保再决定是否终止合同。属于行使不安抗辩权的典型情形。

5.4.1.4　合同的保全

在合同履行过程中，为了防止债务人的财产不适当减少而给债权人带来危害，《合同法》规定允许债权人为保全其债权的实现采取保全措施。保全措施包括代位权和撤销权。

1. 代位权

代位权是指债务人怠于行使其到期债权，对债权人造成损害，债权人可以向人民法院请求以自己的名义代位行使债务人的债权。但该债权专属于债务人时不能行使代位权。代位权的行使范围以债权人的债权为限，其发生的费用由债务人承担。

2. 撤销权

撤销权是指当债务人放弃其到期债权或无偿转让财产，或者以明显不合理低价处分其财产，对债权人造成损害的，债权人可以依法请求法院撤销债务人所实施的行为。撤销权的行使范围以债权人的债权为限，其发生的费用由债务人承担。撤销权自债权人知道或者应当知道撤销事由之日起 1 年内行使。自债务人的行为发生之日起 5 年内没有行使撤销权的，该撤销权消灭。

5.4.2　合同的变更和转让

1. 合同的变更

合同变更是指当事人对已经发生法律效力，但尚未履行或尚未完全履行的合同，进行修改或补充所达成的协议。合同法规定，当事人协商一致可以变更合同。合同变更有广义和狭义之分。广义的合同变更是指合同内容和合同主体发生变化；而狭义的合同变更仅指合同内容的变更，不包括合同主体的变更。我们通常所说的合同的变更是从狭义的角度来讲的。

《合同法》第七十八条规定，当事人对合同变更的内容约定不明确的，推定为未变更。可见，合同变更需要以下条件：

（1）原合同已生效。如果原合同未生效或者根本没有合同，就根本谈不上变更合同的问题。

（2）原合同未履行或者未完全履行。

（3）当事人需要协商一致。即对变更的内容协商一致。合同的订立需要协商一致，变更也需要协商一致。

（4）当事人对变更合同的内容约定明确。只有内容约定明确才能断定当事人变更的真实意思，才便于履行；如果变更的内容不明确，则无法断定当事人的意思，这种变更也就不能否定原合同的效力，所以只能推定为未变更。

（5）遵守法定程序。这是针对那些以批准、登记等手续为生效条件的合同而言的。其生效应经批准、登记，其变更也必须办理批准、登记等手续才能生效。

2. 合同的转让

合同转让是指合同成立后，当事人依法可以将合同中的全部权利、部分权利或者合同中的全部义务、部分义务转让或转移给第三人的法律行为。合同转让分为权利转让或义务转让。

合同的转让需要具备以下条件：

（1）必须有合法有效的合同关系存在为前提，如果合同不存在或被宣告无效，被依法撤销、解除、转让的行为属无效行为，转让人应对善意的受让人所遭受的损失承担损害赔偿责任。

（2）必须由转让人与受让人之间达成协议，该协议应该是平等协商的，而且应当符合民事法律行为的有效要件，否则该转让行为属无效行为或可撤销行为。

（3）转让符合法律规定的程序，合同转让人应征得对方同意并尽通知义务。对于按照法律规定由国家批准成立的合同，转让合同应经原批准机关批准，否则转让行为无效。

以下情形，合同不得转让：

（1）根据合同性质不得转让的，合同如果是规定特定权利和义务关系的合同或者是特定主体的合同，则合同不得转让。

（2）按照当事人约定不得转让，如果双方当事人在订立合同时在合同中约定不得转让，则该约定对双方当事人都有约束力。

（3）依照法律规定不得转让。如果该合同成立是由国家机关批准成立的，则该合同的转让也必须经原合同批准机关批准；如果批准机关不予批准，该合同不能转让。

5.4.3　合同的终止

5.4.3.1　合同终止的概念

合同终止是指当事人之间根据合同确定的权利义务在客观上不复存在，据此合同不再对双方具有约束力。

合同终止与合同中止的不同之处在于，合同中止只是在法定的特殊情况下，当事人暂时停止履行合同，当这种特殊情况消失后，当事人仍然承担继续履行的义务；而合同终止是合同关系的消灭，不可能恢复。权利义务的终止不影响合同中结算和清理条款的效力。

5.4.3.2　合同终止的原因

1. 债务已按照约定履行

债务已按照约定履行即债务的清偿，是按照合同约定实现债权目的的行为。清偿是合同的权利和义务终止的最主要和最常见的原因。

2. 合同解除

合同解除是指对已经发生法律效力，但尚未履行或者尚未完全履行的合同，因当事人一方的意思表示或者双方的协议而使债权债务关系提前归于消灭的行为。合同解除可分为约定解除和法定解除两类。

约定解除是当事人通过行使约定的解除权或者双方协商决定而进行的合同解除。当事人协商一致可以解除合同，即合同的协商解除。

法定解除是解除条件直接由法律规定的合同解除。当法律规定的解除条件具备时，当事人可以解除合同。有下列情形之一的当事人可以解除合同：

（1）因不可抗力致使不能实现合同目的的。

（2）在履行期限届满之前，当事人一方明确表示或者以自己的行为表明不履行主要债务的。

（3）当事人一方延迟履行主要债务，经催告后在合理的期限内仍未履行的。

（4）当事人一方延迟履行债务或有其他违法行为，致使不能实现合同目的的。

（5）法律规定的其他情形。

3．债务相互抵消

债务抵消是指合同当事人互负债务时，各以其债权充当债务清偿，而使其债务与对方的债务在对等额内相互抵消。依据抵消产生的根据不同，可分为法定抵消和约定抵消两种。

（1）法定抵消是合同当事人互负到期债务，并且该债务的标的物种类、品质相同，任何一方当事人作出的使相互间数额相当的债务归于消灭的意思表示。

（2）约定抵消是当事人互负到期债务，在债的标的物种类、品质不相同的情形下，经双方自愿协商一致而发生的债务抵消。

4．债务人依法将标的物提存

提存是指由于债权人的原因致使债务人无法向其交付标的物，债务人可以将标的物交给有关机关保存，以此消灭合同关系的行为。

提存的标的物以适于提存为限。标的物不适用于提存或提存费用过高的，债务人依法可以拍卖或变卖标的物，提存所得价款。我国目前法定的提存机关为公证机构。自提存之日起，债务人的债务归于消灭。债权人领取提存物的权利，自提存之日起 5 年内不行使而消灭，提存物扣除提存费用后，归国家所有。

5．债权债务同归一方

债权债务同归一方也称混同，是指债权债务同归一人而导致合同权利义务归于消灭的情形。发生混同的主要原因有企业合并。但在合同标的物上设有第三人利益的，不能混同，如债权上设有抵押权。

6．债权人免除债务

免除是债权人放弃债权，从而全部或部分终止合同关系的单方行为。债权人免除债务，应由债权人向债务人作出明确的意思表示。

7．合同的权利义务终止的其他情形

如时效（取得时效）的期满、合同的撤销。合同主体的自然人死亡而其债务又无人承担等均会导致合同当事人权利义务的终止。

5.5 违约责任与合同争议的解决

5.5.1 违约责任概述

1．违约责任的概念

违约责任是指当事人任何一方不履行合同义务或者履行合同义务不符合约定而应当承担的法律责任。违约行为的表现形式包括不履行和不适当履行。对于逾期违约的，当事人也应当承担违约责任。当事人一方明确表示或者以自己的行为表明不履行合同的义务，对方可以在履行期限届满之前要求其承担违约责任。

2. 承担违约责任的条件和原则

（1）承担违约责任的条件。当事人承担违约责任的条件是指当事人承担违约责任应当具备的要件。《合同法》采用了严格责任条件，只要当事人有违约行为，就应当承担违约责任，不要求以违约人有过错为承担违约责任的前提。

（2）承担违约责任的原则。《合同法》规定的承担违约责任是以补偿性为原则的。补偿性是指违约责任旨在弥补或者补偿因违约行为造成的损失。赔偿损失额应当相当于因违约行为所造成的损失，包括合同履行后可获得的利益。

5.5.2 违约责任的承担方式

1. 继续履行

继续履行是指违反合同的当事人不论是否承担了赔偿金或者违约金责任，都必须根据对方的要求，在自己能够履行的条件下，对合同未履行的部分继续履行，但有下列情形之一的除外：

（1）法律上或者事实上不能履行。

（2）债务的标的不适于强制履行或者履行费用过高。

（3）债权人在合理期限内未要求履行。

2. 采取补救措施

采取补救措施是指在当事人违反合同的事实发生后，为防止损失发生或者扩大，而由违反合同一方依照法律规定或者约定采取的修理、更换、重新制作、退货、降低价格或者减少报酬等措施，以给权利人弥补或者挽回损失的责任形式。采取补救措施的责任形式，主要发生在质量不符合约定的情况下。

3. 赔偿损失

当事人一方不履行合同义务或者履行合同义务不符合约定的，给对方造成损失的，应当赔偿对方的损失。损失赔偿额应当相当于因违约所造成的损失，包括合同履行后可以获得的利益，但不得超过违反合同一方订立合同时预见或应当预见的因违反合同可能造成的损失。

4. 支付违约金

当事人可以约定一方违约时应当根据违约情况向对方支付一定数额的违约金，也可以约定因违约产生的损失额的赔偿办法。约定违约金低于造成损失的，当事人可以请求人民法院或者仲裁机构予以增加；约定违约金过分高于造成损失的，当事人可以请求人民法院或仲裁机构予以适当减少。

5. 定金

当事人可以约定一方向对方给付定金作为债权的担保。债务人履行债务后定金应当抵作价款或收回。给付定金的一方不履行约定债务的，无权要求返还定金；收受定金的一方不履行约定债务的，应当双倍返还定金。

当事人既约定违约金，又约定定金的，一方违约时，对方可以选择适用违约金或定金条款。但是，这两种违约责任不能合并使用。

因不可抗力不能履行合同的，根据不可抗力的影响，部分或全部免除责任。当事人延迟履行后发生的不可抗力，不能免除责任。当事人因不可抗力不能履行合同的，应当及时通知对方，以减轻给对方造成的损失，并应当在合理的期限内提供证明。

5.5.3 合同争议的解决

5.5.3.1 合同争议的概念

合同争议是指合同当事人在合同履行过程中所产生的有关权利和义务的纠纷。在合同履行过程中，由于各种原因，在当事人之间产生争议是不可避免的。争议的解决直接关系到合同目的的实现。

5.5.3.2 合同争议的解决方式

1. 和解解决

和解是指合同纠纷当事人在自愿平等的基础上，互相沟通、互相谅解，从而解决纠纷的一种方式。自愿、平等、合作是和解解决争议的基本原则。和解的特点在于简便易行，能够在没有第三人参加的情况下及时解决当事人之间的纠纷，有利于双方当事人的进一步合作。但局限在于当当事人之间的纠纷分歧较大时，或者当事人故意违约，根本没有解决问题的诚意时，这种方法就不能解决问题。

2. 调解解决

调解是指合同当事人对合同所约定的权利、义务发生争议，不能达成和解协议时，在经济合同管理机关或者有关机关、团体等的主持下，通过对当事人进行说服教育，促使双方互相作出适当的让步，平息争端，自愿达成协议，以求解决经济合同纠纷的方法。合同纠纷的调解往往是当事人经过和解仍不能解决纠纷后采取的方式，因此与和解相比，它面临的纠纷要大一些。但与诉讼、仲裁相比，调解的优势在于能够较经济、较及时地解决纠纷。

3. 仲裁

仲裁是指当事人双方在争议发生前或争议发生后达成协议，自愿将争议交给第三者作出裁决，并负有自动履行义务的一种解决争议的方式。

双方当事人可以在合同中订立仲裁条款或者在争议发生后以书面形式达成仲裁协议。仲裁本着自愿原则并且实施一裁终局制。裁决作出后，当事人就同一纠纷再申请仲裁或者向人民法院起诉的，仲裁委员会或者人民法院不予受理。

4. 诉讼解决

诉讼是指合同当事人依法请求人民法院行使审判权，审理双方之间发生的合同争议，作出有国家强制保证实现其合法权益，从而解决纠纷的审判活动。合同双方当事人如果未约定仲裁协议，则只能以诉讼作为解决争议的最终方式。当事人应当履行发生法律效力的判决、仲裁协议、调解书，拒不履行的，对方可以请求人民法院强制执行。

5.6 合 同 担 保

5.6.1 合同担保概述

担保是指当事人根据法律规定或者双方约定，为促使债务人履行债务实现债权人的权利的法律制度。担保通常由当事人双方订立担保合同。担保合同是被担保合同的从合同，被担保合同是主合同，主合同无效，从合同也无效。担保合同另有约定的，按照约定。

担保活动应当遵循平等、自愿、公平、诚实信用的原则。

5.6.2 担保方式

根据有关法律的规定，我国法定的担保形式有保证、抵押、质押、留置和定金五种。

5.6.2.1　保证

1. 保证的概念和方式

保证是指保证人和债权人约定，当债务人不履行债务时，保证人按照约定履行债务或者承担责任的担保形式。

保证的方式有两种，即一般保证和连带保证。保证方式没有约定或约定不明确的，按连带保证承担保证责任。

一般保证，是指当事人在保证合同中约定，当债务人不履行债务时，由保证人承担责任的保证。一般保证的保证人在主合同纠纷未经审判或仲裁，并就债务人财产依法强制执行仍不能履行债务前，对债权人可以拒绝承担保证责任。

连带保证，是指当事人在保证合同中约定保证人与债务人对债务承担连带责任的保证。连带责任保证的债务人在主合同规定的债务履行期届满没有履行债务的，债权人可以要求债务人履行债务，也可以要求保证人在其保证范围内承担保证责任。

2. 保证人的资格

具有代为清偿债务能力的法人、其他组织或者公民，可以作为保证人，但下列组织不能作为担保人。

（1）国家机关不得为保证人，但经国务院批准使用外国政府或者国际经济组织贷款进行转贷的除外。

（2）学校、幼儿园、医院等以公益为目的的事业单位、社会团体不得为保证人。

（3）企业法人的分支机构、职能部门不得为保证人，但有法人书面授权的，可以在授权范围内提供保证。

3. 保证范围和期间

保证担保的范围包括主债权及利息、违约金、损害赔偿和实现债权的费用。保证合同另有约定的，按照约定。当事人对保证范围无约定或约定不明确的，保证人应对全部债务承担责任。

一般保证的保证人未约定保证期间的，保证期间为主债务履行期届满之日起6个月。保证期间债权人与债务人协议变更主合同或者债权人许可债务人转让债务的，应当取得保证人的书面同意，否则保证人不再承担保证责任。保证合同另有约定的按照约定。

5.6.2.2　抵押

1. 抵押的概念

抵押是指债务人或第三人不转移对抵押财产的占有，将该财产作为债权的担保。当债务人不履行债务时，债权人有权依法以该财产折价或以拍卖、变卖该财产的价款优先受偿。

2. 抵押物

债务人或者第三人提供担保的财产为抵押物。由于抵押物是不转移占有的，因此能够成为抵押物的财产必须具备一定的条件。这类财产轻易不会灭失，且其所有权的转移应当经过一定的程序，下列财产可以作为抵押物：

（1）抵押人所有的房屋和其他地上定着物。

（2）抵押人所有的机器、交通运输工具和其他财产。

（3）抵押人依法有权处分的国有土地使用权、房屋和其他地上定着物。

（4）抵押人依法有权处置的国有机器、交通运输工具和其他财产。

（5）抵押人依法承包并经发包人同意抵押的荒山、荒沟、荒丘、荒滩等荒地的土地所有权。

（6）依法可以抵押的其他财产。

下列财产不得抵押：

（1）土地所有权。

（2）耕地、宅基地、自留山等集体所有的土地使用权。但依法可以抵押的除外，如乡村企业厂房占用的土地使用权，依法可以与地上厂房同时抵押。

（3）学校、幼儿园、医院等以公益为目的的事业单位、社会团体的教育设施，医疗卫生设施和其他社会公益设施。

（4）所有权、使用权不明或有争议的财产。

（5）依法被查封、扣押、监管的财产。

（6）依法不得抵押的其他财产。

以抵押作为履行合同的担保，还应依据有关法律、法规签订抵押合同并办理抵押登记。

3. 抵押权的实现

债务履行期届满抵押权人未受清偿的，可以与抵押人协议以抵押物折价或者以拍卖、变卖该抵押物所得的价款受偿；协议不成的，抵押权人可以向人民法院提起诉讼。抵押物折价或者拍卖、变卖后，其价款超过债权数额的部分归抵押人所有，不足部分由债务人清偿。

同一财产向两个以上债权人抵押的，拍卖、变卖抵押物所得的价款按照以下规定清偿：

（1）抵押合同已登记生效的，按抵押物登记的先后顺序清偿；顺序相同的，按照债权比例清偿。

（2）抵押合同自签订之日起生效的，如果抵押物未登记的，按照合同生效的先后顺序清偿；顺序相同的，按照债权比例清偿。抵押物已登记的先于未登记的受偿。

5.6.2.3 质押

1. 质押的概念

质押是指债务人或者第三人将其动产或权利移交债权人占有，用以担保债权履行的担保形式。质押后，当债务人不能履行债务时，债权人依法有权就该动产或权利优先得到清偿。质权是一种约定的担保物权，以转移占有为特征。

2. 质押的分类

质押可分为动产质押和权利质押。

动产质押是指债务人或者第三者将其动产移交债权人占有，将该动产作为债权的担保。能够用作质押的动产没有限制。

权利质押一般是将权利凭证交付质押人的担保。可以质押的权利包括：

（1）汇票、本票、支票、债券、存款单、仓单、提单。

（2）依法可以转让的股份、股票。

（3）依法可以转让的商标专用权、专利权、著作权中的财产权。

（4）依法可以质押的其他权利。

5.6.2.4 留置

留置是指债权人按照合同约定占有债务人的动产，债务人不按照合同约定的期限履行债务的，债权人有权依法留置该财产，以该财产折价或以拍卖、变卖该财产的价格优先受偿。

留置具有法定性,《中华人民共和国担保法》第八十四条规定,因保管合同、仓储合同、运输合同、加工承揽合同发生的债权,债务人不履行债务的,债权人有留置权。

5.6.2.5 定金

定金是指合同当事人一方为了证明合同成立及担保合同的履行,在合同中约定应给付对方一定数额的货币。合同履行后,定金可以收回或抵作价款。给付定金的一方不履行合同,无权要求返还定金;收受定金的一方不履行合同的,应双倍返还定金。

定金应以书面形式约定。当事人在定金合同中应该约定交付定金的期限及数额。定金合同从实际交付定金之日起生效,定金数额最高不得超过主合同标的额的20%。

习 题

一、单选题

1.《合同法》中规定的合同履行抗辩权,是指合同履行过程中当事人任何一方因对方的违约而(   )的行为。

A. 解除合同   B. 变更合同

C. 转让合同   D. 中止履行合同义务

2. 甲施工企业授权某采购员到乙公司采购钢材,但该采购员用盖有甲施工企业公章的空白文本与乙公司订立了购买钢材的合同,则该合同(   )。

A. 有效,但应由采购员向乙公司支付货款

B. 有效,由甲施工企业向乙公司支付货款

C. 无效,由采购员向乙公司支付货款

D. 无效,甲施工企业退货,乙公司的损失由采购员承担

3. 陈某以信件发出要约,信件未载明承诺开始日期,仅规定承诺期限为10天。5月8日,陈某将信件投入邮箱。邮局将信件加盖5月9日邮戳发出,5月11日信件送达受要约人李某的办公室;李某因外出,直至5月15日才知悉信件内容,根据《合同法》的规定,该承诺期限的起算日为(   )。

A. 5月8日   B. 5月9日

C. 5月11日   D. 5月15日

4. 不属于《合同法》调整范围的合同是(   )。

A. 技术合同   B. 买卖合同

C. 委托合同   D. 监护合同

5. 下列属于要约的是(   )。

A. 某医院购买药品的招标公告   B. 含有"仅供参考"的订约提议

C. 某公司寄送的价目表   D. 超市货架上标价的商品

6. 下列关于承诺的说法中,正确的是(   )。

A. 承诺可以撤回   B. 承诺既可以撤回也可以撤销

C. 承诺可以撤销   D. 承诺既不能撤回也不可以撤销

7. 缔约过失责任一般发生在(   )。

A. 合同履行阶段   B. 合同订立阶段

C. 合同成立后　　　　　　　　　　D. 合同生效后

8. 下列合同生效的要件中，错误的是（　　　）。

A. 合同当事人具有完全的民事行为能力和民事权利能力

B. 意思表示真实

C. 不违反法律、行政性法规的强制性规定，不损害社会公共利益

D. 具备法律所要求的形式

9. 根据《合同法》的规定，下列各项中不属于无效合同的是（　　　）。

A. 违反国家限制经营规定而订立的合同

B. 恶意串通，损害第三方利益的合同

C. 显失公平的合同

D. 损害社会公共利益的合同

10. 下列情形中属于效力待定合同的有（　　　）。

A. 出租车司机借抢救重病人急需租车之机将车价提高 10 倍

B. 10 周岁的儿童因发明创造而接受奖金

C. 成年人甲误将本为复制品的油画当成真品购买

D. 11 周岁的少年将自家的电脑卖给 40 岁的张某

11. 执行政府定价的合同，当事人一方逾期提取货物，遇到政府上调价格时，应当按（　　　）执行。

A. 原价格　　　　　　　　　　　B. 新价格

C. 市场价格　　　　　　　　　　D. 原价格和新价的平均价格

12. 施工合同示范文本中规定，如果发包人不按合同的约定支付工程进度款，承包人发出催付通知和停工通知后仍不能获得工程款，可在停工通知发出 7 天后停止施工。该条款依据的是《合同法》中关于（　　　）的规定。

A. 撤销权　　　　　　　　　　　B. 不可抗辩权

C. 先履行抗辩权　　　　　　　　D. 同时履行抗辩权

13. 合同解除后，合同中的（　　　）条款仍然有效。

A. 结算和清理　　　　　　　　　B. 仲裁和诉讼

C. 结算、清理、违约　　　　　　D. 结算、仲裁、违约

14. 一方以欺诈手段订立损害国家利益的合同，属于（　　　）。

A. 无效合同　　　　　　　　　　B. 可撤销合同

C. 效力待定合同　　　　　　　　D. 附条件合同

15. 合同当事人一方行使撤销权时，应当在其知道或者应当知道撤销事由的（　　　）内行使。

A. 6 个月　　　　B. 1 年　　　　C. 2 年　　　　D. 5 年

16. 某物资采购合同采购方向供货方交付定金 4 万元。由丁供货方违约，按照合同约定计算的违约金是 10 万元，则采购方有权要求供货方支付（　　　）万元承担违约责任。

A. 4　　　　　　B. 8　　　　　　C. 10　　　　　D. 14

17. 施工企业根据材料供应商寄送的价目表发出一个建筑材料采购清单，后因故又发出加急通知取消了该采购清单。如果施工企业后发出的取消通知先于采购清单到达材料供应商

处，则该取消通知从法律上称为（　　　）。

  A. 要约撤回   B. 要约撤销

  C. 承诺撤回   D. 承诺撤销

  18. 债权人代位权，是指债权人为了保障其债权不受损害，而以（　　　）代替债务人行使债权的权利。

  A. 自己的名义   B. 他人的名义

  C. 第三人的名义   D. 债务人的名义

  19. 某人以其居住的别墅作为担保，该种担保方式属于（　　　）。

  A. 保证   B. 质押   C. 留置   D. 抵押

二、多选题

  1. 按照《合同法》规定，与合同转让中的"债权转让"比较，"由第三人向债权人履行债务"的主要特点表现为（　　　）。

  A. 合同当事人没有改变

  B. 第三人可以向债权人行使抗辩权

  C. 第三人可以与债权人重新协商合同条款

  D. 第三人履行债务前，债务人需首先征得债权人同意

  E. 第三人履行债务后，由债务人与债权人办理结算手续

  2. 诉讼时效法律制度规定，诉讼时效期间的起算自（　　　）起。

  A. 权利人的权利受到限制之日 B. 权利人义务人订立合同之日

  C. 权利人知道权利受到侵害之日 D. 诉讼时效中断事由消除之日

  E. 权利人应当知道权利受到侵害之日

  3. 依据《民法通则》规定，法人成立应具备下列条件（　　　）。

  A. 依法成立   B. 有必要的财产和经费

  C. 能独立承担法律责任   D. 有符合法定条件的法定代表人

  E. 有自己的名称、组织机构和场所

  4. 属于诺成合同的是（　　　）。

  A. 定金合同   B. 委托合同

  C. 勘察、设计合同   D. 保管合同

  E. 借款合同

  5. 张某向李某发出要约，李某如期收到，下列选项中，会使要约失效的情形有（　　　）。

  A. 李某打电话给张某拒绝该要约

  B. 李某发出承诺前张某通知李某撤销该要约

  C. 张某依法撤回要约

  D. 承诺期限届满，李某未作承诺

  E. 李某对要约的内容作出实质性变更

  6. 甲在投标某施工项目时，为减少报价风险，与乙签订了一份塔式起重机租赁协议。协议约定，甲中标后，乙按照协议约定的租金标准向甲出租塔式起重机，如甲方未中标，则协议自动失效。该协议是（　　　）。

  A. 既未成立又未生效合同   B. 附条件合同

C. 已成立但未生效合同　　　　　　D. 有效合同

E. 附期限合同

7. 下列合同中，（　　　）是可撤销合同。

A. 因重大误解订立的合同　　　　　B. 违反法律的强制性规定的合同

C. 一方以欺诈、胁迫手段订立的合同　D. 订立合同时显失公平的合同

E. 以合法行为掩盖非法目的的合同

8. 所有合同的订立过程都必须经过（　　　）过程。

A. 要约邀请　　　　　　　　　　　B. 要约

C. 承诺　　　　　　　　　　　　　D. 公证

E. 签证

三、思考题

1. 要约和承诺的概念及其含义是什么？

2.《合同法》中关于缔约过失责任有哪些规定？

3. 试述合同生效、合同无效的概念及法律规定。

4. 可变更或可撤销的合同的概念和法律规定是什么？

5. 试述合同履行的概念和履行的原则。

6. 什么是合同履行中的债务履行变更和当事人的抗辩权？

7. 什么是合同履行中债权人的代位权和撤销权？

8. 试述合同变更、终止、解除的概念和法律规定。

9. 试述债权转让和债务转移的概念和有关法律规定。

10. 试述违约责任的概念及有关法律规定。

第6章　建设工程合同的管理

【学习目标】

(1) 了解建设工程合同的订立和分类。

(2) 了解建设工程施工合同的内容。

(3) 熟悉建设工程施工合同的管理。

6.1　建设工程合同概述

6.1.1　建设工程合同的订立

建设工程合同是《合同法》分则中专门一章规定的合同类型。建设工程合同属于经济合同范畴，适用《合同法》和有关法条。这类合同可分为国内建设工程合同与国际工程承包合同两大类。国内建设合同又分为国内非涉外建设工程合同与国内涉外建设工程合同。

由于建设工程合同本身的特殊性，其合同的订立也存在自身的特殊性。

要约和承诺是订立合同的两个基本程序，建设工程合同的订立自然也要经历这两个程序。它是通过招标和投标走完这两个程序的。

1. 招标公告（或投标邀请书）是要约邀请

招标人通过发布招标公告或者发出投标邀请书吸引潜在投标人投标，希望潜在投标人向自己发出"内容明确的订立合同的意思表示"，所以招标公告（或投标邀请书）是要约邀请。

2. 投标文件是要约

投标文件中含有投标人期望订立的具体内容，表达了投标人期望订立合同的意思，因此，投标文件是要约。

3. 中标通知书是承诺

中标通知书是招标人对投标文件（即要约）的肯定答复，因而是承诺。

6.1.2　建设工程合同的分类

依据不同的分类标准，建设工程合同可作以下分类。

6.1.2.1　按合同签约的对象内容划分

建筑工程合同按合同签约的对象内容可分为如下几类：

(1) 建设工程勘察、设计合同，是指业主（发包人）与勘察人、设计人为完成一定的勘察、设计任务，明确双方权利和义务的协议。

(2) 建设工程施工合同。通常也称为建筑安装工程承包合同，是指建设单位（发包人）和施工单位（承包人），为了完成商定的或通过招标投标确定的建筑工程安装任务，明确相互权利和义务关系的书面协议。

(3) 建设工程委托监理合同，简称监理合同，是指工程建设单位聘请监理单位代其对工程项目进行管理，明确双方权利和义务的协议。建设单位称委托人（甲方）、监理单位称受委托人（乙方）。

（4）工程项目物资购销合同，是由建设单位或承建单位根据工程建设的需要，分别与有关物资、供销单位，为执行建设工程物资（包括设备、建材等）供应协作任务，明确双方权利和义务而签订的具有法律效力的书面协议。

（5）建设项目借款合同，是由建设单位与中国人民建设银行或其他金融机构，根据国家批准的投资计划、信贷计划，为保证项目贷款资金供应和项目投产后能及时收回贷款签订的明确双方权利义务关系的书面协议。除以上合同外，还有运输合同、劳务合同、供电合同等。

6.1.2.2 按合同签约各方的承包关系划分合同

建筑工程合同按合同签约各方的承包关系可分为如下几类：

（1）总包合同，是指建设单位（发包人）将工程项目建设全过程或其中某个阶段的全部工作，发包给一个承包单位总包，发包人与总包方签订的合同称为总包合同。总包合同签订后，总承包单位可以将若干专业性工作交给不同的专业承包单位去完成，并统一协调和监督它们的工作。在一般情况下，建设单位仅同总承包单位发生法律关系，而不同各专业承包单位发生法律关系。

（2）分包合同，即总承包人与发包人签订了总包合同之后，将若干专业性工作分包给不同的专业承包单位去完成，总包方分别与几个分包方签订的分包合同。对于大型工程项目，有时也可由发包人直接与每个承包人签订合同，而不采取总包形式。这时每个承包人都处于同样的地位，各自独立完成本单位所承包的任务，并直接向发包人负责。

6.1.2.3 按承包合同的不同计价方法划分

建设工程承包合同的计价方式按照国际通行做法，一般分为总价合同、单价合同。

总价合同是指支付给承包商的工程款项在承包合同中是一个规定的金额，即总价。通常采用这种合同时，必须明确工程承包合同标的物的详细内容及各种技术经济指标，承包商在投标报价时要仔细分析风险因素，需要在报价中考虑风险费用，发包人也要考虑到使承包方承担的风险是可以承受的以获得合格又有竞争力的投标人。

单价合同是指承包人按发包人提供的工程量清单内的分部分项工程内容填报单价，并据此签订承包合同，而实际总价则是按照实际完成的工程量与合同单价计算确定，合同履行过程中无特殊情况一般不得变更单价。

根据《建筑工程施工发包与承包计价管理办法》规定，合同价可以采用以下方式：

1. 固定价

合同总价或者单价在合同约定的风险范围内不可调整。即在合同实施期间不因资源价格等因素的变化而调整价格。具体包括两种类型，即固定总价合同和固定单价合同。

固定总价合同的价格计算是以设计图纸、工程量及规范为依据，承发包双方就承包工程写上一个固定总价。采用这种合同，总价只有在设计和工程范围发生变更的情况下才能随之作相应的变更。建议规模较小、技术难度较低、工期较短的建筑工程，发承包双方可以采用总价方式确定合同价款。

固定单价合同又可以分为估算工程量单价和纯单价两种形式：

（1）估算工程量单价合同。它是以工程量清单和工程单价表为依据来计算合同价格，也被称作计量估计合同。估算工程量单价合同通常是由发包方提出工程量清单，列出分部分项工程量，由承包方以此为基础填报相应的单价，累计计算后得出合同价格。但最后工程结算价应按照实际完成的工程量来计算。

（2）纯单价合同。发包人只向承包方给出发包工程的有关分部分项工程及工程范围，不对工程量做任何规定。这种方式主要适用于没有施工图，工程量不明，却急需开工的紧迫工程。

实行工程量清单计价的建设工程，鼓励发承包双方采用单价方式确定合同价款。

2. 可调价

合同总价或者单价在合同实施期内，根据合同约定的办法调整。这种合同形式又可以分为可调总价和可调单价两种形式：

（1）可调总价合同的总价一般以设计图纸及规定、规范为基础，在报价及签约时，按招标文件的要求和当时的物价计算合同总价。合同总价是一个相对固定的合同价格，只是在合同条款中增加相应的调价条款，当出现了约定调价的情形时，合同总价就按照约定的调价条款做相应的调整。

（2）可调单价合同的单价可调一般在工程招标文件中规定。在合同中签订的单价，根据合同约定的条款可作调值。

（3）成本加酬金。是将工程项目的实际投资划分成为直接成本费和承包商完成工作后应得酬金两部分。工程实施过程中发生的直接成本费由发包人实报实销，再按照合同约定的方式另外支付给承包商相应的报酬。这种计价方式主要适用于工程内容及技术经济指标尚未全面确定、投标报价依据尚不充分的情况下，发包人因工期要求紧迫，必须发包的工程，或者发包方与承包商之间有高度信任，承包方在某些方面具有独特的技术、特长或经验。按照酬金的计算方式不同，这种合同形式又可以分为成本加固定百分比酬金、成本加固定酬金、成本加奖惩和最高限额成本加固定最大酬金四类。

紧急抢险、救灾以及施工技术特别复杂的建筑工程，发承包双方可以采用成本加酬金方式确定合同价款。

【例 6.1】　2012 年 8 月 10 日，某钢厂与某市政工程公司签订该厂地下排水工程总承包合同，总长 5000m，市政工程公司将任务下达给该公司第四施工队。事后，第四施工队又与成立仅半年、尚未取得从业资质等级认证的某乡建筑工程队签订了建筑分包合同，由乡建筑工程队分包其中 3000m 排水工程的施工任务，合同价 45 万元，9 月 10 日正式施工。2012 年 9 月 20 日市建委主管部门在检查该项工程施工时，发现乡建筑工程队承包工程手续不符合有关规定，责令停工。某乡建筑工程队不予理睬。10 月 3 日，市政工程公司下达了停工文件，乡建筑队不服，以合同经双方自愿签订并有营业执照为由，于 10 月 10 日诉至人民法院，要求第四施工队继续履行合同，否则应承担毁约责任并赔偿其经济损失。

【问题】

（1）请依法确认总包及分包合同的法律效力。

（2）某市建委主管部门是否有权责令停工？

（3）该合同的法律效力应由哪个机构确认？合同纠纷的法律责任应如何裁决？

【解答】

（1）总包合同有效，分包合同无效，原因如下：

《合同法》规定，有下列情况之一者合同无效：①一方以欺诈、胁迫手段订立合同，损害国家利益；②恶意串通，损害国家、集体和第三方利益；③以合法形式掩盖非法目的；

④损害社会公众利益；⑤违反法律法规的强制性规定。

　　该发包合同：①违反《建筑法》规定的"主体结构必须由总承包单位自行完成"，分包方承包了大排水主体工程，违反了国家的法律规定；②该乡建筑工程队尚未取得国家相应的资质等级证书，不具备承揽该项工程的从业资质条件，违反《建筑法》以及《合同法》民事法律行为的行为人应具有相应的民事行为能力的规定。因此，该分包合同应属于无效合同，即使当事人不作出合同无效的主张，国家行政部门也会依法给予干预。

　　（2）市建委主管部门有权责令停工。

　　（3）该合同应由人民法院或仲裁机构确认无效。双方均有过错，应分别承担相应责任，依法宣布分包（实为转包）合同无效，终止合同。对乡建筑工程队已完成的工程量，由市政工程公司按规定支付实际费用（不包含利润），但不承担违约责任。

6.2　建设工程施工合同

6.2.1　建设工程施工合同概述

6.2.1.1　建设工程施工合同的概念

　　建设工程施工合同即建筑安装工程承包合同，是发包人与承包人之间为完成商定的建设工程项目，明确双方权利和义务的协议。依据施工合同，承包人应完成一定的建筑、安装工程任务，发包人应提供必要的施工条件并支付工程价款。

　　建设工程施工合同是建设工程合同的一种，它与其他建设工程合同相同，是一种双务合同，在订立时也应遵守"自愿、公平、诚实、信用"等原则。

　　建设工程施工合同是建设工程合同的主要合同，是工程建设质量控制、进度控制、投资控制的主要依据。通过合同关系，可以确定建设市场主体之间的相互权利和义务关系，这对规范建筑市场有重要作用。

6.2.1.2　建设工程施工合同涉及的各方

　　1. 合同当事人

　　（1）发包人。发包人指在协议书中约定，具有工程发包主体资格和支付工程价款能力的当事人以及取得该当事人资格的合法继承人。

　　（2）承包人。承包人指在协议书中约定，被发包人接受具有工程施工承包主体资格的当事人以及取得该当事人资格的合法继承人。

　　施工合同签订后，当事人任何一方均不允许转让合同。所谓合法继承人是指因资产重组后，合并或分立后的法人或组织可以作为合同的当事人。

　　2. 监理人

　　工程实行监理的，发包人和承包人应在专用合同条款中明确监理人的监理内容及监理权限等事项。监理人应当根据发包人授权及法律规定，代表发包人对工程施工相关事项进行检查、查验、审核、验收，并签发相关指示，但监理人无权修改合同，且无权减轻或免除合同约定的承包人的任何责任与义务。

　　除专用合同条款另有约定外，监理人在施工现场的办公场所、生活场所由承包人提供，所发生的费用由发包人承担。

6.2.1.3　建设工程施工合同的作用

1. 明确发包人和承包人在施工中的权利和义务

建设工程施工合同一经签订，就具有法律效力。建设工程施工合同明确了发包人和承包人在工程施工中的权利和义务，是双方在履行合同中的行为准则，双方都应以建设工程施工合同作为行为的依据。双方应当认真履行各自的义务，任何一方无权随意变更或解除建设工程施工合同；任何一方违反合同规定的内容，都必须承担相应的法律责任。如果不订立建设工程施工合同，将无法规范双方的行为，也无法明确各自在施工中所享受的权利和承担的义务。

2. 有利于对建设工程施工合同的管理

合同当事人对工程施工的管理应当以建设工程施工合同为依据。同时，有关的国家机关、金融机构对工程施工的监督和管理，建设工程施工合同也是其重要依据。不订立施工合同将给建设工程施工管理带来很大的困难。

3. 有利于建筑市场的培育和发展

在计划经济条件下，行政手段是施工管理的主要方法；在市场经济条件下，合同是维系市场运转的主要因素。因此，培育和发展建筑市场，首先要培育合同意识。推行建筑监督制度、实行招标投标制度等，都是以签订建设工程施工合同为基础的。因此，不建立建设工程施工合同管理制度，建筑市场的培育和发展将无从谈起。

4. 进行监理的依据和推行监理制度的需要

建设监理制度是工程建设管理专业化、社会化的结果。在这一制度中，行政干涉的作用被淡化了，建设单位、施工单位、监理单位三者之间的关系是通过工程建设监理合同和施工合同来确定的，监理单位对工程建设进行监理是以订立建设工程施工合同为前提和基础的。

6.2.2　建设工程施工合同的主要内容

6.2.2.1　《建设工程施工合同示范文本》概述

我国建设主管部门通过制定《建设工程施工合同（示范文本）》（以下简称《示范文本》）来规范承发包双方的合同行为。尽管《示范文本》从法律性质上并不具备强制性，但由于其通用条款较为公平、合理地设定了合同双方的权利义务，因此得到了较为广泛的应用。

现行的《建设工程施工合同（示范文本）》（GF－2013－0201）是在《建设工程施工合同》（GF－1999－0201）基础上进行修订的版本，该示范文本由协议书、通用条款和专用条款三部分组成。通用条款是依据有关建设工程施工的法律、法规制定而成，它基本上可以适用于各类建设工程，因而有相对的固定性。而建设工程施工涉及面广，每一个具体工程都会发生一些特殊情况，针对这些情况必须专门拟定一些专用条款，专用条款就是结合具体工程情况的具有针对性的条款，它体现了施工合同的灵活性。这种固定性和灵活性相结合的特点，适应了建设工程施工合同的需要。

6.2.2.2　《示范文本》的组成

《示范文本》由合同协议书、通用合同条款和专用合同条款三部分组成。

1. 合同协议书

《示范文本》合同协议书共计 13 条，主要包括工程概况、合同工期、质量标准、签约合同价和合同价格形式、项目经理、合同文件构成、承诺以及合同生效条件等重要内容，集中约定了合同当事人基本的合同权利义务。

2. 通用合同条款

通用合同条款是合同当事人根据《建筑法》《合同法》等法律法规的规定，就工程建设的实施及相关事项，对合同当事人的权利义务作出的原则性约定。

通用合同条款共计 20 条，具体条款包括一般约定、发包人、承包人、监理人、工程质量、安全文明施工与环境保护、工期和进度、材料与设备、试验与检验、变更、价格调整、合同价格、计量与支付、验收和工程试车、竣工结算、缺陷责任与保修、违约、不可抗力、保险、索赔和争议解决。前述条款安排既考虑了现行法律法规对工程建设的有关要求，也考虑了建设工程施工管理的特殊需要。

3. 专用合同条款

专用合同条款是对通用合同条款原则性约定的细化、完善、补充、修改或另行约定的条款。合同当事人可以根据不同建设工程的特点及具体情况，通过双方的谈判、协商对相应的专用合同条款进行修改补充。在使用专用合同条款时，应注意以下事项：

（1）专用合同条款的编号应与相应的通用合同条款的编号一致。

（2）合同当事人可以通过对专用合同条款的修改，满足具体建设工程的特殊要求，避免直接修改通用合同条款。

（3）在专用合同条款中有横线的地方，合同当事人可针对相应的通用合同条款进行细化、完善、补充、修改或另行约定；如无细化、完善、补充、修改或另行约定，则填写"无"或画"/"。

6.2.2.3 《示范文本》的性质和适用范围

《示范文本》为非强制性使用文本。《示范文本》适用于房屋建筑工程、土木工程、线路管道和设备安装工程、装修工程等建设工程的施工承发包活动，合同当事人可结合建设工程具体情况，根据《示范文本》订立合同，并按照法律法规规定和合同约定承担相应的法律责任及合同权利义务。

6.2.2.4 建设工程施工合同文件的组成及解释顺序

建设工程施工合同包括如下文件：

（1）合同协议书。

（2）中标通知书。

（3）投标函及其附录。

（4）专用合同条款及其附件。

（5）通用合同条款。

（6）技术标准和要求。

（7）图纸。

（8）已标价工程量清单或预算书。

（9）其他合同文件。

上述各项合同文件包括合同当事人就该项合同文件所作出的补充和修改，属于同一类内容的文件，应以最新签署的为准。在合同订立及履行过程中形成的与合同有关的文件均构成合同文件的组成部分，并根据其性质确定优先解释顺序。

6.3 建设工程施工合同的管理

6.3.1 建设工程施工合同管理的概述

建设工程施工合同的管理，是指各级工商行政管理机关、建设行政主管机关和金融机构，以及工程发包单位、监理单位、承包单位依据法律和行政法规、规章制度，采取法律的、行政的手段，对建设工程施工合同关系进行组织、指导、协调及监督，保护合同当事人的合法权益，调解合同纠纷，防止和制裁违法行为，保证合同法规的贯彻实施等一系列法定活动。

可将这些监督管理划分为以下两个层次：第一个层次为国家机关及金融机构对建设工程施工合同的管理；第二个层次为合同当事人及监理单位对建设工程施工合同的管理。

各级工商行政管理机关、建设行政主管机关对合同的管理侧重于宏观的依法监督，而发包单位、监理单位、承包单位对合同的管理则是具体的管理，也是合同管理的出发点和落脚点。发包单位、监理单位、承包单位对建设工程施工合同的管理体现在合同从订立到履行的全过程中，本节主要介绍在合同履行过程中的一些重点和难点。

6.3.1.1 不可抗力、保险和担保

1. 不可抗力

（1）不可抗力的范围。不可抗力是指合同当事人在签订合同时不可预见，在合同履行过程中不可避免且不能克服的自然灾害和社会性突发事件，如地震、海啸、瘟疫、骚乱、戒严、暴动、战争和专用合同条款中约定的其他情形。

（2）不可抗力事件发生后双方的工作。合同双方当事人遇到不可抗力事件，使其履行合同义务受到阻碍时，应立即通知合同另一方当事人和监理人，书面说明不可抗力和受阻碍的详细情况，并提供必要的证明。

不可抗力持续发生的，合同一方当事人应及时向合同另一方当事人和监理人提交中间报告，说明不可抗力和履行合同受阻的情况，并于不可抗力事件结束后 28 天内提交最终报告及有关资料。

（3）不可抗力引起的后果及造成的损失由合同当事人按照法律规定及合同约定各自承担。不可抗力发生前已完成的工程应当按照合同约定进行计量支付。

不可抗力导致的人员伤亡、财产损失、费用增加和（或）工期延误等后果，由合同当事人按以下原则承担：

1）永久工程、已运至施工现场的材料和工程设备的损坏，以及因工程损坏造成的第三方人员伤亡和财产损失由发包人承担。

2）承包人施工设备的损坏由承包人承担。

3）发包人和承包人承担各自人员伤亡和财产的损失。

4）因不可抗力影响承包人履行合同约定的义务，已经引起或将引起工期延误的，应当顺延工期，由此导致承包人停工的费用损失由发包人和承包人合理分担，停工期间必须支付的工人工资由发包人承担。

5）不可抗力引起或将引起工期延误，发包人要求赶工的，由此增加的赶工费用由发包人承担。

6）承包人在停工期间按照发包人要求照管、清理和修复工程的费用由发包人承担。不可抗力发生后，合同当事人均应采取措施尽量避免和减少损失的扩大，任何一方当事人没有采取有效措施导致损失扩大的，应对扩大的损失承担责任。

因合同一方迟延履行合同义务，在迟延履行期间遭遇不可抗力的，不免除其违约责任。

（4）不可抗力解除合同。因不可抗力导致合同无法履行连续超过 84 天或累计超过 140 天的，发包人和承包人均有权解除合同。合同解除后，由双方当事人按照第 4.4 款商定或确定发包人应支付的款项，该款项包括：

1）合同解除前承包人已完成工作的价款。

2）承包人为工程订购的并已交付给承包人，或承包人有责任接受交付的材料、工程设备和其他物品的价款。

3）发包人要求承包人退货或解除订货合同而产生的费用，或因不能退货或解除合同而产生的损失。

4）承包人撤离施工现场以及遣散承包人人员的费用。

5）按照合同约定在合同解除前应支付给承包人的其他款项。

6）扣减承包人按照合同约定应向发包人支付的款项。

7）双方商定或确定的其他款项。

除专用合同条款另有约定外，合同解除后，发包人应在商定或确定上述款项后 28 天内完成上述款项的支付。

2. 保险

（1）保险的类型。

1）工程保险。除专用合同条款另有约定外，发包人应投保建筑工程一切险或安装工程一切险；发包人委托承包人投保的，因投保产生的保险费和其他相关费用由发包人承担。

2）工伤保险。发包人应依照法律规定参加工伤保险，并为在施工现场的全部员工办理工伤保险，缴纳工伤保险费，并要求监理人及由发包人为履行合同聘请的第三方依法参加工伤保险。

承包人应依照法律规定参加工伤保险，并为其履行合同的全部员工办理工伤保险，缴纳工伤保险费，并要求分包人及由承包人为履行合同聘请的第三方依法参加工伤保险。

3）其他保险。发包人和承包人可以为其施工现场的全部人员办理意外伤害保险并支付保险费，包括其员工及为履行合同聘请的第三方的人员，具体事项由合同当事人在专用合同条款中约定。

除专用合同条款另有约定外，承包人应为其施工设备等办理财产保险。

（2）持续保险。合同当事人应与保险人保持联系，使保险人能够随时了解工程实施中的变动，并确保按保险合同条款要求持续保险。

3. 担保

承发包双方为了全面履行合同，应互相提供以下担保：

（1）发包人向承包人提供工程支付担保，按合同约定支付工程价款及履行合同约定的其他义务。

（2）承包人向发包人提供履约担保，按合同约定履行自己的各项义务。

承发包双方的履约担保一般都是以履约保函的方式提供的，实际上是担保方式中的保证。履约保函往往是由银行出具的，即以银行为保证人。一方违约后，另一方可要求提供担保的第三方（如银行）承担相应的责任。当然，履约担保也不排除其他担保人出具的担保书，但由于其他担保人的信用低于银行，因此担保金额往往较高。

6.3.1.2 工程分包

1. 分包的一般约定

承包人不得将其承包的全部工程转包给第三人，或将其承包的全部工程肢解后以分包的名义转包给第三人。承包人不得将工程主体结构、关键性工作及专用合同条款中禁止分包的专业工程分包给第三人，主体结构、关键性工作的范围由合同当事人按照法律规定在专用合同条款中予以明确。

承包人不得以劳务分包的名义转包或违法分包工程。

2. 分包的确定

承包人应按专用合同条款的约定进行分包，确定分包人。已标价工程量清单或预算书中给定暂估价的专业工程，按照暂估价确定分包人。按照合同约定进行分包的，承包人应确保分包人具有相应的资质和能力。工程分包不减轻或免除承包人的责任和义务，承包人和分包人就分包工程向发包人承担连带责任。除合同另有约定外，承包人应在分包合同签订后7天内向发包人和监理人提交分包合同副本。

3. 分包的管理

承包人应向监理人提交分包人的主要施工管理人员表，并对分包人的施工人员进行实名制管理，包括但不限于进出场管理、登记造册以及各种证照的办理。

4. 分包合同价款

（1）除约定的情况或专用合同条款另有约定外，分包合同价款由承包人与分包人结算，未经承包人同意，发包人不得向分包人支付分包工程价款。

（2）生效法律文书要求发包人向分包人支付分包合同价款的，发包人有权从应付承包人工程款中扣除该部分款项。

5. 分包合同权益的转让

分包人在分包合同项下的义务持续到缺陷责任期届满以后的，发包人有权在缺陷责任期届满前，要求承包人将其在分包合同项下的权益转让给发包人，承包人应当转让。除转让合同另有约定外，转让合同生效后，由分包人向发包人履行义务。

6.3.1.3 发包人和承包人的工作

1. 发包人的义务

（1）提供施工现场。除专用合同条款另有约定外，发包人应最迟于开工日期7天前向承包人移交施工现场。

（2）提供施工条件。除专用合同条款另有约定外，发包人应负责提供施工所需要的条件，包括：

1）将施工用水、电力、通信线路等施工所必需的条件接至施工现场内。

2）保证向承包人提供正常施工所需要的进入施工现场的交通条件。

3）协调处理施工现场周围地下管线和邻近建筑物、构筑物、古树名木的保护工作，并承担相关费用。

4）按照专用合同条款约定应提供的其他设施和条件。

（3）提供基础资料。发包人应当在移交施工现场前向承包人提供施工现场及工程施工所必需的毗邻区域内供水、排水、供电、供气、供热、通信、广播电视等地下管线资料，气象和水文观测资料，地质勘察资料，相邻建筑物、构筑物和地下工程等有关基础资料，并对所提供资料的真实性、准确性和完整性负责。

按照法律规定确需在开工后方能提供的基础资料，发包人应尽其努力及时在相应工程施工前的合理期限内提供，合理期限应以不影响承包人的正常施工为限。

因发包人原因未能按合同约定及时向承包人提供施工现场、施工条件、基础资料的，由发包人承担由此增加的费用和（或）延误的工期。

（4）资金来源证明及支付担保。除专用合同条款另有约定外，发包人应在收到承包人要求提供资金来源证明的书面通知后 28 天内，向承包人提供能够按照合同约定支付合同价款的相应资金来源证明。

除专用合同条款另有约定外，发包人要求承包人提供履约担保的，发包人应当向承包人提供支付担保。支付担保可以采用银行保函或担保公司担保等形式，具体由合同当事人在专用合同条款中约定。

（5）支付合同价款。发包人应按合同约定向承包人及时支付合同价款。

（6）组织竣工验收。发包人应按合同约定及时组织竣工验收。

（7）现场统一管理协议。发包人应与承包人、由发包人间接发包的专业工程的承包人签订施工现场统一管理协议，明确各方的权利和义务。施工现场统一管理协议作为专用合同条款的附件。

2. 承包人的义务

承包人在履行合同过程中应遵守法律和工程建设标准规范，并履行以下义务：

（1）办理法律规定应由承包人办理的许可和批准，并将办理结果书面报送发包人留存。

（2）按法律规定和合同约定完成工程，并在保修期内承担保修义务。

（3）按法律规定和合同约定采取施工安全和环境保护措施，办理工伤保险，确保工程及人员、材料、设备和设施的安全。

（4）按合同约定的工作内容和施工进度要求，编制施工组织设计和施工措施计划，并对所有施工作业和施工方法的完备性和安全可靠性负责。

（5）在进行合同约定的各项工作时，不得侵害发包人与他人使用公用道路、水源、市政管网等公共设施的权利，避免对邻近的公共设施产生干扰。承包人占用或使用他人的施工场地，影响他人作业或生活的，应承担相应责任。

（6）按照环境保护约定负责施工场地及其周边环境与生态的保护工作。

（7）按安全文明施工约定采取施工安全措施，确保工程及其人员、材料、设备和设施的安全，防止因工程施工造成的人身伤害和财产损失。

（8）将发包人按合同约定支付的各项价款专用于合同工程，且应及时支付其雇用人员工资，并及时向分包人支付合同价款。

（9）按照法律规定和合同约定编制竣工资料，完成竣工资料立卷及归档，并按专用合同条款约定的竣工资料的套数、内容、时间等要求移交发包人。

（10）应履行的其他义务。

6.3.1.4　建设工程施工合同争议的解决

1. 争议解决的方式

（1）和解。合同当事人可以就争议自行和解，自行和解达成协议的经双方签字并盖章后作为合同补充文件，双方均应遵照执行。

（2）调解。合同当事人可以就争议请求建设行政主管部门、行业协会或其他第三方进行调解，调解达成协议的，经双方签字并盖章后作为合同补充文件，双方均应遵照执行。

（3）争议评审。合同当事人在专用合同条款中约定采取争议评审方式解决争议以及评审规则，并按下列约定执行：

1）争议评审小组的确定。合同当事人可以共同选择一名或三名争议评审员，组成争议评审小组。除专用合同条款另有约定外，合同当事人应当自合同签订后 28 天内，或者争议发生后 14 天内，选定争议评审员。

选择一名争议评审员的，由合同当事人共同确定；选择三名争议评审员的，由合同当事人各自选定一名，第三名成员为首席争议评审员。首席争议评审员由合同当事人共同确定或由合同当事人委托已选定的争议评审员共同确定，或由专用合同条款约定的评审机构指定第三名首席争议评审员。

除专用合同条款另有约定外，评审员报酬由发包人和承包人各承担一半。

2）争议评审小组的决定。合同当事人可在任何时间将与合同有关的任何争议共同提请争议评审小组进行评审。

争议评审小组应秉持客观、公正的原则，充分听取合同当事人的意见，依据相关法律、规范、标准、案例经验及商业惯例等，自收到争议评审申请报告后 14 天内作出书面决定，并说明理由。合同当事人可以在专用合同条款中对本项事项另行约定。

3）争议评审小组决定的效力。争议评审小组作出的书面决定经合同当事人签字确认后，对双方具有约束力，双方应遵照执行。任何一方当事人不接受争议评审小组决定或不履行争议评审小组决定的，双方可选择采用其他争议解决方式。

（4）仲裁或诉讼。因合同及合同有关事项产生的争议，合同当事人可以在专用合同条款中约定以下一种方式解决争议：

1）向约定的仲裁委员会申请仲裁。

2）向有管辖权的人民法院起诉。

2. 争议解决条款效力

合同有关争议解决的条款独立存在，合同的变更、解除、终止、无效或者被撤销均不影响其效力。

3. 争议发生后允许停止履行合同的情况

发生争议后，在一般情况下，双方都应继续履行合同，保持施工连续，保护好已完成的工程。只有出现下列情况时，当事人方可停止履行施工合同：

（1）单方违约导致合同确已无法履行，双方协议停止施工。

（2）调解要求停止施工，且为双方接受。

（3）仲裁机关要求停止施工。

（4）法院要求停止施工。

6.3.1.5 建设工程施工合同的解除

建设工程施工合同订立后，当事人应当按照合同的约定履行。但是在一定的条件下，合同没有履行或者没有完全履行，当事人也可以解除合同。

1. 可以解除合同的情形

（1）合同的协商解除。施工合同当事人协商一致，可以解除。这是在合同成立之后、履行完毕之前，双方当事人通过协商而同意终止合同关系的解除。当事人的此项权利是合同中意思自治的具体体现。

（2）发生不可抗力时合同的解除。因不可抗力或者非合同当事人的原因，造成工程停建或缓建，致使合同无法履行，合同双方可以解除合同。

（3）当事人违约时合同的解除。

1）发包人请求解除合同的条件。承包人有下列情形之一，发包人请求解除建设工程施工合同的，应予以支持。

第一，明确表示或者以行为表明不履行合同主要义务的。

第二，合同期限内没有完工，且在发包人催告的合理期限内仍未完工的。

第三，已经完成的建设工程质量不合格，并拒绝修复的。

第四，将承包的工程非法转包、违法分包的。

2）承包人请求解除合同的条件。发包人有下列情形之一，致使承包人无法施工，且在催告的合理期限内仍未履行义务，承包人请求解除建设工程施工合同的，应予以支持。

第一，未按约定支付工程价款的。

第二，提供的主要建筑材料、建筑构配件和设备不符合强制性标准的。

第三，不履行合同约定的协助义务。

2. 合同解除后的法律后果

（1）建设工程施工合同解除后，已经完成的建设工程质量合格的，发包人应当按照约定支付相应的工程价款。

（2）已经完成的建设工程质量不合格的，按照下列情况处理：

1）修复后的建设工程经竣工验收合格，发包人请求承包人承担修复费用的，应予以支持。

2）修复后的建设工程经竣工验收不合格，承包人请求支付工程价款的，不予支持。

因建设工程不合格造成的损失，发包人有过错的，也应承担相应的民事责任。

（3）因一方违约导致合同解除的，违约方应当赔偿因此给对方造成的损失。

6.3.2 施工准备阶段的合同管理

1. 施工图纸

发包人应按照专用合同条款约定的期限、数量和内容向承包人免费提供图纸，并组织承包人、监理人和设计人进行图纸会审和设计交底。发包人最迟不得晚于开工通知载明的开工日期前 14 天向承包人提供图纸。

因发包人未按合同约定提供图纸导致承包人费用增加和（或）工期延误的，按照因发包人原因导致工期延误约定办理。

2. 施工进度计划

承包人应当在专用条款约定的日期，将施工组织设计和施工进度计划提交工程师。采取分阶段施工的单项工程，承包人应按照发包人提供图纸及有关资料的时间，按单项工程编制进度计划，分别向工程师提交。工程师接到承包人提交的进度计划后，应当予以确认或者提出修改意见，时间限制则由双方在专用条款中约定。如果工程师逾期不确认也不提出书面意见，则视为已经同意。

工程师对进度计划和对承包人施工进度的认可，不免除承包人对施工组织设计和工程进度计划本身的缺陷所应承担的责任。进度计划经工程师予以认可的主要目的，是作为发包人和工程师依据计划进行协调和对施工进度控制的依据。

3. 双方做好施工前的有关准备工作

开工前，合同双方还应当做好其他各项准备工作。

发包人和承包人按照专用条款的规定使施工现场具备施工条件、开通施工现场公共道路，应当做好施工人员和设备的调配工作，特别需要做好水准点与坐标控制点的交验，按时提供标准、规范；做好设计单位的协调工作，按照专用条款的约定组织图纸会审和设计交底。

4. 开工

（1）开工准备。除专用合同条款另有约定外，承包人应按照施工组织设计约定的期限，向监理人提交工程开工报审表，经监理人报发包人批准后执行。开工报审表应详细说明按施工进度计划正常施工所需的施工道路、临时设施、材料、工程设备、施工设备、施工人员等落实情况以及工程的进度安排。

除专用合同条款另有约定外，合同当事人应按约定完成开工准备工作。

（2）开工通知。发包人应按照法律规定获得工程施工所需的许可。经发包人同意后，监理人发出的开工通知应符合法律规定。监理人应在计划开工日期 7 天前向承包人发出开工通知，工期自开工通知中载明的开工日期起算。

除专用合同条款另有约定外，因发包人原因造成监理人未能在计划开工日期之日起 90 天内发出开工通知的，承包人有权提出价格调整要求，或者解除合同。发包人应当承担由此增加的费用和（或）延误的工期，并向承包人支付合理利润。

5. 测量放线

除专用合同条款另有约定外，发包人应在至迟不得晚于开工通知载明的开工日期前 7 天通过监理人向承包人提供测量基准点、基准线和水准点及其书面资料。发包人应对其提供的测量基准点、基准线和水准点及其书面资料的真实性、准确性和完整性负责。

承包人发现发包人提供的测量基准点、基准线和水准点及其书面资料存在错误或疏漏的，应及时通知监理人。监理人应及时报告发包人，并会同发包人和承包人予以核实。发包人应就如何处理和是否继续施工作出决定，并通知监理人和承包人。

承包人负责施工过程中的全部施工测量放线工作，并配置具有相应资质的人员、合格的仪器、设备和其他物品。承包人应校核工程的位置、标高、尺寸或准线中出现的任何差错，并对工程各部分的定位负责。

施工过程中对施工现场内水准点等测量标志物的保护工作由承包人负责。

6. 支付工程预付款

预付款的支付按照专用合同条款约定执行，但最迟应在开工通知载明的开工日期 7 天前支付。预付款应当用于材料、工程设备、施工设备的采购及修建临时工程、组织施工队伍进场等。

除专用合同条款另有约定外，预付款在进度付款中同比例扣回。在颁发工程接收证书前，提前解除合同的，尚未扣完的预付款应与合同价款一并结算。

发包人逾期支付预付款超过 7 天的，承包人有权向发包人发出要求预付的催告通知，发包人收到通知后 7 天内仍未支付的，承包人有权暂停施工，并按规定的发包人违约的情形执行。

发包人要求承包人提供预付款担保的，承包人应在发包人支付预付款 7 天前提供预付款担保，专用合同条款另有约定的除外。预付款担保可采用银行保函、担保公司担保等形式，具体由合同当事人在专用合同条款中约定。在预付款完全扣回之前，承包人应保证预付款担保持续有效。

发包人在工程款中逐期扣回预付款后，预付款担保额度应相应减少，但剩余的预付款担保金额不得低于未被扣回的预付款金额。

6.3.3 施工过程的合同管理

6.3.3.1 对材料和设备的质量控制

1. 发包人供应材料与工程设备

发包人自行供应材料、工程设备的，应在签订合同时在专用合同条款的附件《发包人供应材料设备一览表》中明确材料、工程设备的品种、规格、型号、数量、单价、质量等级和送达地点。

承包人应提前 30 天通过监理人以书面形式通知发包人供应材料与工程设备进场。承包人约定修订施工进度计划时，需同时提交经修订后的发包人供应材料与工程设备的进场计划。

发包人应按《发包人供应材料设备一览表》约定的内容提供材料和工程设备，并向承包人提供产品合格证明及出厂证明，对其质量负责。发包人应提前 24 小时以书面形式通知承包人、监理人材料和工程设备到货时间，承包人负责材料和工程设备的清点、检验和接收。

发包人提供的材料和工程设备的规格、数量或质量不符合合同约定的，或因发包人原因导致交货日期延误或交货地点变更等情况的，按照发包人违约约定办理。

发包人供应的材料和工程设备，承包人清点后由承包人妥善保管，保管费用由发包人承担，但已标价工程量清单或预算书已经列支或专用合同条款另有约定除外。因承包人原因发生丢失毁损的，由承包人负责赔偿；监理人未通知承包人清点的，承包人不负责材料和工程设备的保管，由此导致丢失毁损的由发包人负责。

发包人供应的材料和工程设备使用前，由承包人负责检验，检验费用由承包人承担。发包人提供的材料或工程设备不符合合同要求的，承包人有权拒绝，并可要求发包人更换，由此增加的费用和（或）延误的工期由发包人承担，并支付承包人合理的利润。

2. 承包人采购材料与工程设备

承包人负责采购材料、工程设备的，应按照设计和有关标准要求采购，并提供产品合格证明及出厂证明，对材料、工程设备质量负责。合同约定由承包人采购的材料、工程设备，发包人不得指定生产厂家或供应商，发包人违反本款约定指定生产厂家或供应商的，承包人有权拒绝，并由发包人承担相应的责任。

承包人采购的材料和工程设备，应保证产品质量合格，承包人应在材料和工程设备到货前 24 小时通知监理人检验。承包人进行永久设备、材料的制造和生产的，应符合相关质量标准，并向监理人提交材料的样本以及有关资料，并应在使用该材料或工程设备之前获得监理人的同意。

承包人采购的材料和工程设备不符合设计或有关标准要求时，承包人应在监理人要求的合理期限内将不符合设计或有关标准要求的材料、工程设备运出施工现场，并重新采购符合要求的材料和工程设备，由此增加的费用和（或）延误的工期，由承包人承担。

承包人采购的材料和工程设备由承包人妥善保管，保管费用由承包人承担。法律规定材料和工程设备使用前必须进行检验或试验的，承包人应按监理人的要求进行检验或试验，检验或试验费用由承包人承担，不合格的不得使用。

发包人或监理人发现承包人使用不符合设计或有关标准要求的材料和工程设备时，有权要求承包人进行修复、拆除或重新采购，由此增加的费用和（或）延误的工期，由承包人承担。

监理人有权拒绝承包人提供的不合格材料或工程设备，并要求承包人立即进行更换。

监理人应在更换后再次进行检查和检验，由此增加的费用和（或）延误的工期由承包人承担。

监理人发现承包人使用了不合格的材料和工程设备，承包人应按照监理人的指示立即改正，并禁止在工程中继续使用不合格的材料和工程设备。

6.3.3.2　施工质量的管理

1. 质量要求

（1）工程质量标准必须符合现行国家有关工程施工质量验收规范和标准的要求。有关工程质量的特殊标准或要求由合同当事人在专用合同条款中约定。

（2）因发包人原因造成工程质量未达到合同约定标准的，由发包人承担由此增加的费用和（或）延误的工期，并支付承包人合理的利润。

（3）因承包人原因造成工程质量未达到合同约定标准的，发包人有权要求承包人返工直至工程质量达到合同约定的标准为止，并由承包人承担由此增加的费用和（或）延误的工期。

2. 质量保证措施

（1）发包人的质量管理。发包人应按照法律规定及合同约定完成与工程质量有关的各项工作。

（2）承包人的质量管理。承包人按照施工组织设计约定向发包人和监理人提交工程质量保证体系及措施文件，建立完善的质量检查制度，并提交相应的工程质量文件。对于发包人和监理人违反法律规定和合同约定的错误指示，承包人有权拒绝实施。

承包人应对施工人员进行质量教育和技术培训，定期考核施工人员的劳动技能，严格执行施工规范和操作规程。

承包人应按照法律规定和发包人的要求，对材料、工程设备以及工程的所有部位及其施工工艺进行全过程的质量检查和检验，并做详细记录，编制工程质量报表，报送监理人审查。此外，承包人还应按照法律规定和发包人的要求，进行施工现场取样试验、工程复核测量和设备性能检测，提供试验样品、提交试验报告和测量成果以及其他工作。

（3）监理人的质量检查和检验。监理人按照法律规定和发包人授权对工程的所有部位及其施工工艺、材料和工程设备进行检查和检验。承包人应为监理人的检查和检验提供方便，包括监理人到施工现场，或制造、加工地点，或合同约定的其他地方进行查看和查阅施工原始记录。监理人为此进行的检查和检验，不免除或减轻承包人按照合同约定应当承担的责任。

监理人的检查和检验不应影响施工的正常进行。监理人的检查和检验影响施工正常进行的，且经检查检验不合格的，影响正常施工的费用由承包人承担，工期不予顺延；经检查检验合格的，由此增加的费用和（或）延误的工期由发包人承担。

3. 隐蔽工程的检查

（1）承包人自检。承包人应当对工程隐蔽部位进行自检，并经自检确认是否具备覆盖条件。除专用合同条款另有约定外，工程隐蔽部位经承包人自检确认具备覆盖条件的，承包人应在共同检查前48小时书面通知监理人检查，通知中应载明隐蔽检查的内容、时间和地点，并应附有自检记录和必要的检查资料。

（2）监理人检查。监理人应按时到场并对隐蔽工程及其施工工艺、材料和工程设备进行检查。经监理人检查确认质量符合隐蔽要求，并在验收记录上签字后，承包人才能进行覆盖；经监理人检查质量不合格的，承包人应在监理人指示的时间内完成修复，并由监理人重新检查，由此增加的费用和（或）延误的工期由承包人承担。

除专用合同条款另有约定外，监理人不能按时进行检查的，应在检查前24小时向承包人提交书面延期要求，但延期不能超过48小时，由此导致工期延误的，工期应予以顺延。

监理人未按时进行检查，也未提出延期要求的，视为隐蔽工程检查合格，承包人可自行完成覆盖工作，并作相应记录报送监理人，监理人应签字确认。监理人事后对检查记录有疑问的，可按重新检查的约定重新检查。

4. 重新检查

承包人覆盖工程隐蔽部位后，发包人或监理人对质量有疑问的，可要求承包人对已覆盖的部位进行钻孔探测或揭开重新检查，承包人应遵照执行，并在检查后重新覆盖恢复原状。经检查证明工程质量符合合同要求的，由发包人承担由此增加的费用和（或）延误的工期，并支付承包人合理的利润；经检查证明工程质量不符合合同要求的，由此增加的费用和（或）延误的工期由承包人承担。

承包人未通知监理人到场检查，私自将工程隐蔽部位覆盖的，监理人有权指示承包人钻孔探测或揭开检查，无论工程隐蔽部位质量是否合格，由此增加的费用和（或）延误的工期均由承包人承担。

5. 不合格工程的处理

因承包人原因造成工程不合格的，发包人有权随时要求承包人采取补救措施，直至达到合同要求的质量标准，由此增加的费用和（或）延误的工期由承包人承担。无法补救的，按照拒绝接收全部或部分工程约定执行。

因发包人原因造成工程不合格的，由此增加的费用和（或）延误的工期由发包人承担，并支付承包人合理的利润。

【例6.2】　某工程项目业主与施工单位已签订施工合同。监理单位在执行合同中陆续遇到一些问题需要进行处理，若你作为一名监理工程师，对遇到的下列问题，应提出怎样的处理意见？

（1）在施工招标文件中，按工期定额计算，工期为 550 天。但在施工合同中开工日期为 2015 年 1 月 1 日，竣工日期为 2016 年 7 月 20 日，日历天数为 567 天，请问监理的工期目标应为多少天？为什么？

（2）施工合同规定，业主给施工单位供应 7 套图纸，施工单位在施工中要求业主再提供 3 套图纸，增加的施工图纸的费用应由谁来支付？

（3）在基槽开挖土方完成后，施工单位未对基槽四周进行围栏防护，业主代表进入施工现场不慎掉入基坑摔伤，由此发生的医疗费用应由谁来支付，为什么？

（4）在结构施工中，施工单位需要在夜间浇筑混凝土，经业主同意并办理了有关手续。按地方政府有关规定，在晚上 11 点以后一般不得施工，若有特殊情况，需要给附近居民补贴，此项费用由谁来承担？

（5）在结构施工中，由于业主供电线路事故原因，造成施工现场连续停电 3 天，停电后施工单位为了减少损失，经过调剂，工人尽量安排其他生产工作。但现场一台塔式起重机、两台混凝土搅拌机停止工作，施工单位按规定时间就停工情况和经济损失提出索赔报告，要求索赔工期和费用，监理工程师应如何批复？

【解答】

（1）按照合同文件的解释顺序，协议条款与招标文件在内容上有矛盾时，应以协议条款为准。故监理的工期目标应为 567 天。

（2）合同规定业主供应 7 套图纸，施工单位再要 3 套图纸，超出合同规定，故增加的图纸费用由施工单位支付。

（3）在基槽开挖土方后，在四周设置围栏，按合同文件规定是施工单位的责任。未设围栏而发生人员摔伤事故，所发生的医疗费用应由施工单位支付。

（4）夜间施工虽经业主同意，并办理了有关手续，但应由业主承担有关费用。

（5）由于施工单位以外的原因造成的停电，在一周内超过 8 小时，施工单位又按规定提出索赔，监理工程师应批复工期顺延。由于工人已安排进行其他生产工作的，监理工程师应批复因改换工作引起的生产效率降低的费用。造成施工机械停止工作，监理工程师视情况可批复机械设备租赁费或折旧费的补偿。

6.3.3.3　施工进度管理

工程开工后，合同履行即进入施工阶段，直至工程竣工。这一阶段工程师进行进度管理的主要任务是控制施工工作按进度计划执行，确保施工任务在规定的合同工期内完成。

1. 施工进度计划的编制

承包人应按照施工组织设计约定提交详细的施工进度计划，施工进度计划的编制应当符合国家法律规定和一般工程实践惯例，施工进度计划经发包人批准后实施。施工进度计划是控制工程进度的依据，发包人和监理人有权按照施工进度计划检查工程进度情况。

2. 施工进度计划的修订

施工进度计划不符合合同要求或与工程的实际进度不一致的，承包人应向监理人提交修订的施工进度计划，并附具有关措施和相关资料，由监理人报送发包人。除专用合同条款另有约定外，发包人和监理人应在收到修订的施工进度计划后 7 天内完成审核和批准或提出修改意见。发包人和监理人对承包人提交的施工进度计划的确认，不能减轻或免除承包人根据法律规定和合同约定应承担的任何责任或义务。

3. 暂停施工

（1）发包人原因引起的暂停施工。因发包人原因引起暂停施工的，监理人经发包人同意后，应及时下达暂停施工指示。情况紧急且监理人未及时下达暂停施工指示的，承包人可先暂停施工，并及时通知监理人。监理人应在接到通知后 24 小时内发出指示，逾期未发出指示，视为同意承包人暂停施工。监理人不同意承包人暂停施工的，应说明理由，承包人对监理人的答复有异议，按照争议解决约定处理。

因发包人原因引起的暂停施工，发包人应承担由此增加的费用和（或）延误的工期，并支付承包人合理的利润。

（2）承包人原因引起的暂停施工。因承包人原因引起的暂停施工，承包人应承担由此增加的费用和（或）延误的工期，且承包人在收到监理人复工指示后 84 天内仍未复工的，视为承包人违约的情形约定的承包人无法继续履行合同的情形。

（3）暂停施工后的复工。暂停施工后，发包人和承包人应采取有效措施积极消除暂停施工的影响。在工程复工前，监理人会同发包人和承包人确定因暂停施工造成的损失，并确定工程复工条件。当工程具备复工条件时，监理人应经发包人批准后向承包人发出复工通知，承包人应按照复工通知要求复工。

承包人无故拖延和拒绝复工的，承包人承担由此增加的费用和（或）延误的工期；因发包人原因无法按时复工的，按照因发包人原因导致工期延误约定办理。

监理人发出暂停施工指示后 56 天内未向承包人发出复工通知，除该项停工属于承包人原因引起的暂停施工及不可抗力约定的情形外，承包人可向发包人提交书面通知，要求发包人在收到书面通知后 28 天内准许已暂停施工的部分或全部工程继续施工。发包人逾期不予批准的，则承包人可以通知发包人，将工程受影响的部分视为变更的范围项的可取消工作。

暂停施工持续 84 天以上不复工的，且不属于承包人原因引起的暂停施工及不可抗力约定的情形，并影响到整个工程以及合同目的实现的，承包人有权提出价格调整要求，或者解除合同。解除合同的，按照因发包人违约解除合同执行。

（4）暂停施工期间的工程照管。暂停施工期间，承包人应负责妥善照管工程并提供安全保障，由此增加的费用由责任方承担。暂停施工期间，发包人和承包人均应采取必要的措施确保工程质量及安全，防止因暂停施工扩大损失。

4. 工期延误

（1）因发包人原因导致工期延误。在合同履行过程中，因下列情况导致工期延误和（或）费用增加的，由发包人承担由此延误的工期和（或）增加的费用，且发包人应支付承包人合理的利润：

1）发包人未能按合同约定提供图纸或所提供的图纸不符合合同约定的。

2）发包人未能按合同约定提供施工现场、施工条件、基础资料、许可、批准等开工条件的。

3）发包人提供的测量基准点、基准线和水准点及其书面资料存在错误或疏漏的。

4）发包人未能在计划开工日期之日起 7 天内同意下达开工通知的。

5）发包人未能按合同约定日期支付工程预付款、进度款或竣工结算款的。

6）监理人未按合同约定发出指示、批准等文件的。

7）专用合同条款中约定的其他情形。

因发包人原因未按计划开工日期开工的，发包人应按实际开工日期顺延竣工日期，确保实际工期不低于合同约定的工期总日历天数。因发包人原因导致工期延误需要修订施工进度计划的，按照施工进度计划的修订执行。

（2）因承包人原因导致工期延误。因承包人原因造成工期延误的，所以在专用合同条款中约定逾期竣工违约金的计算方法和逾期竣工违约金的上限。承包人支付逾期竣工违约金后，不免除承包人继续完成工程及修补缺陷的义务。

6.3.3.4　变更管理

1. 变更的范围

除专用合同条款另有约定外，合同履行过程中发生以下情形的，应按照本条约定进行变更：

（1）增加或减少合同中的任何工作，或追加额外的工作。

（2）取消合同中的任何工作，但转由他人实施的工作除外。

（3）改变合同中任何工作的质量标准或其他特性。

（4）改变工程的基线、标高、位置和尺寸。

（5）改变工程的时间安排或实施顺序。

2. 变更估价原则

除专用合同条款另有约定外，变更估价按照本款约定处理：

（1）已标价工程量清单或预算书有相同项目的，按照相同项目单价认定。

（2）已标价工程量清单或预算书中无相同项目，但有类似项目的，参照类似项目的单价认定。

（3）变更导致实际完成的变更工程量与已标价工程量清单或预算书中列明的该项目工程量的变化幅度超过 15% 的，或已标价工程量清单或预算书中无相同项目及类似项目单价的，按照合理的成本与利润构成的原则，由合同当事人按照商定或确定变更工作的单价。

3. 变更估价程序

承包人应在收到变更指示后 14 天内，向监理人提交变更估价申请。监理人应在收到承包人提交的变更估价申请后 7 天内审查完毕并报送发包人，监理人对变更估价申请有异议，通知承包人修改后重新提交。发包人应在承包人提交变更估价申请后 14 天内审批完毕。发包人逾期未完成审批或未提出异议的，视为认可承包人提交的变更估价申请。

因变更引起的价格调整应计入最近一期的进度款中支付。

6.3.3.5　工程量的确认

工程量计量按照合同约定的工程量计算规则、图纸及变更指示等进行计量。工程量计算规则应以相关的国家标准、行业标准等为依据，由合同当事人在专用合同条款中约定。

除专用合同条款另有约定外，工程量的计量按月进行。

6.3.3.6　支付管理

1. 工程进度款支付管理规定

（1）承包人应于每月 25 日向监理人报送上月 20 日至当月 19 日已完成的工程量报告，并附进度付款申请单、已完成工程量报表和有关资料。

（2）监理人应在收到承包人提交的工程量报告后 7 天内完成对承包人提交的工程量报表的审核并报送发包人，以确定当月实际完成的工程量。监理人对工程量有异议的，有权要求承包人进行共同复核或抽样复测。承包人应协助监理人进行复核或抽样复测，并按监理人要求提供补充计量资料。承包人未按监理人要求参加复核或抽样复测的，监理人复核或修正的工程量视为承包人实际完成的工程量。

（3）监理人未在收到承包人提交的工程量报表后的 7 天内完成审核的，承包人报送的工程量报告中的工程量视为承包人实际完成的工程量，据此计算工程价款。

以上规定适用于单价合同和总价合同价格形式。合同当事人可在专用合同条款中约定其他价格形式合同的进度付款申请单的编制和提交程序。

2. 工程进度款的计算

除专用合同条款另有约定外，付款周期应与计量周期保持一致。

除专用合同条款另有约定外，进度付款申请单应包括下列内容：

（1）截至本次付款周期已完成工作对应的金额。

（2）根据变更应增加和扣减的变更金额。

（3）根据预付款约定应支付的预付款和扣减的返还预付款。

（4）根据质量保证金约定应扣减的质量保证金。

（5）根据索赔应增加和扣减的索赔金额。

（6）对已签发的进度款支付证书中出现错误的修正，应在末次进度付款中支付或扣除的金额。

（7）根据合同约定应增加和扣减的其他金额。

【例 6.3】 某施工单位通过对某工程的投标获得了该工程的承包权，并与建设单位签订了施工总价合同，在施工过程中发生了如下事件。

事件 1：基础施工时，建设单位负责供应的混凝土预制桩供应不及时，使该工作延误 3 天。

事件 2：建设单位因资金困难，在应支付工程月进度款的时间内未支付，承包方停工 10 天。

事件 3：在主体施工期间，施工单位与某材料供应商签订了室内隔墙板供销合同，在合同内约定，如供方不能按照约定的时间供货，每天赔偿订购方合同价 0.05％ 的违约金。供货方因原材料问题未能按时供货，拖延 7 天。

事件 4：施工单位根据合同工期要求，冬季继续施工，在施工过程中，施工单位为保证施工质量采取了多项技术措施，由此造成额外的费用开支共计 20 万元。

事件 5：施工单位进行设备安装时，因业主选定的设备供应商接线错误导致设备损坏，使施工单位安装调试工作延误 5 天，损失 12 万元。

【问题】 以上各个事件中，施工延误的工期和增加的费用应由谁来承担？说明理由。

【解答】

事件 1：建设单位应给予施工单位补偿工期 3 天和相应的费用。因为混凝土预制桩供应不及时，使该工作延误，是属于建设单位的责任。

事件 2：建设单位应给予施工单位补偿工期 10 天和增加费用的责任。这是因为建设单位的原因造成的施工临时中断，从而导致承包商工期的拖延和费用支出的增加，因而应由建设单位承担。

事件 3：应由材料供应商支付违约金，施工单位自己承担工期延误和费用增加的，施工单位自己承担工期延误和费用增加的责任。材料供应商在履行该供销合同时，已经构成了违约行为，所以应由材料供应商承担违约金。而对于延误的工期来说，材料供应商不可能承担此责任，反映到建设单位与施工单位的合同中，属于施工单位应承担的责任。

事件 4：施工单位应承担的责任。在签订合同时，保证施工质量的措施费已包括在合同价款内。

事件 5：应由建设单位承担由此造成的工期延误和费用增加。建设单位分别与施工单位和设备供应商签订了合同，而施工单位与设备供应商之间不存在合同关系，无权向设备供应商提出索赔，对施工单位而言，应视为建设单位的责任。

【例 6.4】 某厂与某建筑公司订立了某项工程项目施工合同，双方合同约定：采用单份合同，每一分项工程的实际工程量增加（或减少）超过招标文件中工程量的 10% 以上时调整单价。在施工过程中，因设计变更，工作 E 由招标文件中的 $300m^3$ 增至 $350m^3$，超过10%，合同中该工作的综合单价为 55 元/m^3，经协商调整后综合单价为 50 元/m^3。

【问题】 合同价是多少？工作 E 结算价应为多少？

【解答】

（1）工作 E 的合同价为 $300 \times 55 = 16500$（元）

（2）工作 E 的结算价为

按原单价结算工程量：$300 \times (1 + 10\%) = 330$（$m^3$）

按新单价结算工程量：$350 - 330 = 20$（m^3）

总结算价 $= 55 \times 330 + 50 \times 20 = 19150$（元）

6.3.4 竣工阶段的合同管理

6.3.4.1 工程试车

1. 竣工前的试车

（1）试车的组织。

1）单机无负荷试车。由于单机无负荷试车所需的环境条件在承包人的设备现场范围内，因此安装工程具备试车条件时，由承包人组织试车。并在试车前 48 小时书面通知监理人，通知中应载明试车内容、时间、地点。承包人准备试车记录，发包人根据承包人要求为试车提供必要条件。试车合格的，监理人在试车记录上签字。监理人在试车合格后不在试车记录上签字，自试车结束满 24 小时后视为监理人已经认可试车记录，承包人可继续施工或办理竣工验收手续。

监理人不能按时参加试车，应在试车前 24 小时以书面形式向承包人提出延期要求，但延期不能超过 48 小时，由此导致工期延误的，工期应予以顺延。监理人未能在前述期限内提出延期要求，又不参加试车的，视为认可试车记录。

2）联动无负荷试车。进行联动无负荷试车时，由于需要外部的配合条件，因此具备联动无负荷试车条件时，由发包人组织试车。承包人无正当理由不参加试车的，视为认可试车记录。

（2）试车中双方的责任。

1）由于设计原因试车达不到验收要求，发包人应要求设计单位修改设计，承包人按修改后的设计重新安装。发包人承担修改设计、拆除及重新安装的全部费用和追加合同价款，工期相应顺延。

2）由于设计制造原因试车达不到验收要求，由该设备采购一方负责重新购置或修理，承包人负责拆除或重新安装。设备由承包人采购的，由承包人承担修理或重新购置、拆除及重新安装的费用，工期不得顺延；设备由发包人采购的，发包人承担上述各项追加合同价款，工期相应顺延。

3）由于承包人施工原因试车达不到要求，承包人按工程师要求重新安装和试车，并承担重新安装和试车的费用，工期不予顺延。

4）工程需要试车的，除专用合同条款另有约定的除外，试车内容应与承包范围相一致，试车费用由承包人承担。

2. 竣工后试车

如需进行投料试车的，发包人应在工程竣工验收后组织投料试车。发包人要求在工程竣工验收前进行或需要承包人配合时，应征得承包人同意，并在专用合同条款中约定有关事项。投料试车合格的，费用由发包人承担；因承包人原因造成投料试车不合格的，承包人应按照发包人要求进行整改，由此产生的整改费用由承包人承担；非因承包人原因导致投料试车不合格的，如发包人要求承包人进行整改的，由此产生的费用由发包人承担。

6.3.4.2 竣工验收

1. 竣工验收满足的条件

工程具备以下条件的，承包人可以申请竣工验收：

（1）除发包人同意的甩项工作和缺陷修补工作外，合同范围内的全部工程以及有关工作，包括合同要求的试验、试运行以及检验均已完成，并符合合同要求。

（2）已按合同约定编制了甩项工作和缺陷修补工作清单以及相应的施工计划。

（3）已按合同约定的内容和份数备齐竣工资料。

2. 竣工验收程序

除专用合同条款另有约定外，承包人申请竣工验收的，应当按照以下程序进行：

（1）承包人向监理人报送竣工验收申请报告，监理人应在收到竣工验收申请报告后14天内完成审查并报送发包人。监理人审查后认为尚不具备验收条件的，应通知承包人在竣工验收前承包人还需完成的工作内容，承包人应在完成监理人通知的全部工作内容后，再次提交竣工验收申请报告。

（2）监理人审查后认为已具备竣工验收条件的，应将竣工验收申请报告提交发包人，发包人应在收到经监理人审核的竣工验收申请报告后28天内审批完毕并组织监理人、承包人、设计人等相关单位完成竣工验收。

（3）竣工验收合格的，发包人应在验收合格后14天内向承包人签发工程接收证书。发包人无正当理由逾期不颁发工程接收证书的，自验收合格后第15天起视为已颁发工程接收证书。

（4）竣工验收不合格的，监理人应按照验收意见发出指示，要求承包人对不合格工程返工、修复或采取其他补救措施，由此增加的费用和（或）延误的工期由承包人承担。承包人在完成不合格工程的返工、修复或采取其他补救措施后，应重新提交竣工验收申请报告，并按本项约定的程序重新进行验收。

（5）工程未经验收或验收不合格，发包人擅自使用的，应在转移占有工程后7天内向承包人颁发工程接收证书；发包人无正当理由逾期不颁发工程接收证书的，自转移占有后第

15 天起视为已颁发工程接收证书。

除专用合同条款另有约定外,发包人不按照本项约定组织竣工验收、颁发工程接收证书的,每逾期一天,应以签约合同额为基数,按照中国人民银行发布的同期同类贷款基准利率支付违约金。

6.3.4.3　竣工时间的确定

工程经竣工验收合格的,以承包人提交竣工验收申请报告之日为实际竣工日期,并在工程接收证书中载明;因发包人原因,未在监理人收到承包人提交的竣工验收申请报告 42 天内完成竣工验收,或完成竣工验收不予签发工程接收证书的,以提交竣工验收申请报告的日期为实际竣工日期;工程未经竣工验收,发包人擅自使用的,以转移占有工程之日为实际竣工日期。

工程按发包人要求修改后通过竣工验收的,实际竣工日期为承包人修改后提请发包人验收的日期。这个日期主要用于计算承包人的实际施工期限,与合同约定的工期比较是提前竣工还是延误竣工。

对于竣工验收不合格的工程,承包人完成整改后,应当重新进行竣工验收,经重新组织验收仍不合格的且无法采取措施补救的,则发包人可以拒绝接收不合格工程,因不合格工程导致其他工程不能正常使用的,承包人应采取措施确保相关工程的正常使用,由此增加的费用和(或)延误的工期由承包人承担。

除专用合同条款另有约定外,合同当事人应当在颁发工程接收证书后 7 天内完成工程的移交。发包人无正当理由不接收工程的,发包人自应当接收工程之日起,承担工程照管、成品保护、保管等与工程有关的各项费用,合同当事人可以在专用合同条款中另行约定发包人逾期接收工程的违约责任。承包人无正当理由不移交工程的,承包人应承担工程照管、成品保护、保管等与工程有关的各项费用,合同当事人可以在专用合同条款中另行约定承包人无正当理由不移交工程的违约责任。

6.3.4.4　竣工结算

1. 竣工结算申请

除专用合同条款另有约定外,承包人应在工程竣工验收合格后 28 天内向发包人和监理人提交竣工结算申请单,并提交完整的结算资料,有关竣工结算申请单的资料清单和份数等要求由合同当事人在专用合同条款中约定。

除专用合同条款另有约定外,竣工结算申请单应包括以下内容:

(1) 竣工结算合同价格。

(2) 发包人已支付承包人的款项。

(3) 应扣留的质量保证金。

(4) 发包人应支付承包人的合同价款。

2. 竣工结算审核

(1) 除专用合同条款另有约定外,监理人应在收到竣工结算申请单后 14 天内完成核查并报送发包人。发包人应在收到监理人提交的经审核的竣工结算申请单后 14 天内完成审批,并由监理人向承包人签发经发包人签认的竣工付款证书。监理人或发包人对竣工结算申请单有异议的,有权要求承包人进行修正并提供补充资料,承包人应提交修正后的竣工结算申请单。

发包人在收到承包人提交竣工结算申请书后 28 天内未完成审批且未提出异议的，视为发包人认可承包人提交的竣工结算申请单，并自发包人收到承包人提交的竣工结算申请单后第 29 天起视为已签发竣工付款证书。

（2）除专用合同条款另有约定外，发包人应在签发竣工付款证书后的 14 天内，完成对承包人的竣工付款。发包人逾期支付的，按照中国人民银行发布的同期同类贷款基准利率支付违约金；逾期支付超过 56 天的，按照中国人民银行发布的同期同类贷款基准利率的 2 倍支付违约金。

（3）承包人对发包人签认的竣工付款证书有异议的，对于有异议部分应在收到发包人签认的竣工付款证书后 7 天内提出异议，并由合同当事人按照专用合同条款约定的方式和程序进行复核，或按照争议解决的约定处理。对于无异议部分，发包人应签发临时竣工付款证书，并按本款项完成付款。承包人逾期未提出异议的，视为认可发包人的审批结果。

发包人要求甩项竣工的，合同当事人应签订甩项竣工协议。在甩项竣工协议中应明确，合同当事人按照竣工结算申请及竣工结算审核的约定，对已完合格工程进行结算，并支付相应合同价款。

3. 最终结清

（1）最终结清申请单。除专用合同条款另有约定外，承包人应在缺陷责任期终止证书颁发后 7 天内，按专用合同条款约定的份数向发包人提交最终结清申请单，并提供相关证明材料。除专用合同条款另有约定外，最终结清申请单应列明质量保证金、应扣除的质量保证金、缺陷责任期内发生的增减费用。

发包人对最终结清申请单内容有异议的，有权要求承包人进行修正和提供补充资料，承包人应向发包人提交修正后的最终结清申请单。

（2）最终结清证书和支付。除专用合同条款另有约定外，发包人应在收到承包人提交的最终结清申请单后 14 天内完成审批并向承包人颁发最终结清证书。发包人逾期未完成审批，又未提出修改意见的，视为发包人同意承包人提交的最终结清申请单，且自发包人收到承包人提交的最终结清申请单后 15 天起视为已颁发最终结清证书。

除专用合同条款另有约定外，发包人应在颁发最终结清证书后 7 天内完成支付。发包人逾期支付的，按照中国人民银行发布的同期同类贷款基准利率支付违约金；逾期支付超过 56 天的，按照中国人民银行发布的同期同类贷款基准利率的 2 倍支付违约金。承包人对发包人颁发的最终结清证书有异议的，按争议解决的约定办理。

6.3.4.5 工程保修

承包人应当在工程竣工验收之前，与发包人签订质量保修书，作为合同附件。质量保修书的主要内容包括工程质量保修范围和内容；质量保修期；质量保修责任；保修费用，其他约定。

1. 工程质量保修范围和内容

双方按照工程的性质和特点，具体约定保修的相关内容。房屋建筑工程的保修范围包括地基基础工程、主体结构工程，屋面防水工程、有防水要求的卫生间和外墙面的防渗漏，供热与供冷系统，电气管线、给排水管道、设备安装和装修工程，以及双方约定的其他项目。

2. 质量保修期

保修期从竣工验收合格之日起计算。发包人未经竣工验收擅自使用工程的，保修期自转移占有之日起算。

当事人双方应针对不同的工程部位，在保修书内约定具体的保修年限。当事人协商约定的保修期限，不得低于法规规定的标准。国务院颁布的《建设工程质量管理条例》明确规定，在正常使用条件下的最低保修期限如下：

（1）基础设施工程、房屋建筑的地基基础工程和主体工程，为设计文件规定的该工程的合理使用年限。

（2）屋面防水工程、有防水要求的卫生间、房间和外墙面的防渗漏，为 5 年。

（3）供热与供冷系统，为 2 个采暖期、供冷期。

（4）电气管线、给排水管道、设备安装和装修工程，为 2 年。

3. 质量保修责任

（1）属于保修范围、内容的项目，承包人应在接到发包人的保修通知起 7 天内派人保修。承包人不在约定期限内派人保修，发包人可以委托其他人修理。

（2）发生紧急抢修事故时，承包人接到通知后应当立即到达事故现场抢修。

（3）涉及结构安全的质量问题，应当按照《房屋建筑工程质量保修办法》的规定，立即向当地建设行政主管部门报告，采取相应的安全防范措施。由原设计单位或具有相应资质等级的设计单位提出保修方案，承包人实施保修。

（4）质量保修完成后，由发包人组织验收。

4. 修复费用

保修期内，修复的费用按照以下约定处理：

（1）保修期内，因承包人原因造成工程的缺陷、损坏，承包人应负责修复，并承担修复的费用以及因工程的缺陷、损坏造成的人身伤害和财产损失。

（2）保修期内，因发包人使用不当造成工程的缺陷、损坏，可以委托承包人修复，但发包人应承担修复的费用，并支付承包人合理利润。

（3）因其他原因造成工程的缺陷、损坏，可以委托承包人修复，发包人应承担修复的费用，并支付承包人合理的利润，因工程的缺陷、损坏造成的人身伤害和财产损失由责任方承担。

因承包人原因造成工程的缺陷或损坏，承包人拒绝维修或未能在合理期限内修复缺陷或损坏，且经发包人书面催告后仍未修复的，发包人有权自行修复或委托第三方修复，所需费用由承包人承担。但修复范围超出缺陷或损坏范围的，超出范围部分的修复费用由发包人承担。

【例 6.5】　某建筑公司与某医院签订一建设工程施工合同，明确承包人（建筑公司）保质、保量、保工期完成发包人（医院）的门诊楼施工任务。工程竣工后，承包人向发包人提交了竣工报告，发包人认为工程质量好，双方合作愉快，为不影响病人就医，没有组织验收便直接投入使用。在使用中发现门诊楼存在质量问题，遂要求承包人修理。承包人则认为工程未经验收便提前使用，出现质量问题，承包商不再承担责任。

【问题】

（1）依据有关法律、法规，该质量问题的责任由谁来承担？

（2）工程未经验收，发包人提前使用，可否视为工程已交付，承包人不再承担责任？

（3）如果工程现场有发包人聘任的监理工程师，出现上述问题应如何处理？是否承担一定的责任？

（4）发生上述问题，承包人的保修责任应如何履行？

（5）上述纠纷，发包人和承包人可以通过何种方式解决？

【解答】

（1）该质量问题的责任由发包人承担。

（2）工程未经验收，发包人提前使用可视为发包人已接收该项工程，但不能免除承包人负责保修的责任。

（3）监理工程师应及时为发包人和承包人协商解决纠纷，出现质量问题属于监理工程师履行职责失职，应依据监理合同承担责任。

（4）承包人的保修责任应依据建设工程保修规定履行。

（5）发包人和承包人可通过协商、调解及合同条款规定去仲裁或诉讼。

【例6.6】 某施工企业通过投标获得了某住宅楼的施工任务，地上18层、地下3层，钢筋混凝土剪力墙结构，业主与施工单位、监理单位分别签订了施工合同、监理合同。施工单位（总包单位）将土方开挖、外墙涂料与防水工程分别分包给专业性公司，并签订了分包合同。

施工合同中说明：建筑面积23520m²，建设工期460天，2015年8月1日开工，2016年11月2日竣工，工程造价3280万元。

合同约定结算方法：合同价款调整范围为业主认定的工程量增减、设计变更和洽商；外墙涂料、防水工程的材料费，调整依据为本地区工程造价管理部门公布的价格调整文件。

【问题】

合同履行过程中发生下述几种情况，请按要求回答问题。

（1）总包单位于7月24日进场，进行开工前的准备工作。原定8月1日开工，因业主办理伐树手续而延误至5日才开工，总包单位要求工期顺延4天。此项要求是否成立？根据是什么？

（2）土方公司在基础开挖中遇有地下文物，采取了必要的保护措施。为此，总包单位请他们向业主要求索赔。此种做法对否？为什么？

（3）在基础回填过程中，总包单位已按规定取土样，试验合格。监理工程师对填土质量表示异议，责成总包单位再次取样复验，结果合格。总包单位要求监理单位支付试验费。此种做法对否？为什么？

（4）总包单位对混凝土搅拌设备的加水计量器进行改进研究，在本公司试验室内进行实验，改进成功用于本工程，总包单位要求此项试验费由业主支付。监理工程师是否批准？为什么？

（5）结构施工期间，总包单位经总监理工程师同意更换了原项目经理，组织管理一度失调，导致封顶时间延误8天。总包单位以总监理工程师同意为由，要求给予适当工期补偿。总监理工程师是否批准？为什么？

（6）监理工程师检查厕浴间防水工程，发现有漏水房间，逐一记录并要求防水公司整改。防水公司整改后向监理工程师进行了口头汇报，监理工程师即签证认可。事后发现仍有部分房间漏水，需进行返工。问返修的经济损失由谁承担？监理工程师有什么错误？

（7）在做屋面防水时，经中间检查发现施工不符合设计要求，防水公司也自认为难以达到合同规定的质量要求，就向监理工程师提出终止合同的书面申请。问监理工程师应如何协调处理？

【解答】

（1）成立。因为属于业主责任（或业主未及时提供施工场地）。

（2）不对。因为土方公司为分包，与业主无合同关系。

（3）不对。因为按规定，此项费用应由业主支付。

（4）不批准。因为此项支出已包含在工程合同价中（或此项支出应由总包单位承担）。

（5）不批准。虽然总监同意更换，不等同于免除总包单位应负的责任。

（6）经济损失由防水公司承担。

监理工程师的错误如下：

1）不能凭口头汇报签证认可，应到现场复验。

2）不能直接要求防水公司整改，应要求总包整改。

3）不能根据分包单位的要求进行签证，应根据总包单位的申请进行复验、签证。

（7）监理工程师应该做如下协调处理：

1）拒绝接受分包单位终止合同的申请。

2）要求总包单位与分包单位双方协商，达成一致后解除合同。

3）要求总包单位对不合格工程返工处理。

习　题

一、单选题

1.《建设工程施工合同（示范文本）》规定，承包人要求的延期开工应（　　）。

A. 经工程师批准 　　　　　　　　　　B. 经发包人批准

C. 由承包人自行决定 　　　　　　　　D. 由承包人通知发包人

2. 依据施工合同示范文本规定，因承包人的原因不能按期开工，（　　）后推迟开工日期。

A. 需承包人书面通知工程师 　　　　　B. 应经建设行政主管部门批准

C. 应经工程师批准 　　　　　　　　　D. 需承包人书面通知发包人

3. 因总监理工程师在施工阶段管理不当，给承包人造成了损失，承包人应当要求（　　）给予补偿。

A. 监理人 　　　　　　　　　　　　　B. 总监理工程师

C. 发包人 　　　　　　　　　　　　　D. 发包人和监理人

4. 工程按发包人要求修改后通过竣工验收的，实际竣工日为（　　）。

A. 承包人送交竣工验收报告之日 　　　B. 修改后通过竣工验收之日

C. 修改后提请发包人验收之日 　　　　D. 完工日

5.《建设工程施工合同（示范文本）》规定的设计变更范畴不包括（　　）。

A. 增加合同中约定的工程量 　　　　　B. 删减承包范围的工作内容交给其他人实施

C. 改变承包人原计划的工作顺序和时间　D. 更改工程有关部分的标高

6. 下列关于解决合同争议的表述中，正确的是（　　）。

A. 对裁决结果不服，可向法院起诉　　　B. 争议双方均可单方面要求仲裁

C. 当事人不必经调解解决合同争议　　　D. 对法院一审判决不服，可申请仲裁

7. 承包人负责采购的材料设备，到货检验时发现与标准要求不符，承包人按工程师要求进行了重新采购，最后达到了标准要求。处理由此发生的费用和延误的工期的正确方法是（　　）。

A. 费用由发包人承担，工期给予顺延　　B. 费用由承包人承担，工期不予顺延

C. 费用由发包人承担，工期不予顺延　　D. 费用由承包人承担，工期给予顺延

8. 施工过程中，如果承包人提出要求使用专利技术经工程师批准后，应由（　　）。

A. 承包人办理申报手续，发包人承担费用

B. 承包人办理申报手续，承包人承担费用

C. 发包人办理申报手续，承包人承担费用

D. 发包人办理申报手续，发包人承担费用

9. 按照施工合同示范文本规定，承包人的义务包括（　　）。

A. 协调处理施工现场周围地下管线的保护工作

B. 按工程需要提供非夜间施工使用的照明

C. 办理临时停电、停水、中断道路申报批准手续

D. 组织设计交底

10. 某施工合同约定由施工单位负责采购材料，合同履行过程中，由于材料供应商违约而没有按期供货，导致施工没有按期完成。此时应当由（　　）违约责任。

A. 建设单位直接向材料供应商追究

B. 建设单位向施工单位追究责任，施工单位向材料供应商追究

C. 建设单位向施工单位追究责任，施工单位向项目经理追究

D. 建设单位不追究施工单位的责任，施工单位应向材料供应商追究

11. 在签订施工合同时，要同时约定保修条款。防水工程的保修期限应不低于（　　）。

A. 1 年　　　　　　　　　　　　　　　B. 2 年

C. 5 年　　　　　　　　　　　　　　　D. 工程设计年限

12. 如果施工单位项目经理由于工作失误导致采购的材料不能按期到货，施工合同没有按期完成，则建设单位可以要求（　　）承担责任。

A. 施工单位　　　　　　　　　　　　　B. 监理单位

C. 材料供应商　　　　　　　　　　　　D. 项目经理

13. 《建设工程施工合同（示范文本）》规定，承包人有权（　　）。

A. 自主决定分包所承包的部分工程　　　B. 自主决定分包和转让所承担的工程

C. 经发包人同意转包所承担的工程　　　D. 经发包人同意分包所承担的部分工程

14. 工程师直接向分包人发布了错误指令，分包人经承包人确认后实施，但该错误指令导致分包工程返工，为此分包人向承包人提出费用索赔，承包人（　　）。

A. 以不属于自己的原因拒绝索赔要求

B. 认为要求合理，先行支付后再向业主索赔

C. 以自己的名义向工程师提交索赔报告

D. 不予支付，以分包商的名义向工程师提交索赔报告

15. 在施工合同的履行中，如果建设单位拖欠工程款，经催告后在合理的期限内仍未支付，则施工企业可以主张（ ），然后要求对方赔偿损失。

A. 撤销合同，无须通知对方   B. 撤销合同，但应当通知对方

C. 解除合同，无须通知对方   D. 解除合同，但应当通知对方

16. 当工程内容明确，工期较短时，发包人宜采用（ ）合同。

A. 总价可调   B. 总价不可调

C. 单价   D. 成本加酬金

17. 在施工中由于（ ）原因导致工期延误，承包人应承担违约责任。

A. 不可抗力   B. 承包人的设备损坏

C. 设计变更   D. 工程量变化

18. 在合同订立过程中有（ ）行为，给对方造成损失的，行为人应当承担损害赔偿责任。

A. 故意抬高价格的

B. 合同订立过程中因情况变化而退出谈判的

C. 合同谈判缺乏诚意

D. 故意隐瞒与合同有关的重要事实

19. 建设工程合同的最基本要素是（ ）。

A. 标的   B. 承包人和发包人

C. 时间   D. 地点

20. 单机无负荷试车的确认权在（ ）。

A. 工程师   B. 承包人

C. 设计人   D. 发包人

21. 根据我国《合同法》的规定，构成违约责任的核心要件是（ ）。

A. 违约方当事人客观上存在违约行为   B. 违约方当事人主观上有过错

C. 守约方当事人客观上存在损失   D. 由合同当事人在法定范围内自行约定

22. 按照《建设工程施工合同（示范文本）》规定，当组成施工合同的各文件出现含糊不清或矛盾时，应按（ ）顺序解释。

A. 施工合同协议书、工程量清单、中标通知书

B. 中标通知书、投标书及附件、合同履行中的变更协议

C. 合同履行中的治商协议、中标通知书、工程量清单

D. 施工合同专用条款、施工合同通用条款、中标通知书

23. 建设工程总承包合同的履行不包括（ ）。

A. 合同应明确双方责任

B. 建设总承包合同订立后，双方都应按合同的规定严格履行

C. 总承包单位可以按合同规定对工程项目进行分包，但不得倒手转包

D. 建设工程总承包单位可以将承包工程中的部分工程发包给具有相应资质条件的分包单位，但是除总承包合同中约定的工程分包外，必须经发包人认可

24. 在进行建设项目总承包时，总包单位与施工单位之间是经济合同关系，具体来说（ ）。

A. 甲方，相当于业主身份

B. 总包单位是甲方，相当于业主代理商身份

C. 施工单位是乙方，相当于业主代理商身份

D. 总包单位与施工单位都是乙方，总包单位相当于总承包商，施工单位相当于分包商

25. 下列不属于工程合同的付款阶段的是（　　　）。

A. 预付款　　　　　　　　　　　　　　B. 工程进度款

C. 退还保留金　　　　　　　　　　　　D. 价格调整条款

26. 承包人需要更换项目经理的，应提前（　　　）天书面通知发包人和监理人，并征得发包人书面同意。

A. 12　　　　　　　　B. 13　　　　　　　　C. 14　　　　　　　　D. 15

二、多选题

1. 发包人出于某种需要希望工程能够提前竣工，则其应做的工作包括（　　　）。

A. 向承包人发出必须提前竣工的指令

B. 与承包人协商并签订提前竣工协议

C. 负责修改施工进度计划

D. 为承包人提供赶工的便利条件

E. 减少对工程质量的检测试验项目

2. 《建设工程施工合同（示范文本）》由（　　　）组成。

A. 协议书　　　　　　　　　　　　　　B. 中标通知书

C. 通用条款　　　　　　　　　　　　　D. 工程量清单

E. 专用条款

3. 按照《建设工程施工合同（示范文本）》的规定，由于（　　　）等原因造成的工期延误，经工程师确认后工期可以顺延。

A. 发包人未按约定提供施工场地　　　　B. 分包人对承包人的施工干扰

C. 设计变更　　　　　　　　　　　　　D. 承包人的主要施工机械出现故障

E. 发生不可抗力

4. 下列情形中，（　　　）的合同是可撤销合同。

A. 以欺诈、胁迫手段订立，损害国家利益　　B. 因重大误解而订立

C. 在订立合同时显失公平　　　　　　　D. 违反法律、行政法规强制性规定

E. 以欺诈、胁迫手段，使对方在违背真实意思情况下订立

5. 依据《建设工程施工合同（示范文本）》规定，施工合同发包人的义务包括（　　　）。

A. 办理临时用地、停水、停电申请手续

B. 向施工单位进行设计交底

C. 提供施工场地地下管线资料

D. 做好施工现场地下管线和邻近建筑物的保护

E. 开通施工现场与城乡公共道路的通道

6. 下列工程施工合同当事人的行为造成工程质量缺陷，应当由发包人承担的过错责任有（　　　）。

A. 不按照设计图纸施工　　　　　　　　B. 使用不合格建筑构配件

C. 提供的设计书有缺陷　　　　　　D. 直接指定分包人分包专业工程

E. 指定购买的建筑材料不符合强制性标准

7. 根据施工企业要求对原工程进行变更的，说法正确的有（　　）。

A. 施工企业在施工中不得对原工程设计进行变更

B. 施工企业在施工中提出更改施工组织设计的须经工程师同意，延误的工期不予顺延

C. 工程师采用施工合理化建议所获得的收益，建设单位和施工企业另行约定分享

D. 施工企业擅自变更设计发生的费用和由此导致的建设单位的损失由施工企业承担，延误的工期不予顺延

E. 施工企业自行承担差价时，对原材料、设备换用不必经工程师同意

8. 依据《建设工程施工合同（示范文本）》的规定，下列有关设计变更说法中正确的有（　　）。

A. 发包人需要对原设计进行变更，应提前 14 天书面通知承包人

B. 承包人为了便于施工，可以要求对原设计进行变更

C. 承包人在变更确认后的 14 天内，未向工程师提出变更价款报告，视为该工程变更不涉及价款变更

D. 工程师确认增加的工程变更价款，应在工程验收后单独支付

E. 合同中没有

9. 施工合同双方当事人对合同是否可撤销发生争议，可向（　　）请求撤销合同。

A. 建设行政主管部门　　　　　　　B. 仲裁机构

C. 人民法院　　　　　　　　　　　D. 工程师

E. 设计单位

10. 按照《建设工程施工合同（示范文本）》的规定，对合同双方有约束力的合同文件包括（　　）。

A. 投标书及其附件　　　　　　　　B. 招标阶段对投标人质疑的书面解答

C. 资格审查文件　　　　　　　　　D. 工程报价单

E. 履行合同过程中的变更协议

三、案例题

1. 某监理单位承担了某工程的施工阶段监理任务，该工程由甲施工单位总承包。甲施工单位选择了经建设单位同意并经监理单位进行资质审查合格的乙施工单位作为分包。施工过程中发生了以下事件。

（1）专业监理工程师在熟悉图纸时发现，基础工程部分设计内容不符合国家有关工程质量标准和规范。总经理工程师随即致函设计单位要求改正并提出更改建议方案。设计单位研究后，口头同意了总监理工程师的更改方案，总监理工程师随即将更改的内容写成监理指令通知甲施工单位执行。

问题：请指出总监理工程师上述行为的不妥之处并说明理由。总监理工程师应如何正确处理？

（2）施工过程中，专业监理工程师发现乙施工甲单位施工的分包工程部分存在质量隐患，为此，总监理工程师同时向甲、乙两施工单位发出了整改通知。甲施工单位回函称：乙施工单位施工的工程是经建设单位同意进行分包的，所以本单位不承担该部分工程的质量

责任。

问题：甲施工单位的答复是否妥当？为什么？总监理工程师签发的整改通知是否妥当？为什么？

（3）总监理工程师在巡视时发现，甲施工单位在施工中使用未经报验的建筑材料，若继续施工，该部位将被隐蔽。因此，立即向甲施工单位下达了暂停施工的指令（因甲施工单位的工作对乙施工单位有影响，乙施工单位也被迫停工）。同时，指示甲施工单位将该材料进行检验，检验报告出来后，证实材料合格，所以使用，总监理工程师随即指令施工单位恢复了正常施工。

乙施工单位就上述停工自身遭受的损失向甲施工单位提出补偿要求，而甲施工单位称：此次停工系执行监理工程师的指令，乙施工单位应向建设单位提出索赔。

问题：甲施工单位的说法是否正确？为什么？乙施工单位的损失应由谁承担？

（4）对上述施工单位的索赔建设单位称：本次停工系监理工程师失职造成，且事先未征得建设单位同意。因此，建设单位不承担任何责任，由于停工造成施工单位的损失应由监理单位承担。

问题：建设单位的说法是否正确？为什么？

2. 某工程在实施过程中发生如下事件。

事件1：在未向项目监理机构报告的情况下，施工单位按照投标书中打桩工程及防水工程的分包计划，安排了打桩工程施工分包单位进场施工，项目监理机构对此做了相应处理后书面报告了建设单位。建设单位以打桩施工分包单位资质未经其认可就进场施工为由，不再允许施工单位将防水工程分包。

事件2：桩基工程施工中，在抽检材料试验未完成的情况下，施工单位已将该批材料用于工程，专业监理工程师发现后予以制止。其后完成的材料试验结果表明，该批材料不合格，经检验，使用该批材料的相应工程部位存在质量问题，需进行返修。

事件3：施工中，由建设单位负责采购的设备在没有通知施工单位共同清点的情况下就存放在施工现场。施工单位安装时发现该设备的部分部件损坏，对此，建设单位要求施工单位承担损坏赔偿责任。

3. 某工程项目（未实施监理），由于勘察设计工作粗糙（招标文件中对此也未有任何说明），基础工程实施过程中不得不增加了排水和加大基础的工程量，因而承包商按下列工程变更程序要求提出工程变更：

（1）承包方书面提出工程变更书。

（2）送交发包人代表。

（3）与设计方联系，交由业主组织审核。

（4）接受（或不接受），设计人员就变更费用与承包方协商。

（5）设计人员就工程变更发出指令。

问题：背景中的变更程序有什么不妥？

第7章 工程项目施工索赔

【学习目标】
(1) 了解建设工程施工索赔的概念。
(2) 了解产生施工索赔的原因及分类。
(3) 熟悉施工索赔的程序与技巧。
(4) 掌握施工索赔的计算。

7.1 工程项目施工索赔概述

7.1.1 施工索赔的概念

施工索赔是施工合同履行过程中一方当事人根据法律、合同规定及惯例，对并非因自身因素而造成的经济损失或权利损害，向合同的另一方当事人提出给予费用赔偿或工期补偿要求的合同管理行为。在工程建设的各个阶段，都有可能发生索赔，但在施工阶段索赔发生较多。

对施工合同的双方来说，都有通过索赔维护自己合法利益的权利，依据双方约定的合同责任，构成正确履行合同义务的制约关系。

7.1.2 施工索赔的特征

施工索赔具有以下特征：

(1) 索赔是要求给予赔偿（或补偿）的权利主张，是一种合法的正当权利要求，不是无理争利。

(2) 索赔是双向的。合同当事人（含发包人、承包人）双方都可以向对方提出索赔要求。

(3) 经济损失或权利损害是索赔的前提条件。

(4) 索赔的依据是所签订的合同、法律法规、工程惯例及其他证据。

(5) 索赔发生的前提是自身没有过错，但自己在合同履行过程中遭受损失。

(6) 索赔是一种未经对方确认的单方行为。

7.1.3 施工索赔成立的条件

监理工程师判定承包人索赔成立时，必须同时具备下列3个条件：

(1) 索赔事件已造成承包人施工成本的额外支出或者工期延长。

(2) 产生索赔事件的原因属于非承包人原因。

(3) 承包人在规定的时间范围内提交了索赔意向通知。

7.1.4 施工索赔的作用

施工索赔的作用主要有以下几方面：

(1) 索赔能够保证合同的实施。索赔是合同法律效力的具体体现，对合同双方形成约束条件。

（2）索赔是合同和法律赋予正确履行合同者免受意外损失的权利，索赔是当事人保护自己、避免损失、提高效益的一种重要手段。

（3）索赔是落实和调整合同双方经济责任关系的有效手段，也是合同双方风险分担的又一次合理再分配。

（4）索赔有利于提高企业和工程项目的管理水平。

（5）索赔有助于承发包双方更快地熟悉国际惯例，熟练掌握索赔和处理索赔的方法与技巧，有助于对外开放和对外承包工程项目。

7.2 工程项目施工索赔的起因及分类

7.2.1 施工索赔的起因

施工索赔的起因很多，归纳起来主要有以下几方面。

1. 勘察、设计方面

工程地质与合同规定不一致，出现异常情况，如未标明地下管线、古墓或其他文物等；现场条件与设计图纸不符合，造成工程报废、返工、窝工等，这些都会导致工程项目的建设费用、建设工期发生变化，从而产生了费用、工期等方面的索赔。

2. 发包人和监理工程师方面

发包人不按规定提供施工场地、材料、设备，不按时支付工程款；监理工程师不能及时解决问题、工作失误、苛刻检查等，干扰了正常施工，造成费用、工期的变化，从而产生了费用、工期等方面的索赔。

3. 第三方原因

由于和工程有关的与发包人签订或约定的第三方（材料供应商、设备供应商、分包商、运输部门等）所发生的问题，造成对工程工期或费用的影响，所产生的索赔。

4. 合同文件的缺陷

合同双方对合同权利和义务的范围、界限的划定理解不一致，对合同的组成和文字的理解差异；合同文件规定不严谨甚至自相矛盾或合同内容有遗漏、错误等引起的索赔。

5. 工程变更

工程施工过程中，监理工程师发现设计、质量标准和施工顺序等问题时，往往会指令增加新的工作，改换建筑材料，暂停施工或加速施工等。这些变更指令必然引起新的施工费用，或需要延长工期。所有这些情况，都迫使承包人提出索赔要求，以弥补自己所不应承担的经济损失。

6. 意外风险和不可预见因素

在施工过程中发生了如地震、台风、洪水、火山爆发、地面下陷、火灾、爆炸、泥石流、地质断层、天然溶洞和地下文物遗址等人力不可抗拒、无法控制的自然灾害和意外事故，都可能产生因工程造价变化或工期延长方面的索赔事件。

7. 政策、法规的变化

主要是指与工程造价有关的政策、法规。工程造价具有很强的时间性、地域性，因此国家及各地有关部门都会出台相关的政策、法规，有些是强制执行的，而且会随着技术的变化而经常变化，所以会造成工期与费用的变化，成为索赔的重要起因。

8. 工程建设项目承发包管理模式的变化

当前的建筑市场，工程建设项目采用招标投标制，有总承包、专业分包、劳务分包、设备供应分包等承包方式，使工程建设项目承发包变得复杂，管理难度增大。当任何一个承包合同不能顺利履行或管理不善时，都会影响工程项目建设的工期和质量，继而引起工期和费用等方面的索赔。

7.2.2　施工索赔的分类

1. 按索赔目的分类

（1）工期索赔。由于非承包人责任的原因而导致施工进程延误，要求批准顺延合同工期的索赔，称为工期索赔。工期索赔形式上是对权利的要求，以避免承包人在原定合同竣工日不能完工时，被发包人追究拖期违约责任。一旦获得批准合同工期顺延后，承包人不仅可免除承担拖期违约赔偿费的严重风险，而且可能因提前工期得到奖励，最终仍反映在经济收益上。

（2）费用索赔。承包人向业主要求补偿不应该由承包人自己承担的经济损失或额外开支，也就是取得合理的经济补偿。其取得的前提：一是施工受到干扰，导致工作效率降低；二是业主指令工程变更或产生额外工程，导致工程成本增加。由于这两种情况所增加的新增费用或额外费用，承包人有权索赔。

2. 按索赔事件的性质分类

（1）工程延期索赔。因发包人未按合同要求提供施工条件，如未及时交付设计图纸、相关技术资料、应有的施工条件（场地、道路等）等，造成工期延误，承包人由此提出索赔。

（2）工程变更索赔。由于发包人或监理工程师指令增加或减少工程量以及增加附加工程、修改设计、变更施工顺序等，造成工期延长和费用增加，承包人对此提出索赔。

（3）工程加速索赔。由于发包人或监理工程师指令承包人加快施工速度，缩短工期，引起承包人的人、财、物的额外开支而提出的索赔。

（4）工程终止索赔。由于发包人违约或发生了不可抗力事件等造成工程非正常终止，承包人因蒙受经济损失而提出索赔。

（5）意外风险和不可预见因素索赔。在工程实施过程中，因人力不可抗拒的自然灾害、特殊风险以及一个有经验的承包人通常不能合理预见的不利施工条件或外界障碍，如地下水、地质断层、地面沉陷、地下障碍物等引起的索赔。

（6）其他索赔。因货币贬值、物价与工资上涨、政策法令变化、银行利率变化、外汇利率变化等原因引起的索赔。

3. 按索赔的依据分类

（1）合同内索赔。索赔涉及内容可在合同内找到依据。

（2）合同外索赔。索赔涉及内容和权利难以在合同条款中找到依据，但可以从合同引申含义和合同适用法律或政府颁发的有关法规中找到索赔的依据。

（3）道义索赔。这种索赔无合同和法律依据，承包人认为自己在施工中确实遭到很大损失，要向发包人寻求优惠性质的额外付款，只有在遇到通情达理的发包人时才有希望成功。一般在承包人的确克服了很多困难，使工程圆满完成，而自己却蒙受重大损失时，若承包人提出索赔要求，发包人可出自善意，给承包人一定的经济补偿。

4. 按索赔的处理方式分类

（1）单项索赔。单项索赔是指采取一事一索赔的方式，即在每一件索赔事件发生后，索赔人报送索赔通知书，编报索赔报告，要求单项解决支付，不与其他的索赔事项混在一起。工程索赔通常采用这种方式，它能有效避免多项索赔的相互影响和制约，解决起来比较容易。

（2）总索赔。总索赔又称为一揽子索赔，是指承包人在工程竣工决算前，将施工过程中未得到解决的和承包人对发包人答复不满意的单项索赔集中起来，提出一份索赔报告，综合在一起解决。在实际工程中，总索赔方式应尽量避免采用，因为它涉及的因素十分复杂，且纵横交错，不太容易索赔成功。

7.3　工程项目施工索赔的程序

7.3.1　承包人的索赔

1. 发出索赔意向通知

索赔事件发生后，承包人应在索赔事件发生后的 28 天内向监理工程师递交索赔意向通知，声明将对此事件提出索赔。该意向通知是承包人就具体的索赔事件向监理工程师和发包人表示的索赔愿望和要求。如果超过这个期限，监理工程师和发包人有权拒绝承包人的索赔要求。索赔事件发生后，承包人有义务做好现场施工的同期记录，并加大收集索赔证据的管理力度，以便于监理工程师随时检查和调阅，为判断索赔事件所造成的实际损害提供依据。

2. 递交索赔报告

承包人应在索赔意向通知提交后的 28 天内，或监理工程师可能同意的其他合理时间内递送正式的索赔报告。索赔报告的内容应包括索赔的合同依据、事件发生的原因、对其权益影响的证据资料、此项索赔要求补偿的款项和工期展延天数的详细计算等有关材料。如果索赔事件的影响持续存在，28 天内还不能算出索赔额和工期展延天数，承包人应按监理工程师合理要求的时间间隔（一般为 28 天），定期陆续提交各个阶段的索赔证据资料和索赔要求。在该项索赔事件的影响结束后的 28 天内，提交最终详细报告，提出索赔证据资料和累计索赔额。

3. 评审索赔报告

接到承包人的索赔意向通知后，监理工程师应建立自己的索赔档案，密切关注事件的影响，检查承包人的同期记录时，随时就记录内容提出不同意见或希望应予以增加的记录项目。

监理工程师在接到承包人的索赔报告后，应仔细分析承包人报送的索赔资料，并对不合理的索赔进行反驳或提出疑问，监理工程师根据自己掌握的资料和处理索赔的工作经验可能就以下问题提出质疑：

（1）索赔事件不属于发包人和工程师的责任，而是第三方的责任。

（2）事实和合同依据不足。

（3）承包人未能遵守索赔意向通知的要求。

（4）合同中的免责条款已经免除了发包人补偿的责任。

（5）索赔是由不可抗力引起的，承包人没有划分和证明双方责任的大小。

（6）承包人没有采取适当措施避免或减少损失。

（7）承包人必须提供进一步的证据。

（8）损失计算夸大。

（9）承包人以前已明示或暗示了放弃此次索赔的要求。

在评审过程中，承包人应对监理工程师提出的各种质疑做出完整的答复。

监理工程师对索赔报告的审查主要包括以下几个方面：

（1）事态调查。通过对合同实施的跟踪、分析了解事件经过、前因后果，掌握事件的详细情况。

（2）损害事件原因分析。即分析索赔事件是由何种原因引起的，责任应由谁来承担。在实际工作中，损害事件的责任有时是多方面原因造成的，故必须进行责任分解，划分责任范围，按责任大小承担损失。

（3）分析索赔理由。主要依据合同文件判明索赔事件是否属于未履行合同规定义务或未正确履行合同义务导致，是否在合同规定的赔偿范围之内。只有符合合同规定的索赔要求才有合法性，才能成立。如某合同规定，在工程总价5％范围内的工程变更属于承包人承担的风险，则按发包人指令增加的工程量在这个范围内时，承包人不能提出索赔。

（4）实际损失分析。即分析索赔事件的影响，主要表现为工期的延长和费用的增加。如果索赔事件不造成损失，则无索赔可言。损失调查的重点是分析、对比实际和计划的施工进度、工程成本和费用方面的资料，在此基础上核算索赔值。

（5）证据资料分析。主要分析证据资料的有效性、合理性、正确性，这也是索赔要求有效的前提条件。如果监理工程师认为承包人提出的证据不足以说明其要求的合理性时，可以要求承包人进一步提交索赔的证据资料，否则索赔要求是不成立的。

4. 确定合理的补偿额

经过监理工程师对索赔报告的评审，与承包人进行较充分的讨论后，监理工程师应提出索赔处理的初步意见，并参加发包人与承包人进行的索赔谈判，通过谈判，做出索赔的最后决定。

（1）监理工程师与承包人协商补偿。监理工程师核查后初步确定应予以补偿的额度通常与承包人的索赔报告中要求的额度不一致，甚至差额较大。其主要原因大多为对承担事件损害责任的界限划分不一致，索赔证据不充分，索赔计算的依据和方法分歧较大等，因此双方应就索赔的处理进行协商。

对于持续影响时间超过28天的工期延误事件，当工期索赔条件成立时，对承包人每隔28天报送的阶段索赔临时报告审查后，每次均应做出批准临时延长工期的决定，并于事件影响结束后28天内承包人提出最终的索赔报告后，批准顺延工期总天数。应当注意的是，最终批准的总顺延天数不应少于以前各阶段已同意顺延天数之和。承包人在事件影响期间必须每隔28天提出一次阶段索赔报告，可以使监理工程师能及时根据同期记录批准该阶段应予顺延工期的天数，避免事件影响时间太长而不能准确确定索赔值。

（2）监理工程师索赔处理决定。在经过认真分析研究，与承包人、发包人广泛讨论后，监理工程师应该向发包人和承包人提出自己的"索赔处理决定"。当监理工程师确定的索赔额超过其权限范围时，必须报请发包人批准。监理工程师在"工程延期审批表"和"费用索赔审批表"中应该简明地叙述索赔事项、理由、建议给予补偿的金额及延长的工期，论述承包人索赔的合理方面及不合理方面。监理工程师收到承包人送交的索赔报告和有关资料后，于 28 天内给予答复或要求承包人进一步补充索赔理由和证据。监理工程师收到承包人递交的索赔报告和有关资料后，如果在 28 天内既未予以答复，也未对承包人做进一步要求的话，则视为承包人提出的该项索赔要求已经认可。但是，监理工程师的处理决定不是终局性的，对发包人和承包人都不具有强制性的约束力。承包人对监理工程师的决定不满意，可以按合同中的争议条款提交约定的仲裁机构仲裁或诉讼。

5. 发包人审查索赔处理

当监理工程师确定的索赔额超过其权限范围时，必须报请发包人批准。发包人首先根据事件发生的原因、责任范围、合同条款审核承包人的索赔申请和监理工程师的处理报告，再依据工程建设的目的、投资控制、竣工投产日期要求以及针对承包人在施工中的缺陷或违反合同规定等的有关情况，决定是否同意监理工程师的处理意见。例如，承包人的某项索赔理由成立，监理工程师根据相应条款规定，既同意给予一定的费用补偿，也批准顺延相应的工期。但发包人权衡了施工的实际情况和外部条件的要求后，可能不同意顺延工期，而宁可给承包人增加费用补偿额，要求他采取赶工措施，按期或提前完工。这样的决定只有发包人才有权做出。索赔报告经发包人同意后，监理工程师即可签发有关证书。

6. 承包人是否接受最终索赔处理

承包人接受最终的索赔处理决定，索赔事件的处理即告结束。如果承包人不同意，就会导致合同争议。通过协商双方达到互谅互让的解决方案，是处理争议的最理想方式。如达不成谅解，承包人有权提交仲裁或诉讼解决。

索赔程序如图 7.1 所示。

7.3.2　发包人的索赔

依据《建设工程施工合同（示范文本）》规定，因承包人原因不能按照协议书约定的竣工工期或监理工程师同意顺延的工期竣工，或因承包人原因工程质量达不到协议书约定的质量标准，或承包人不履行合同义务或不按合同约定履行义务或发生错误而给发包人造成损失时，发包人也应按合同约定的索赔时限要求，向承包人提出索赔。

7.4　工程项目施工索赔的计算

索赔的计算包括工期的延长和费用增加的计算，是索赔的核心问题。只有根据实际情况选择适当的方法，准确合理的计算，才能具有说服力，以达到索赔的目的。

7.4.1　工期索赔的计算

在工程施工中，常常会发生一些未能预见的干扰事件使施工不能顺利进行，造成工期延长，这样对合同双方都会造成损失。承包人提出工期索赔的目的通常有两个：一是免去自己对已产生的工期延长的合同责任，使自己不支付或尽可能不支付工期延长的罚款；二是进行因工期延长而造成的费用损失的索赔。在工期索赔中，首先要确定索赔事件发生对施工活动的影响及引起的变化，其次分析施工活动变化对总工期的影响。工期索赔的计算主要有网络分析法和比例计算法两种。

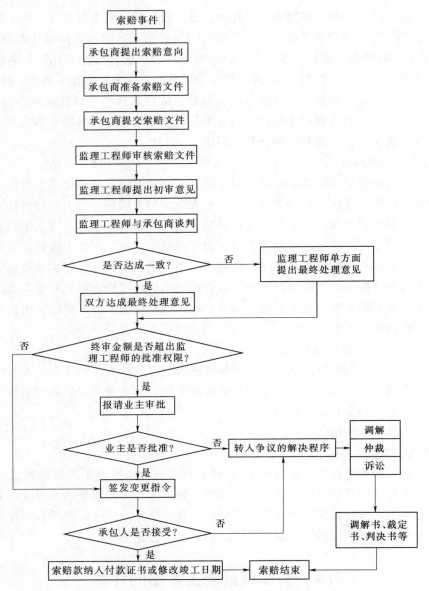

图 7.1　建设工程施工索赔程序

1. 网络分析法

网络分析法是利用进度计划的网络图，分析其关键线路，如果延误的工作为关键工作，则延误的时间为索赔的工期；如果延误的工作为非关键工作，当该工作由于延误超过时差限制而成为关键工作时，可以索赔延误时间与时差的差值；若该工作延误后仍为非关键工作，则不存在工期索赔问题。可以看出，网络图分析法要求承包人切实使用网络技术进行进度控制，才能依据网络计划提出工期索赔。按照网络图分析法得出的工期索赔值是科学合理的，容易得到认可。

2. 比例计算法

比例计算法是用工程的费用比例来确定工期应占的比例，往往用在工程量增加的情况

下。比例计算法的计算公式为

$$索赔工期＝（新增工程量价格/原合同价袼）×原合同总工期$$

【例 7.1】　某工程中标合同价为 1000 万元，合同工期 15 个月。施工开始以后，业主指令增加附加工程 100 万元，则承包商提出工期索赔应为多少月？

【解答】　工期索赔＝$100÷1000×15＝1.5$（个月）

采用比例分析法计算索赔，方法简便，无须复杂的分析，也易于被人接受。但是不能考虑到关键线路的影响，所以不太科学。此外，因为工程变更的影响，有时承包进行施工现场的停工、返工、重新修改计划，会引起一定的混乱和施工降效，这些也在比例分析法中体现出来。所以，很多索赔问题还要依据施工现场的实际记录确定。

7.4.2　费用索赔的计算

承包人通过费用损失索赔，要求发包人对索赔事件引起的直接损失和间接损失给予合理的经济补偿。费用项目构成、计算方法与合同报价中基本相同，但具体的费用构成内容却因索赔事件的性质不同而有所不同。在确定赔偿金额时，应遵循下述两个原则：第一，所有赔偿金额，都应该是承包人为履行合同所必须支出的费用；第二，按此金额赔偿后，应使承包人恢复到未发生事件前的财务状况。即承包人不致因索赔事件而遭受任何损失，但也不得因索赔事件而获得额外收益。常用的费用索赔的计算方法主要有以下几种。

7.4.2.1　总费用法和修正的总费用法

总费用法又称总成本法，就是计算出该项工程的总费用，再从这个已实际开支的总费用中减去投标报价时的成本费用，即为要求补偿的索赔费用额。计算公式为

$$索赔金额＝实际总费用－投标报价总费用$$

这种计算方法简单但不尽合理，因为实际完成工程的总费用中，可能包括由于承包人的原因（如管理不善、材料浪费、效率太低等）所增加的费用，而这些费用是不该索赔的；另一方面，原合同价也可能因工程变更或单价合同中的工程量变化等原因而不能代表真正的工程成本。这些原因，使得采用此法往往会引起争议，遇到障碍。但是在某些特定条件下，当需要具体计算索赔金额很困难，甚至不可能时，则也有采用此法的。在这种情况下，应具体核实已开支的实际费用，取消其不合理部分，以求接近实际情况。

一般认为在具备以下条件时采用总费用法是合理的。

（1）已开支的实际总费用经过审核，认为是比较合理的。

（2）承包人的原始报价是比较合理的。

（3）费用的增加是由于对方原因造成的，其中没有承包人管理不善的责任。

（4）由于该项索赔事件的性质和现场记录的不足，难于采用更精确的计算方法。

修正总费用法是指对难于用实际总费用进行审核的，可以考虑是否能计算出与索赔事件有关的单项工程的实际总费用和该单项工程的投标报价。若可行，可按其单项工程的实际与报价的差值来计算其索赔的金额。

修正的总费用法的计算公式为

$$修正的总费用＝索赔金额－某项工作调整后的实际总费用－该项工作的报价费用$$

7.4.2.2　分项法

分项法是将索赔的损失费用分项进行计算，其内容如下。

1. 人工费索赔

人工费索赔包括额外雇佣劳务人员、加班工作、工资上涨、人员闲置和劳动生产率降低的工时所花费的费用。

对于额外雇佣劳务人员和加班工作，用投标时的人工单价乘以工时数即可；对于交发包人的通常认为不应计算闲置人员奖金、福利等报酬，折算系数一般为人工单价的0.75倍；工资上涨是指由于工程变更，使承包人的大量人力资源的使用从前期推到后期，而后期工资水平上调，因此应得到相应的补偿。

对于监理工程师指令进行的计日工作，人工费按计日工作表中的人工单价计算。

对于劳动生产率降低导致的人工费索赔，一般可用如下方法计算：

（1）实际成本与投标报价成本比较法。这种方法是对受到干扰影响的工作的实际成本与投标报价成本进行比较，索赔其差额。这种方法需要有正确、合理的估计体系和详细的施工记录。

（2）正常施工期与受影响期比较法。这种方法是在承包人的正常施工受到干扰，生产率降低的情况下，通过比较正常条件下的生产率和干扰状态下的生产率，得出生产率降低值，以此为基础进行的索赔。

2. 材料费索赔

材料费索赔包括材料消耗量和材料价格的增加而增加的费用。追加额外工作、变更工程性质、改变施工方案等，都可能造成材料用量的增加或使用不同的材料，从而造成材料消耗量增加和材料价格增加。材料价格增加的原因包括材料价格上涨、手续费增加、运输费用增加（运距加长、二次倒运等）、仓储保管费增加等。

材料费索赔需要提供准确的数据和充分的证据。首先要根据变更通知准确计算变更后的材料用量，然后再计算材料的价格，最后材料用量和材料价格相乘得出材料费用，再减投标报价中的此项材料费，即为材料费的索赔。

3. 施工机械费索赔

机械费索赔包括增加台班数量、机械闲置或工作效率降低、台班费率上涨等费用。

对于增加台班数量，台班费按照有关定额和标准手册取值，或按实取值，台班增加量来自机械使用记录。

对于机械闲置费，如系租赁设备，一般按实际台班租金加上每台班分摊的机械进出场费计算；如系承包人自有设备，一般按台班折旧费计算，或是按定额标准的计算方法，将其中的不变费用和可变费用分别扣除一定的百分比进行计算。

对于工作效率降低，一般可用实际成本与投标报价成本比较法。

索赔费用的计算公式为

索赔费用＝计划台班×（劳动生产率降低值/预期劳动生产率）×台班单价

对于监理工程师指令进行的计日工作，按计日工作表中的机械设备单价计算。

4. 现场管理费索赔

现场管理费包括工地的临时设施费、通信费、办公费、现场管理人员和服务人员的工资等。

现场管理费索赔计算的方法一般为

现场管理费索赔值＝索赔的直接成本费用×现场管理费率

现场管理费率的确定选用下面的方法：

（1）合同百分比法，即管理费比率在合同中规定。

（2）行业平均水平法，即采用公开认可的行业标准费率。

（3）原始估价法，即采用投标报价时确定的费率。

（4）历史数据法，即采用以往相似工程的管理费率。

5. 总部管理费索赔

总部管理费是承包人的上级部门提取的管理费，如公司总部办公楼折旧、总部职员工资、交通差旅费、通信费、广告费等。

总部管理费与现场管理费相比，数额较为固定，一般仅在工程延期和工程范围变更时才允许索赔总部管理费。

可以合理补偿承包人索赔的条款见表 7.1。

表 7.1　　　　　　　　　　　　可以合理补偿承包人索赔的条款（FIDIC）

序号	条款号	主　要　内　容	可补偿内容		
			工期	费用	利润
1	1.9	延误发放图纸	√	√	√
2	2.1	延误移交施工现场	√	√	√
3	4.7	承包人依据工程师提供的错误数据导致放线错误	√	√	√
4	4.12	不可预见的外界条件	√	√	
5	4.24	施工中遇到的文物和古迹	√	√	
6	7.4	非承包商原因检验导致施工的延误	√	√	
7	8.4（a）	变更导致竣工时间的延长	√		
8	8.4（b）	异常不利的气候条件	√		
9	8.4（c）	由于传染病或其他政府行为导致的工期延误	√		
10	8.4（d）	业主或其他承包商的干扰	√		
11	8.5	公共当局引起的延误	√		
12	10.2	业主提前占用工程	√	√	√
13	10.3	对竣工检验的干扰	√	√	
14	13.7	后续法规的调整	√	√	
15	18.1	业主办理的保险未能从保险公司获得补偿部分	√	√	
16	19.4	不可抗力事件造成的损害	√		

【例 7.2】　某施工单位（乙方）与建设单位（甲方）签订了某工程施工总承包合同，合同约定：工期 600 天，工期每提前（或拖后）1 天奖励（或罚款）1 万元（含税费）。经甲方同意乙方将电梯和设备安装工程分包给具有相应资质的专业承包单位（丙方）。分包合同约定：分包工程施工进度必须服从施工总承包进度计划的安排，施工进度奖罚约定与总承包同的工期奖罚相同。乙方按时提交了施工网络计划，如图 7.2 所示（时间单位：天），并得到了批准。

施工过程中发生了以下事件。

事件 1：7 月 25—26 日基础工程施工时，由于特大暴雨引起洪水突发，导致现场无法施工，基础工程专业队 30 名工人窝工，天气转好后，27 日该专业队全员进行现场清理，所用

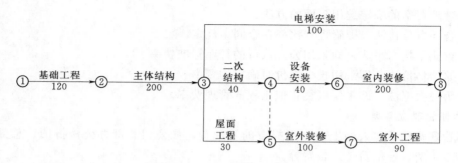

图 7.2 施工网络计划

机械持续闲置 3 个台班（台班费 800 元/台班），28 日乙方安排该专业队修复洪水冲坏的部分基础 12m³（综合单价 480 元/m³）。

事件 2：8 月 7—10 日主体结构施工时，乙方租赁的大模板未能及时进场，随后的 8 月 9—12 日，工程所在地区供电中断，造成 40 名工人持续窝工 6 天，所用机械持续闲置 6 个台班（台班费 900 元/台班）。

事件 3：屋面工程施工时，乙方的劳务分包队未能及时进场，造成施工时间拖延 8 天。

事件 4：设备安装过程中，甲方采购的制冷机组因质量问题退换货，造成丙方 12 名工人窝工 3 天，租赁的施工机械闲置 3 天（租赁费 600 元/天），设备安装工程完工时间拖延 3 天。

事件 5：因甲方对室外装修设计的效果不满意，要求设计单位修改设计，致使图纸交付拖延，使室外装修作业推迟开工 10 天，窝工 50 个工日，租赁的施工机械闲置 10 天（租赁费 700 元/天）。

事件 6：应甲方要求，乙方在室内装修施工中，采取了加快施工的技术组织措施，使室内装修施工时间缩短了 10 天，技术组织措施直接费 8 万元。

其余各项工作未出现导致作业时间和费用变化的情况。

问题：

1. 乙方可否就上述每项事件向甲方提出工期和（或）费用索赔？请简要说明理由。

2. 丙方因触冷机组退换货导致的工人窝工和租赁设备闲置费用损失应由谁给予补偿？

3. 工期索赔多少天？实际工期为多少天？工期奖（罚）款是多少万元？

4. 假设工程所在地人工费标准为 60 元/工日，窝工人工费补偿标准为 30 元/工日；机械闲置补偿标准为正常台班费的 60%；该工程管理费按人工、材料、机械费之和的 6% 计取，利润按人工、材料、机械费和管理费之和的 4.5% 计取，规费费率 7%，税率 3.41%。试问：承包商应得到的费用索赔是多少？

【解答】

问题 1：

事件 1：可以提出工期和费用索赔。因为洪水突发属于不可抗力，是甲、乙双方的共同风险，由此引起的场地清理、修复被洪水冲坏的部分基础的费用应由甲方承担，且基础工程为关键工作，延误的工期顺延。

事件 2：可以提出工期和费用索赔。因为供电中断是甲方的风险，由此导致的工人窝工和机械闲置费用应由甲方承担，且主体结构工程为关键工作，延误的工期顺延。

事件 3：不可以提出工期和费用索赔。因为劳务分包队未能及时进场属于乙方的风险

（或责任），其费用和时间损失不应由甲方承担。

事件4：可以提出工期和费用索赔。因为该设备由甲方购买，其质量问题导致费用损失应由甲方承担，且设备安装为关键工作，延误的工期顺延。

事件5：可以提出费用索赔，但不可以提出工期索赔。因为设计变更属于甲方责任，但该工程为非关键工作，延误的时间没有超过该工作的总时差。

事件6：可以提出工期和费用索赔。因为通过采取技术组织措施使工期提前可按合同规定的工期奖罚办法处理，因赶工而发生的施工技术组织措施费应由乙方承担。

问题2：

丙方的费用损失应由乙方给予补偿。

问题3：

（1）工期索赔：事件1索赔4天；事件2索赔2天；事件4索赔3天。

$$4+2+3=9（天）$$

（2）实际工期：关键线路上工作持续时间变化的有：基础工程增加4天；主体结构增加6天；设备安装增加3天；室内装修减少10天。

$$600+4+6+3-10=603（天）$$

（3）工期提前奖励：$[(600+9)-603]×1=6（万元）$

问题4：

事件1费用索赔：$[30×50.00×(1+6\%)×(1+4.5\%)+12×480.00]×(1+7\%)$
$×(1+3.41\%)=8211.85（元）$

事件2费用索赔：$(40×2×30.00+2×900×60\%)×(1+7\%)×(1+3.41\%)$
$=3850.57（元）$

事件4费用索赔：$(12×3×30.00+3×600)×(1+7\%)×(1+3.41\%)$
$=3186.68（元）$

事件5费用索赔：$(50×30.00+10×700)×(1+70\%)×(1+3.41\%)=9405.14（元）$

费用索赔合计：$8211.85+3850.57+3186.68+9405.14=24654.24（元）$

习　　题

一、单选题

1．索赔必须以（　　　）为依据。

A．工程预算　　　　B．结算资料　　　　C．工程变更　　　　D．合同

2．施工合同约定，风力超过8级的停工应给予工期顺延。某承包人在5月份一水塔高空作业的施工中遇7级风，按照安全施工管理规定的要求，停工5天，为此提出工期索赔的要求。其理由是当地多年气候资料表明5月份没有大风，此次连续大风属于不可预见的情况。该承包人的索赔理由属于（　　　）。

A．工程变更索赔　　　　　　　　B．工程加速索赔

C．合同被迫终止索赔　　　　　　D．合同中默示的索赔

3．在施工中出现非承包商原因的窝工现象，承包商自有设备可按（　　　）计算索赔费用。

A．施工机械台班费　　　　　　　B．施工机械台班折旧和设备使用费

C. 施工机械台班折旧费　　　　　　　　　　D. 施工机械市场租赁费

4. 工程反索赔是指（　　　）。

A. 承包商向发包商提出的索赔　　　　　　　B. 分包商向总包商提出的索赔

C. 承包商向供货商提出的索赔　　　　　　　D. 业主向承包商提出的索赔

5. 依据《建设工程施工合同（示范文本）》的规定，下列关于承包商索赔的说法错误的是（　　　）。

A. 只能向有合同关系的对方提出索赔

B. 可以对证据不充分的索赔报告不予理睬

C. 工程师的索赔处理决定不具有强制性的约束力

D. 索赔处理应尽可能协商达成一致

6. 承包人在索赔事项发生后的（　　　）天以内，应向工程师正式提出索赔意向通知。

A. 14　　　　　　　B. 7　　　　　　　　C. 28　　　　　　　　D. 21

7. 下列关于建设工程索赔的说法正确的是（　　　）。

A. 承包人可以向发包人索赔，发包人不可以向承包人索赔

B. 索赔按处理方式的不同分为工期索赔和费用索赔

C. 工程师在收到承包人送交的索赔报告的有关资料后 28 天未予答复或未对承包人做进一步要求，视为该项索赔已经认可

D. 索赔意向通知发出后的 14 天内，承包人必须向工程师提交索赔报告及有关资料

8. 索赔是指在合同的实施过程中，（　　　）因对方不履行或未能正确履行合同所规定的义务或未能保证承诺的合同条件实现而遭受损失后，向对方提出的补偿要求。

A. 发包方　　　　　B. 第三方　　　　　　C. 承包方　　　　　　D. 合同中的一方

9. 在施工过程中，由于发包人或工程师指令修改设计、修改实施计划、变更施工顺序，造成工期延长和费用损失，承包商可提出索赔，这种索赔属于（　　　）引起的索赔。

A. 地质条件的变化　　B. 不可抗力　　　　C. 工程变更　　　　　D. 业主风险

10.（　　　）是索赔处理的最主要依据。

A. 合同文件　　　　　B. 工程变更　　　　　C. 结算资举　　　　　D. 市场价格

11. 施工合同履行过程中，因工程所在地发生洪灾所造成的损失中，应由承包人承担的是（　　　）。

A. 工程本身的损害　　　　　　　　　　　　B. 因工程损害导致的第三方财产损失

C. 承包人的施工机械损坏　　　　　　　　　D. 工程所需清理费用

12. 由于发包人的原因，造成工程中断或进度放慢，使工期拖延，承包人对此（　　　）。

A. 不能提出索赔　　　　　　　　　　　　　B. 可以提出工期拖延索赔

C. 可以提出工程变更索赔　　　　　　　　　D. 可以提出工程终止索赔

13. 由于某种原因，如不可抗力因素影响、发包人违约，使工程被迫在竣工前停止实施，并不再继续进行，使承包人蒙受经济损失，因此提出的索赔属于（　　　）。

A. 不可预见的外部障碍或条件索赔　　　　　B. 工程变更索赔

C. 工程终止索赔　　　　　　　　　　　　　D. 其他索赔

14. 指定分包商是（　　　），完成某项特定工作内容的特殊分包商。

A. 由建设单位选定，与总包商签订合同

B. 由总包商选定，与建设单位签订合同

C. 由监理工程师选定，与建设单位签订合同

D. 由建设单位选定，与工程师签订合同

15. 某工程部位隐蔽前曾得到监理工程师的认可，但重新检验后发现质量未达到合同约定的要求，则关于全部剥露、返工的费用和工期处理的说法，正确的是（　　　）。

A. 费用和工期损失全部由承包商承担　　B. 费用和工期损失全部由业主承担

C. 费用由承包商承担，工期给予顺延　　D. 费用由业主承担，工期不顺延

16. 某项目施工需要办理爆破作业的批准手续，但没有及时获得批准，给承发包双方都造成一定损失，则（　　　）。

A. 承包人的损失都由发包人承担　　　　B. 发包人的损失都由承包人承担

C. 双方的损失各自承担　　　　　　　　D. 双方的损失都由审批部门承担

二、多选题

1. 索赔是当事人在合同实施过程中，根据（　　　）对不应由自己承担责任的情况造成的损失向合同的另一方当事人提出给予赔偿或补偿要求的行为。

A. 法律　　　　　　　　　　　　　　　B. 合同规定

C. 惯例　　　　　　　　　　　　　　　D. 判决

E. 仲裁决定

2. 索赔的特征是（　　　）。

A. 索赔是单向的　　　　　　　　　　　B. 索赔是双向的

C. 索赔只是对费用的主张　　　　　　　D. 索赔是未经对方确认的单方行为

E. 只有一方实际发生了经济损失或权利损害，才能向对方索赔

3. 按索赔的合同依据进行分类，索赔可以分为（　　　）。

A. 工程加速索赔　　　　　　　　　　　B. 工程变更索赔

C. 合同中明示的索赔　　　　　　　　　D. 合同中默示的索赔

E. 合同外的索赔

4. 引起索赔的原因有（　　　）。

A. 工程变更索赔　　　　　　　　　　　B. 意外风险和不可预见因素索赔

C. 工程项目的特殊性　　　　　　　　　D. 参与工程建设主体的多元性

E. 工程项目内外环境的复杂性和多变性

5. 工程师可以对承包商索赔提出质疑的情况有（　　　）。

A. 业主和承包商共同负有责任　　　　　B. 损失计算不足

C. 合同依据不足　　　　　　　　　　　D. 承包商没有采取适当措施减少损失

E. 承包商以前已经暗示放弃索赔要求

6. 建设工程索赔按所依据的理由不同可分为（　　　）。

A. 合同内索赔　　　　　　　　　　　　B. 工期索赔

C. 费用索赔　　　　　　　　　　　　　D. 合同外索赔

E. 道义索赔

7. 承包商向业主索赔成立的条件包括（　　　）。

A. 由于业主原因造成费用增加和工期损失

B. 由于工程师原因造成费用增加和工期损失

C. 由于分包商原因造成费用增加和工期损失

D. 按合同规定的程序提交了索赔意向

E. 提交了索赔报告

8. 承包商可以就下列事件的发生向业主提出索赔（　　　）。

A. 施工中遇到地下文物被迫停工　　　　B. 施工机械大修，误工 3 天

C. 材料供应商延期交货　　　　　　　　D. 设计图纸错误，造成返工

E. 业主要求提前竣工，导致工程成本增加

三、思考题

（1）如何理解施工索赔的概念？产生索赔的原因有哪些？施工索赔有哪些分类？

（2）承包人的索赔程序有哪些步骤？索赔的技巧有哪些？

（3）监理工程师处理索赔应遵循哪些原则？监理工程师审查索赔应注意哪些问题？

（4）监理工程师如何预防和减少索赔？

（5）索赔费用如何计算？

四、案例题

1. 某建筑公司与某学校签订一建筑工程施工合同，明确承包方（建筑公司）保质、保量、按期完成发包方（学校）的教学楼施工任务。工程竣工后，承包方向发包方提交了竣工报告，发包方认为双方合作愉快，为不影响学生上课，还没有组织验收，便直接使用了。使用中，校方发现教学楼存在质量问题，要求承包方修理。承包方则认为工程未经验收，发包方提前使用，出现质量问题，承包商不承担责任。

问题：

（1）依据有关法律、法规，该质量问题的责任由（　　　）承担。

A. 承包方　　　　　　　　　　　　　　B. 业主

C. 承包方与业主共同　　　　　　　　　D. 现场监理工程师

（2）工程未经验收，业主提前使用，可否视为工程已交付，承包方不再承担责任？

（3）如果该工程委托监理，出现上述问题应如何处理？监理工程师是否承担一定责任？

（4）发生上述问题，承包方的保修责任应如何履行？

（5）上述纠纷，业主和承包方可以通过何种方式解决？

附录一
中华人民共和国招标投标法

(1999 年 8 月 30 日第九届全国人民代表大会常务委员会第十一次会议通过)

目　录

第一章　　总则

第二章　　招标

第三章　　投标

第四章　　开标、评标和中标

第五章　　法律责任

第六章　　附则

第一章　总　则

第一条　为了规范招标投标活动，保护国家利益、社会公共利益和招标投标活动当事人的合法权益，提高经济效益，保证项目质量，制定本法。

第二条　在中华人民共和国境内进行招标投标活动，适用本法。

第三条　在中华人民共和国境内进行下列工程建设项目包括项目的勘察、设计、施工、监理以及与工程建设有关的重要设备、材料等的采购，必须进行招标：

（一）大型基础设施、公用事业等关系社会公共利益、公众安全的项目；

（二）全部或者部分使用国有资金投资或者国家融资的项目；

（三）使用国际组织或者外国政府贷款、援助资金的项目。

前款所列项目的具体范围和规模标准，由国务院发展计划部门会同国务院有关部门制订，报国务院批准。

法律或者国务院对必须进行招标的其他项目的范围有规定的，依照其规定。

第四条　任何单位和个人不得将依法必须进行招标的项目化整为零或者以其他任何方式规避招标。

第五条　招标投标活动应当遵循公开、公平、公正和诚实信用的原则。

第六条　依法必须进行招标的项目，其招标投标活动不受地区或者部门的限制。任何单位和个人不得违法限制或者排斥本地区、本系统以外的法人或者其他组织参加投标，不得以任何方式非法干涉招标投标活动。

第七条　招标投标活动及其当事人应当接受依法实施的监督。

有关行政监督部门依法对招标投标活动实施监督，依法查处招标投标活动中的违法行为。

对招标投标活动的行政监督及有关部门的具体职权划分，由国务院规定。

第二章　招　　标

第八条　招标人是依照本法规定提出招标项目、进行招标的法人或者其他组织。

第九条　招标项目按照国家有关规定需要履行项目审批手续的，应当先履行审批手续，取得批准。

招标人应当有进行招标项目的相应资金或者资金来源已经落实，并应当在招标文件中如实载明。

第十条　招标分为公开招标和邀请招标。

公开招标，是指招标人以招标公告的方式邀请不特定的法人或者其他组织投标。

邀请招标，是指招标人以投标邀请书的方式邀请特定的法人或者其他组织投标。

第十一条　国务院发展计划部门确定的国家重点项目和省、自治区、直辖市人民政府确定的地方重点项目不适宜公开招标的，经国务院发展计划部门或者省、自治区、直辖市人民政府批准，可以进行邀请招标。

第十二条　招标人有权自行选择招标代理机构，委托其办理招标事宜。任何单位和个人不得以任何方式为招标人指定招标代理机构。

招标人具有编制招标文件和组织评标能力的，可以自行办理招标事宜。任何单位和个人不得强制其委托招标代理机构办理招标事宜。

依法必须进行招标的项目，招标人自行办理招标事宜的，应当向有关行政监督部门备案。

第十三条　招标代理机构是依法设立、从事招标代理业务并提供相关服务的社会中介组织。

招标代理机构应当具备下列条件：

（一）有从事招标代理业务的营业场所和相应资金；

（二）有能够编制招标文件和组织评标的相应专业力量；

（三）有符合本法第三十七条第三款规定条件、可以作为评标委员会成员人选的技术、经济等方面的专家库。

第十四条　从事工程建设项目招标代理业务的招标代理机构，其资格由国务院或者省、自治区、直辖市人民政府的建设行政主管部门认定。具体办法由国务院建设行政主管部门会同国务院有关部门制定。从事其他招标代理业务的招标代理机构，其资格认定的主管部门由国务院规定。

招标代理机构与行政机关和其他国家机关不得存在隶属关系或者其他利益关系。

第十五条　招标代理机构应当在招标人委托的范围内办理招标事宜，并遵守本法关于招标人的规定。

第十六条　招标人采用公开招标方式的，应当发布招标公告。依法必须进行招标的项目的招标公告，应当通过国家指定的报刊、信息网络或者其他媒介发布。

招标公告应当载明招标人的名称和地址、招标项目的性质、数量、实施地点和时间以及获取招标文件的办法等事项。

第十七条　招标人采用邀请招标方式的，应当向三个以上具备承担招标项目的能力、资信良好的特定的法人或者其他组织发出投标邀请书。

投标邀请书应当载明本法第十六条第二款规定的事项。

第十八条　招标人可以根据招标项目本身的要求，在招标公告或者投标邀请书中，要求潜在投标人提供有关资质证明文件和业绩情况，并对潜在投标人进行资格审查；国家对投标人的资格条件有规定的，依照其规定。

招标人不得以不合理的条件限制或者排斥潜在投标人，不得对潜在投标人实行歧视待遇。

第十九条　招标人应当根据招标项目的特点和需要编制招标文件。招标文件应当包括招标项目的技术要求、对投标人资格审查的标准、投标报价要求和评标标准等所有实质性要求和条件以及拟签订合同的主要条款。

国家对招标项目的技术、标准有规定的，招标人应当按照其规定在招标文件中提出相应要求。

招标项目需要划分标段、确定工期的，招标人应当合理划分标段、确定工期，并在招标文件中载明。

第二十条　招标文件不得要求或者标明特定的生产供应者以及含有倾向或者排斥潜在投标人的其他内容。

第二十一条　招标人根据招标项目的具体情况，可以组织潜在投标人踏勘项目现场。

第二十二条　招标人不得向他人透露已获取招标文件的潜在投标人的名称、数量以及可能影响公平竞争的有关招标投标的其他情况。

招标人设有标底的，标底必须保密。

第二十三条　招标人对已发出的招标文件进行必要的澄清或者修改的，应当在招标文件要求提交投标文件截止时间至少十五日前，以书面形式通知所有招标文件收受人。该澄清或者修改的内容为招标文件的组成部分。

第二十四条　招标人应当确定投标人编制投标文件所需要的合理时间；但是，依法必须进行招标的项目，自招标文件开始发出之日起至投标人提交投标文件截止之日止，最短不得少于二十日。

第三章　投　　标

第二十五条　投标人是响应招标、参加投标竞争的法人或者其他组织。

依法招标的科研项目允许个人参加投标的，投标的个人适用本法有关投标人的规定。

第二十六条　投标人应当具备承担招标项目的能力；国家有关规定对投标人资格条件或者招标文件对投标人资格条件有规定的，投标人应当具备规定的资格条件。

第二十七条　投标人应当按照招标文件的要求编制投标文件。投标文件应当对招标文件提出的实质性要求和条件作出响应。

招标项目属于建设施工的，投标文件的内容应当包括拟派出的项目负责人与主要技术人员的简历、业绩和拟用于完成招标项目的机械设备等。

第二十八条　投标人应当在招标文件要求提交投标文件的截止时间前，将投标文件送达投标地点。招标人收到投标文件后，应当签收保存，不得开启。投标人少于三个的，招标人应当依照本法重新招标。

在招标文件要求提交投标文件的截止时间后送达的投标文件，招标人应当拒收。

第二十九条　投标人在招标文件要求提交投标文件的截止时间前，可以补充、修改或者撤回已提交的投标文件，并书面通知招标人。补充、修改的内容为投标文件的组成部分。

第三十条　投标人根据招标文件载明的项目实际情况，拟在中标后将中标项目的部分非主体、非关键性工作进行分包的，应当在投标文件中载明。

第三十一条　两个以上法人或者其他组织可以组成一个联合体，以一个投标人的身份共同投标。

联合体各方均应当具备承担招标项目的相应能力；国家有关规定或者招标文件对投标人资格条件有规定的，联合体各方均应当具备规定的相应资格条件。由同一专业的单位组成的联合体，按照资质等级较低的单位确定资质等级。

联合体各方应当签订共同投标协议，明确约定各方拟承担的工作和责任，并将共同投标协议连同投标文件一并提交招标人。联合体中标的，联合体各方应当共同与招标人签订合同，就中标项目向招标人承担连带责任。

招标人不得强制投标人组成联合体共同投标，不得限制投标人之间的竞争。

第三十二条　投标人不得相互串通投标报价，不得排挤其他投标人的公平竞争，损害招标人或者其他投标人的合法权益。

投标人不得与招标人串通投标，损害国家利益、社会公共利益或者他人的合法权益。

禁止投标人以向招标人或者评标委员会成员行贿的手段谋取中标。

第三十三条　投标人不得以低于成本的报价竞标，也不得以他人名义投标或者以其他方式弄虚作假，骗取中标。

第四章　开标、评标和中标

第三十四条　开标应当在招标文件确定的提交投标文件截止时间的同一时间公开进行；开标地点应当为招标文件中预先确定的地点。

第三十五条　开标由招标人主持，邀请所有投标人参加。

第三十六条　开标时，由投标人或者其推选的代表检查投标文件的密封情况，也可以由招标人委托的公证机构检查并公证；经确认无误后，由工作人员当众拆封，宣读投标人名称、投标价格和投标文件的其他主要内容。

招标人在招标文件要求提交投标文件的截止时间前收到的所有投标文件，开标时都应当当众予以拆封、宣读。

开标过程应当记录，并存档备查。

第三十七条　评标由招标人依法组建的评标委员会负责。

依法必须进行招标的项目，其评标委员会由招标人的代表和有关技术、经济等方面的专家组成，成员人数为五人以上单数，其中技术、经济等方面的专家不得少于成员总数的三分之二。

前款专家应当从事相关领域工作满八年并具有高级职称或者具有同等专业水平，由招标人从国务院有关部门或者省、自治区、直辖市人民政府有关部门提供的专家名册或者招标代理机构的专家库内的相关专业的专家名单中确定；一般招标项目可以采取随机抽取方式，特殊招标项目可以由招标人直接确定。

与投标人有利害关系的人不得进入相关项目的评标委员会；已经进入的应当更换。

评标委员会成员的名单在中标结果确定前应当保密。

第三十八条 招标人应当采取必要的措施，保证评标在严格保密的情况下进行。

任何单位和个人不得非法干预、影响评标的过程和结果。

第三十九条 评标委员会可以要求投标人对投标文件中含义不明确的内容作必要的澄清或者说明，但是澄清或者说明不得超出投标文件的范围或者改变投标文件的实质性内容。

第四十条 评标委员会应当按照招标文件确定的评标标准和方法，对投标文件进行评审和比较；设有标底的，应当参考标底。评标委员会完成评标后，应当向招标人提出书面评标报告，并推荐合格的中标候选人。

招标人根据评标委员会提出的书面评标报告和推荐的中标候选人确定中标人。招标人也可以授权评标委员会直接确定中标人。

国务院对特定招标项目的评标有特别规定的，从其规定。

第四十一条 中标人的投标应当符合下列条件之一：

（一）能够最大限度地满足招标文件中规定的各项综合评价标准；

（二）能够满足招标文件的实质性要求，并且经评审的投标价格最低；但是投标价格低于成本的除外。

第四十二条 评标委员会经评审，认为所有投标都不符合招标文件要求的，可以否决所有投标。

依法必须进行招标的项目的所有投标被否决的，招标人应当依照本法重新招标。

第四十三条 在确定中标人前，招标人不得与投标人就投标价格、投标方案等实质性内容进行谈判。

第四十四条 评标委员会成员应当客观、公正地履行职务，遵守职业道德，对所提出的评审意见承担个人责任。

评标委员会成员不得私下接触投标人，不得收受投标人的财物或者其他好处。

评标委员会成员和参与评标的有关工作人员不得透露对投标文件的评审和比较、中标候选人的推荐情况以及与评标有关的其他情况。

第四十五条 中标人确定后，招标人应当向中标人发出中标通知书，并同时将中标结果通知所有未中标的投标人。

中标通知书对招标人和中标人具有法律效力。中标通知书发出后，招标人改变中标结果的，或者中标人放弃中标项目的，应当依法承担法律责任。

第四十六条 招标人和中标人应当自中标通知书发出之日起三十日内，按照招标文件和中标人的投标文件订立书面合同。招标人和中标人不得再行订立背离合同实质性内容的其他协议。

招标文件要求中标人提交履约保证金的，中标人应当提交。

第四十七条 依法必须进行招标的项目，招标人应当自确定中标人之日起十五日内，向有关行政监督部门提交招标投标情况的书面报告。

第四十八条 中标人应当按照合同约定履行义务，完成中标项目。中标人不得向他人转让中标项目，也不得将中标项目肢解后分别向他人转让。

中标人按照合同约定或者经招标人同意，可以将中标项目的部分非主体、非关键性工作分包给他人完成。接受分包的人应当具备相应的资格条件，并不得再次分包。

中标人应当就分包项目向招标人负责，接受分包的人就分包项目承担连带责任。

第五章　法　律　责　任

第四十九条　违反本法规定，必须进行招标的项目而不招标的，将必须进行招标的项目化整为零或者以其他任何方式规避招标的，责令限期改正，可以处项目合同金额千分之五以上千分之十以下的罚款；对全部或者部分使用国有资金的项目，可以暂停项目执行或者暂停资金拨付；对单位直接负责的主管人员和其他直接责任人员依法给予处分。

第五十条　招标代理机构违反本法规定，泄露应当保密的与招标投标活动有关的情况和资料的，或者与招标人、投标人串通损害国家利益、社会公共利益或者他人合法权益的，处五万元以上二十五万元以下的罚款，对单位直接负责的主管人员和其他直接责任人员处单位罚款数额百分之五以上百分之十以下的罚款；有违法所得的，并处没收违法所得；情节严重的，暂停直至取消招标代理资格；构成犯罪的，依法追究刑事责任。给他人造成损失的，依法承担赔偿责任。

前款所列行为影响中标结果的，中标无效。

第五十一条　招标人以不合理的条件限制或者排斥潜在投标人的，对潜在投标人实行歧视待遇的，强制要求投标人组成联合体共同投标的，或者限制投标人之间竞争的，责令改正，可以处一万元以上五万元以下的罚款。

第五十二条　依法必须进行招标的项目的招标人向他人透露已获取招标文件的潜在投标人的名称、数量或者可能影响公平竞争的有关招标投标的其他情况的，或者泄露标底的，给予警告，可以并处一万元以上十万元以下的罚款；对单位直接负责的主管人员和其他直接责任人员依法给予处分；构成犯罪的，依法追究刑事责任。

前款所列行为影响中标结果的，中标无效。

第五十三条　投标人相互串通投标或者与招标人串通投标的，投标人以向招标人或者评标委员会成员行贿的手段谋取中标的，中标无效，处中标项目金额千分之五以上千分之十以下的罚款，对单位直接负责的主管人员和其他直接责任人员处单位罚款数额百分之五以上百分之十以下的罚款；有违法所得的，并处没收违法所得；情节严重的，取消其一年至两年内参加依法必须进行招标的项目的投标资格并予以公告，直至由工商行政管理机关吊销营业执照；构成犯罪的，依法追究刑事责任。给他人造成损失的，依法承担赔偿责任。

第五十四条　投标人以他人名义投标或者以其他方式弄虚作假，骗取中标的，中标无效，给招标人造成损失的，依法承担赔偿责任；构成犯罪的，依法追究刑事责任。

依法必须进行招标的项目的投标人有前款所列行为尚未构成犯罪的，处中标项目金额千分之五以上千分之十以下的罚款，对单位直接负责的主管人员和其他直接责任人员处单位罚款数额百分之五以上百分之十以下的罚款；有违法所得的，并处没收违法所得；情节严重的，取消其一年至三年内参加依法必须进行招标的项目的投标资格并予以公告，直至由工商行政管理机关吊销营业执照。

第五十五条　依法必须进行招标的项目，招标人违反本法规定，与投标人就投标价格、投标方案等实质性内容进行谈判的，给予警告，对单位直接负责的主管人员和其他直接责任人员依法给予处分。

前款所列行为影响中标结果的，中标无效。

第五十六条　评标委员会成员收受投标人的财物或者其他好处的，评标委员会成员或者参加评标的有关工作人员向他人透露对投标文件的评审和比较、中标候选人的推荐以及与评标有关的其他情况的，给予警告，没收收受的财物，可以并处三千元以上五万元以下的罚款，对有所列违法行为的评标委员会成员取消担任评标委员会成员的资格，不得再参加任何依法必须进行招标的项目的评标；构成犯罪的，依法追究刑事责任。

第五十七条　招标人在评标委员会依法推荐的中标候选人以外确定中标人的，依法必须进行招标的项目在所有投标被评标委员会否决后自行确定中标人的，中标无效。责令改正，可以处中标项目金额千分之五以上千分之十以下的罚款；对单位直接负责的主管人员和其他直接责任人员依法给予处分。

第五十八条　中标人将中标项目转让给他人的，将中标项目肢解后分别转让给他人的，违反本法规定将中标项目的部分主体、关键性工作分包给他人的，或者分包人再次分包的，转让、分包无效，处转让、分包项目金额千分之五以上千分之十以下的罚款；有违法所得的，并处没收违法所得；可以责令停业整顿；情节严重的，由工商行政管理机关吊销营业执照。

第五十九条　招标人与中标人不按照招标文件和中标人的投标文件订立合同的，或者招标人、中标人订立背离合同实质性内容的协议的，责令改正；可以处中标项目金额千分之五以上千分之十以下的罚款。

第六十条　中标人不履行与招标人订立的合同的，履约保证金不予退还，给招标人造成的损失超过履约保证金数额的，还应当对超过部分予以赔偿；没有提交履约保证金的，应当对招标人的损失承担赔偿责任。

中标人不按照与招标人订立的合同履行义务，情节严重的，取消其两年至五年内参加依法必须进行招标的项目的投标资格并予以公告，直至由工商行政管理机关吊销营业执照。

因不可抗力不能履行合同的，不适用前两款规定。

第六十一条　本章规定的行政处罚，由国务院规定的有关行政监督部门决定。本法已对实施行政处罚的机关作出规定的除外。

第六十二条　任何单位违反本法规定，限制或者排斥本地区、本系统以外的法人或者其他组织参加投标的，为招标人指定招标代理机构的，强制招标人委托招标代理机构办理招标事宜的，或者以其他方式干涉招标投标活动的，责令改正；对单位直接负责的主管人员和其他直接责任人员依法给予警告、记过、记大过的处分，情节较重的，依法给予降级、撤职、开除的处分。

个人利用职权进行前款违法行为的，依照前款规定追究责任。

第六十三条　对招标投标活动依法负有行政监督职责的国家机关工作人员徇私舞弊、滥用职权或者玩忽职守，构成犯罪的，依法追究刑事责任；不构成犯罪的，依法给予行政处分。

第六十四条　依法必须进行招标的项目违反本法规定，中标无效的，应当依照本法规定的中标条件从其余投标人中重新确定中标人或者依照本法重新进行招标。

第六章　附　　则

第六十五条　投标人和其他利害关系人认为招标投标活动不符合本法有关规定的，有权向招标人提出异议或者依法向有关行政监督部门投诉。

第六十六条 涉及国家安全、国家秘密、抢险救灾或者属于利用扶贫资金实行以工代赈、需要使用农民工等特殊情况，不适宜进行招标的项目，按照国家有关规定可以不进行招标。

第六十七条 使用国际组织或者外国政府贷款、援助资金的项目进行招标，贷款方、资金提供方对招标投标的具体条件和程序有不同规定的，可以适用其规定，但违背中华人民共和国的社会公共利益的除外。

第六十八条 本法自 2000 年 1 月 1 日起施行。

附录二
中华人民共和国招标投标法实施条例

(2011 年 11 月 30 日国务院第 183 次常务会议通过)

总　则

第一条　为了规范招标投标活动，根据《中华人民共和国招标投标法》（以下简称招标投标法），制定本条例。

第二条　招标投标法第三条所称工程建设项目，是指工程以及与工程建设有关的货物、服务。

前款所称工程，是指建设工程，包括建筑物和构筑物的新建、改建、扩建及其相关的装修、拆除、修缮等；所称与工程建设有关的货物，是指构成工程不可分割的组成部分，且为实现工程基本功能所必需的设备、材料等；所称与工程建设有关的服务，是指为完成工程所需的勘察、设计、监理等服务。

第三条　依法必须进行招标的工程建设项目的具体范围和规模标准，由国务院发展改革部门会同国务院有关部门制订，报国务院批准后公布施行。

第四条　国务院发展改革部门指导和协调全国招标投标工作，对国家重大建设项目的工程招标投标活动实施监督检查。国务院工业和信息化、住房城乡建设、交通运输、铁道、水利、商务等部门，按照规定的职责分工对有关招标投标活动实施监督。

县级以上地方人民政府发展改革部门指导和协调本行政区域的招标投标工作。县级以上地方人民政府有关部门按照规定的职责分工，对招标投标活动实施监督，依法查处招标投标活动中的违法行为。县级以上地方人民政府对其所属部门有关招标投标活动的监督职责分工另有规定的，从其规定。

财政部门依法对实行招标投标的政府采购工程建设项目的预算执行情况和政府采购政策执行情况实施监督。

监察机关依法对与招标投标活动有关的监察对象实施监察。

第五条　设区的市级以上地方人民政府可以根据实际需要，建立统一规范的招标投标交易场所，为招标投标活动提供服务。招标投标交易场所不得与行政监督部门存在隶属关系，不得以营利为目的。

国家鼓励利用信息网络进行电子招标投标。

第六条　禁止国家工作人员以任何方式非法干涉招标投标活动。

招　标

第七条　按照国家有关规定需要履行项目审批、核准手续的依法必须进行招标的项目，其招标范围、招标方式、招标组织形式应当报项目审批、核准部门审批、核准。项目审批、核准部门应当及时将审批、核准确定的招标范围、招标方式、招标组织形式通报有关行政监督部门。

第八条 国有资金占控股或者主导地位的依法必须进行招标的项目，应当公开招标；但有下列情形之一的，可以邀请招标：

（一）技术复杂、有特殊要求或者受自然环境限制，只有少量潜在投标人可供选择；

（二）采用公开招标方式的费用占项目合同金额的比例过大。

有前款第二项所列情形，属于本条例第七条规定的项目，由项目审批、核准部门在审批、核准项目时作出认定；其他项目由招标人申请有关行政监督部门作出认定。

第九条 除招标投标法第六十六条规定的可以不进行招标的特殊情况外，有下列情形之一的，可以不进行招标：

（一）需要采用不可替代的专利或者专有技术；

（二）采购人依法能够自行建设、生产或者提供；

（三）已通过招标方式选定的特许经营项目投资人依法能够自行建设、生产或者提供；

（四）需要向原中标人采购工程、货物或者服务，否则将影响施工或者功能配套要求；

（五）国家规定的其他特殊情形。

招标人为适用前款规定弄虚作假的，属于招标投标法第四条规定的规避招标。

第十条 招标投标法第十二条第二款规定的招标人具有编制招标文件和组织评标能力，是指招标人具有与招标项目规模和复杂程度相适应的技术、经济等方面的专业人员。

第十一条 招标代理机构的资格依照法律和国务院的规定由有关部门认定。

国务院住房城乡建设、商务、发展改革、工业和信息化等部门，按照规定的职责分工对招标代理机构依法实施监督管理。

第十二条 招标代理机构应当拥有一定数量的取得招标职业资格的专业人员。取得招标职业资格的具体办法由国务院人力资源社会保障部门会同国务院发展改革部门制定。

第十三条 招标代理机构在其资格许可和招标人委托的范围内开展招标代理业务，任何单位和个人不得非法干涉。

招标代理机构代理招标业务，应当遵守招标投标法和本条例关于招标人的规定。招标代理机构不得在所代理的招标项目中投标或者代理投标，也不得为所代理的招标项目的投标人提供咨询。

招标代理机构不得涂改、出租、出借、转让资格证书。

第十四条 招标人应当与被委托的招标代理机构签订书面委托合同，合同约定的收费标准应当符合国家有关规定。

第十五条 公开招标的项目，应当依照招标投标法和本条例的规定发布招标公告、编制招标文件。

招标人采用资格预审办法对潜在投标人进行资格审查的，应当发布资格预审公告、编制资格预审文件。

依法必须进行招标的项目的资格预审公告和招标公告，应当在国务院发展改革部门依法指定的媒介发布。在不同媒介发布的同一招标项目的资格预审公告或者招标公告的内容应当一致。指定媒介发布依法必须进行招标的项目的境内资格预审公告、招标公告，不得收取费用。

编制依法必须进行招标的项目的资格预审文件和招标文件，应当使用国务院发展改革部门会同有关行政监督部门制定的标准文本。

第十六条 招标人应当按照资格预审公告、招标公告或者投标邀请书规定的时间、地点发售资格预审文件或者招标文件。资格预审文件或者招标文件的发售期不得少于5日。

招标人发售资格预审文件、招标文件收取的费用应当限于补偿印刷、邮寄的成本支出，不得以营利为目的。

第十七条 招标人应当合理确定提交资格预审申请文件的时间。依法必须进行招标的项目提交资格预审申请文件的时间，自资格预审文件停止发售之日起不得少于5日。

第十八条 资格预审应当按照资格预审文件载明的标准和方法进行。

国有资金占控股或者主导地位的依法必须进行招标的项目，招标人应当组建资格审查委员会审查资格预审申请文件。资格审查委员会及其成员应当遵守招标投标法和本条例有关评标委员会及其成员的规定。

第十九条 资格预审结束后，招标人应当及时向资格预审申请人发出资格预审结果通知书。未通过资格预审的申请人不具有投标资格。

通过资格预审的申请人少于3个的，应当重新招标。

第二十条 招标人采用资格后审办法对投标人进行资格审查的，应当在开标后由评标委员会按照招标文件规定的标准和方法对投标人的资格进行审查。

第二十一条 招标人可以对已发出的资格预审文件或者招标文件进行必要的澄清或者修改。澄清或者修改的内容可能影响资格预审申请文件或者投标文件编制的，招标人应当在提交资格预审申请文件截止时间至少3日前，或者投标截止时间至少15日前，以书面形式通知所有获取资格预审文件或者招标文件的潜在投标人；不足3日或者15日的，招标人应当顺延提交资格预审申请文件或者投标文件的截止时间。

第二十二条 潜在投标人或者其他利害关系人对资格预审文件有异议的，应当在提交资格预审申请文件截止时间2日前提出；对招标文件有异议的，应当在投标截止时间10日前提出。招标人应当自收到异议之日起3日内作出答复；作出答复前，应当暂停招标投标活动。

第二十三条 招标人编制的资格预审文件、招标文件的内容违反法律、行政法规的强制性规定，违反公开、公平、公正和诚实信用原则，影响资格预审结果或者潜在投标人投标的，依法必须进行招标的项目的招标人应当在修改资格预审文件或者招标文件后重新招标。

第二十四条 招标人对招标项目划分标段的，应当遵守招标投标法的有关规定，不得利用划分标段限制或者排斥潜在投标人。依法必须进行招标的项目的招标人不得利用划分标段规避招标。

第二十五条 招标人应当在招标文件中载明投标有效期。投标有效期从提交投标文件的截止之日起算。

第二十六条 招标人在招标文件中要求投标人提交投标保证金的，投标保证金不得超过招标项目估算价的2%。投标保证金有效期应当与投标有效期一致。

依法必须进行招标的项目的境内投标单位，以现金或者支票形式提交的投标保证金应当从其基本账户转出。

招标人不得挪用投标保证金。

第二十七条 招标人可以自行决定是否编制标底。一个招标项目只能有一个标底。标底必须保密。

接受委托编制标底的中介机构不得参加受托编制标底项目的投标，也不得为该项目的投标人编制投标文件或者提供咨询。

招标人设有最高投标限价的，应当在招标文件中明确最高投标限价或者最高投标限价的计算方法。招标人不得规定最低投标限价。

第二十八条 招标人不得组织单个或者部分潜在投标人踏勘项目现场。

第二十九条 招标人可以依法对工程以及与工程建设有关的货物、服务全部或者部分实行总承包招标。以暂估价形式包括在总承包范围内的工程、货物、服务属于依法必须进行招标的项目范围且达到国家规定规模标准的，应当依法进行招标。

前款所称暂估价，是指总承包招标时不能确定价格而由招标人在招标文件中暂时估定的工程、货物、服务的金额。

第三十条 对技术复杂或者无法精确拟定技术规格的项目，招标人可以分两阶段进行招标。

第一阶段，投标人按照招标公告或者投标邀请书的要求提交不带报价的技术建议，招标人根据投标人提交的技术建议确定技术标准和要求，编制招标文件。

第二阶段，招标人向在第一阶段提交技术建议的投标人提供招标文件，投标人按照招标文件的要求提交包括最终技术方案和投标报价的投标文件。

招标人要求投标人提交投标保证金的，应当在第二阶段提出。

第三十一条 招标人终止招标的，应当及时发布公告，或者以书面形式通知被邀请的或者已经获取资格预审文件、招标文件的潜在投标人。已经发售资格预审文件、招标文件或者已经收取投标保证金的，招标人应当及时退还所收取的资格预审文件、招标文件的费用，以及所收取的投标保证金及银行同期存款利息。

第三十二条 招标人不得以不合理的条件限制、排斥潜在投标人或者投标人。

招标人有下列行为之一的，属于以不合理条件限制、排斥潜在投标人或者投标人：

（一）就同一招标项目向潜在投标人或者投标人提供有差别的项目信息；

（二）设定的资格、技术、商务条件与招标项目的具体特点和实际需要不相适应或者与合同履行无关；

（三）依法必须进行招标的项目以特定行政区域或者特定行业的业绩、奖项作为加分条件或者中标条件；

（四）对潜在投标人或者投标人采取不同的资格审查或者评标标准；

（五）限定或者指定特定的专利、商标、品牌、原产地或者供应商；

（六）依法必须进行招标的项目非法限定潜在投标人或者投标人的所有制形式或者组织形式；

（七）以其他不合理条件限制、排斥潜在投标人或者投标人。

投　　标

第三十三条 投标人参加依法必须进行招标的项目的投标，不受地区或者部门的限制，任何单位和个人不得非法干涉。

第三十四条　与招标人存在利害关系可能影响招标公正性的法人、其他组织或者个人，不得参加投标。

　　单位负责人为同一人或者存在控股、管理关系的不同单位，不得参加同一标段投标或者未划分标段的同一招标项目投标。

　　违反前两款规定的，相关投标均无效。

　　第三十五条　投标人撤回已提交的投标文件，应当在投标截止时间前书面通知招标人。招标人已收取投标保证金的，应当自收到投标人书面撤回通知之日起 5 日内退还。

　　投标截止后投标人撤销投标文件的，招标人可以不退还投标保证金。

　　第三十六条　未通过资格预审的申请人提交的投标文件，以及逾期送达或者不按照招标文件要求密封的投标文件，招标人应当拒收。

　　招标人应当如实记载投标文件的送达时间和密封情况，并存档备查。

　　第三十七条　招标人应当在资格预审公告、招标公告或者投标邀请书中载明是否接受联合体投标。

　　招标人接受联合体投标并进行资格预审的，联合体应当在提交资格预审申请文件前组成。资格预审后联合体增减、更换成员的，其投标无效。

　　联合体各方在同一招标项目中以自己名义单独投标或者参加其他联合体投标的，相关投标均无效。

　　第三十八条　投标人发生合并、分立、破产等重大变化的，应当及时书面告知招标人。投标人不再具备资格预审文件、招标文件规定的资格条件或者其投标影响招标公正性的，其投标无效。

　　第三十九条　禁止投标人相互串通投标。

　　有下列情形之一的，属于投标人相互串通投标：

　　（一）投标人之间协商投标报价等投标文件的实质性内容；

　　（二）投标人之间约定中标人；

　　（三）投标人之间约定部分投标人放弃投标或者中标；

　　（四）属于同一集团、协会、商会等组织成员的投标人按照该组织要求协同投标；

　　（五）投标人之间为谋取中标或者排斥特定投标人而采取的其他联合行动。

　　第四十条　有下列情形之一的，视为投标人相互串通投标：

　　（一）不同投标人的投标文件由同一单位或者个人编制；

　　（二）不同投标人委托同一单位或者个人办理投标事宜；

　　（三）不同投标人的投标文件载明的项目管理成员为同一人；

　　（四）不同投标人的投标文件异常一致或者投标报价呈规律性差异；

　　（五）不同投标人的投标文件相互混装；

　　（六）不同投标人的投标保证金从同一单位或者个人的账户转出。

　　第四十一条　禁止招标人与投标人串通投标。

　　有下列情形之一的，属于招标人与投标人串通投标：

　　（一）招标人在开标前开启投标文件并将有关信息泄露给其他投标人；

　　（二）招标人直接或者间接向投标人泄露标底、评标委员会成员等信息；

　　（三）招标人明示或者暗示投标人压低或者抬高投标报价；

（四）招标人授意投标人撤换、修改投标文件；

（五）招标人明示或者暗示投标人为特定投标人中标提供方便；

（六）招标人与投标人为谋求特定投标人中标而采取的其他串通行为。

第四十二条 使用通过受让或者租借等方式获取的资格、资质证书投标的，属于招标投标法第三十三条规定的以他人名义投标。

投标人有下列情形之一的，属于招标投标法第三十三条规定的以其他方式弄虚作假的行为：

（一）使用伪造、变造的许可证件；

（二）提供虚假的财务状况或者业绩；

（三）提供虚假的项目负责人或者主要技术人员简历、劳动关系证明；

（四）提供虚假的信用状况；

（五）其他弄虚作假的行为。

第四十三条 提交资格预审申请文件的申请人应当遵守招标投标法和本条例有关投标人的规定。

开 标 评 标 中 标

第四十四条 招标人应当按照招标文件规定的时间、地点开标。

投标人少于 3 个的，不得开标；招标人应当重新招标。

投标人对开标有异议的，应当在开标现场提出，招标人应当当场作出答复，并制作记录。

第四十五条 国家实行统一的评标专家专业分类标准和管理办法。具体标准和办法由国务院发展改革部门会同国务院有关部门制定。

省级人民政府和国务院有关部门应当组建综合评标专家库。

第四十六条 除招标投标法第三十七条第三款规定的特殊招标项目外，依法必须进行招标的项目，其评标委员会的专家成员应当从评标专家库内相关专业的专家名单中以随机抽取方式确定。任何单位和个人不得以明示、暗示等任何方式指定或者变相指定参加评标委员会的专家成员。

依法必须进行招标的项目的招标人非因招标投标法和本条例规定的事由，不得更换依法确定的评标委员会成员。更换评标委员会的专家成员应当依照前款规定进行。

评标委员会成员与投标人有利害关系的，应当主动回避。

有关行政监督部门应当按照规定的职责分工，对评标委员会成员的确定方式、评标专家的抽取和评标活动进行监督。行政监督部门的工作人员不得担任本部门负责监督项目的评标委员会成员。

第四十七条 招标投标法第三十七条第三款所称特殊招标项目，是指技术复杂、专业性强或者国家有特殊要求，采取随机抽取方式确定的专家难以保证胜任评标工作的项目。

第四十八条 招标人应当向评标委员会提供评标所必需的信息，但不得明示或者暗示其倾向或者排斥特定投标人。

招标人应当根据项目规模和技术复杂程度等因素合理确定评标时间。超过三分之一的评标委员会成员认为评标时间不够的，招标人应当适当延长。

评标过程中，评标委员会成员有回避事由、擅离职守或者因健康等原因不能继续评标的，应当及时更换。被更换的评标委员会成员作出的评审结论无效，由更换后的评标委员会成员重新进行评审。

第四十九条 评标委员会成员应当依照招标投标法和本条例的规定，按照招标文件规定的评标标准和方法，客观、公正地对投标文件提出评审意见。招标文件没有规定的评标标准和方法不得作为评标的依据。

评标委员会成员不得私下接触投标人，不得收受投标人给予的财物或者其他好处，不得向招标人征询确定中标人的意向，不得接受任何单位或者个人明示或者暗示提出的倾向或者排斥特定投标人的要求，不得有其他不客观、不公正履行职务的行为。

第五十条 招标项目设有标底的，招标人应当在开标时公布。标底只能作为评标的参考，不得以投标报价是否接近标底作为中标条件，也不得以投标报价超过标底上下浮动范围作为否决投标的条件。

第五十一条 有下列情形之一的，评标委员会应当否决其投标：

（一）投标文件未经投标单位盖章和单位负责人签字；

（二）投标联合体没有提交共同投标协议；

（三）投标人不符合国家或者招标文件规定的资格条件；

（四）同一投标人提交两个以上不同的投标文件或者投标报价，但招标文件要求提交备选投标的除外；

（五）投标报价低于成本或者高于招标文件设定的最高投标限价；

（六）投标文件没有对招标文件的实质性要求和条件作出响应；

（七）投标人有串通投标、弄虚作假、行贿等违法行为。

第五十二条 投标文件中有含义不明确的内容、明显文字或者计算错误，评标委员会认为需要投标人作出必要澄清、说明的，应当书面通知该投标人。投标人的澄清、说明应当采用书面形式，并不得超出投标文件的范围或者改变投标文件的实质性内容。

评标委员会不得暗示或者诱导投标人作出澄清、说明，不得接受投标人主动提出的澄清、说明。

第五十三条 评标完成后，评标委员会应当向招标人提交书面评标报告和中标候选人名单。中标候选人应当不超过3个，并标明排序。

评标报告应当由评标委员会全体成员签字。对评标结果有不同意见的评标委员会成员应当以书面形式说明其不同意见和理由，评标报告应当注明该不同意见。评标委员会成员拒绝在评标报告上签字又不书面说明其不同意见和理由的，视为同意评标结果。

第五十四条 依法必须进行招标的项目，招标人应当自收到评标报告之日起3日内公示中标候选人，公示期不得少于3日。

投标人或者其他利害关系人对依法必须进行招标的项目的评标结果有异议的，应当在中标候选人公示期间提出。招标人应当自收到异议之日起3日内作出答复；作出答复前，应当暂停招标投标活动。

第五十五条 国有资金占控股或者主导地位的依法必须进行招标的项目，招标人应当确定排名第一的中标候选人为中标人。排名第一的中标候选人放弃中标、因不可抗力不能履行合同、不按照招标文件要求提交履约保证金，或者被查实存在影响中标结果的违法行为等情形，不符合中标条件的，招标人可以按照评标委员会提出的中标候选人名单排序依次确定其他中标候选人为中标人，也可以重新招标。

第五十六条 中标候选人的经营、财务状况发生较大变化或者存在违法行为，招标人认为可能影响其履约能力的，应当在发出中标通知书前由原评标委员会按照招标文件规定的标准和方法审查确认。

第五十七条 招标人和中标人应当依照招标投标法和本条例的规定签订书面合同，合同的标的、价款、质量、履行期限等主要条款应当与招标文件和中标人的投标文件的内容一致。招标人和中标人不得再行订立背离合同实质性内容的其他协议。

招标人最迟应当在书面合同签订后 5 日内向中标人和未中标的投标人退还投标保证金及银行同期存款利息。

第五十八条 招标文件要求中标人提交履约保证金的，中标人应当按照招标文件的要求提交。履约保证金不得超过中标合同金额的 10％。

第五十九条 中标人应当按照合同约定履行义务，完成中标项目。中标人不得向他人转让中标项目，也不得将中标项目肢解后分别向他人转让。

中标人按照合同约定或者经招标人同意，可以将中标项目的部分非主体、非关键性工作分包给他人完成。接受分包的人应当具备相应的资格条件，并不得再次分包。

中标人应当就分包项目向招标人负责，接受分包的人就分包项目承担连带责任。

投诉与处理

第六十条 投标人或者其他利害关系人认为招标投标活动不符合法律、行政法规规定的，可以自知道或者应当知道之日起 10 日内向有关行政监督部门投诉。投诉应当有明确的请求和必要的证明材料。

就本条例第二十二条、第四十四条、第五十四条规定事项投诉的，应当先向招标人提出异议，异议答复期间不计算在前款规定的期限内。

第六十一条 投诉人就同一事项向两个以上有权受理的行政监督部门投诉的，由最先收到投诉的行政监督部门负责处理。

行政监督部门应当自收到投诉之日起 3 个工作日内决定是否受理投诉，并自受理投诉之日起 30 个工作日内作出书面处理决定；需要检验、检测、鉴定、专家评审的，所需时间不计算在内。

投诉人捏造事实、伪造材料或者以非法手段取得证明材料进行投诉的，行政监督部门应当予以驳回。

第六十二条 行政监督部门处理投诉，有权查阅、复制有关文件、资料，调查有关情况，相关单位和人员应当予以配合。必要时，行政监督部门可以责令暂停招标投标活动。

行政监督部门的工作人员对监督检查过程中知悉的国家秘密、商业秘密，应当依法予以保密。

法律责任

第六十三条 招标人有下列限制或者排斥潜在投标人行为之一的，由有关行政监督部门依照招标投标法第五十一条的规定处罚：

（一）依法应当公开招标的项目不按照规定在指定媒介发布资格预审公告或者招标公告；

（二）在不同媒介发布的同一招标项目的资格预审公告或者招标公告的内容不一致，影响潜在投标人申请资格预审或者投标。

依法必须进行招标的项目的招标人不按照规定发布资格预审公告或者招标公告，构成规避招标的，依照招标投标法第四十九条的规定处罚。

第六十四条　招标人有下列情形之一的，由有关行政监督部门责令改正，可以处 10 万元以下的罚款：

（一）依法应当公开招标而采用邀请招标；

（二）招标文件、资格预审文件的发售、澄清、修改的时限，或者确定的提交资格预审申请文件、投标文件的时限不符合招标投标法和本条例规定；

（三）接受未通过资格预审的单位或者个人参加投标；

（四）接受应当拒收的投标文件。

招标人有前款第一项、第三项、第四项所列行为之一的，对单位直接负责的主管人员和其他直接责任人员依法给予处分。

第六十五条　招标代理机构在所代理的招标项目中投标、代理投标或者向该项目投标人提供咨询的，接受委托编制标底的中介机构参加受托编制标底项目的投标或者为该项目的投标人编制投标文件、提供咨询的，依照招标投标法第五十条的规定追究法律责任。

第六十六条　招标人超过本条例规定的比例收取投标保证金、履约保证金或者不按照规定退还投标保证金及银行同期存款利息的，由有关行政监督部门责令改正，可以处 5 万元以下的罚款；给他人造成损失的，依法承担赔偿责任。

第六十七条　投标人相互串通投标或者与招标人串通投标的，投标人向招标人或者评标委员会成员行贿谋取中标的，中标无效；构成犯罪的，依法追究刑事责任；尚不构成犯罪的，依照招标投标法第五十三条的规定处罚。投标人未中标的，对单位的罚款金额按照招标项目合同金额依照招标投标法规定的比例计算。

投标人有下列行为之一的，属于招标投标法第五十三条规定的情节严重行为，由有关行政监督部门取消其 1 年至 2 年内参加依法必须进行招标的项目的投标资格：

（一）以行贿谋取中标；

（二）3 年内 2 次以上串通投标；

（三）串通投标行为损害招标人、其他投标人或者国家、集体、公民的合法利益，造成直接经济损失 30 万元以上；

（四）其他串通投标情节严重的行为。

投标人自本条第二款规定的处罚执行期限届满之日起 3 年内又有该款所列违法行为之一的，或者串通投标、以行贿谋取中标情节特别严重的，由工商行政管理机关吊销营业执照。

法律、行政法规对串通投标报价行为的处罚另有规定的，从其规定。

第六十八条　投标人以他人名义投标或者以其他方式弄虚作假骗取中标的，中标无效；构成犯罪的，依法追究刑事责任；尚不构成犯罪的，依照招标投标法第五十四条的规定处罚。依法必须进行招标的项目的投标人未中标的，对单位的罚款金额按照招标项目合同金额依照招标投标法规定的比例计算。

投标人有下列行为之一的，属于招标投标法第五十四条规定的情节严重行为，由有关行政监督部门取消其 1 年至 3 年内参加依法必须进行招标的项目的投标资格：

（一）伪造、变造资格、资质证书或者其他许可证件骗取中标；

（二）3 年内 2 次以上使用他人名义投标；

（三）弄虚作假骗取中标给招标人造成直接经济损失 30 万元以上；

（四）其他弄虚作假骗取中标情节严重的行为。

投标人自本条第二款规定的处罚执行期限届满之日起 3 年内又有该款所列违法行为之一的，或者弄虚作假骗取中标情节特别严重的，由工商行政管理机关吊销营业执照。

第六十九条 出让或者出租资格、资质证书供他人投标的，依照法律、行政法规的规定给予行政处罚；构成犯罪的，依法追究刑事责任。

第七十条 依法必须进行招标的项目的招标人不按照规定组建评标委员会，或者确定、更换评标委员会成员违反招标投标法和本条例规定的，由有关行政监督部门责令改正，可以处 10 万元以下的罚款，对单位直接负责的主管人员和其他直接责任人员依法给予处分；违法确定或者更换的评标委员会成员作出的评审结论无效，依法重新进行评审。

国家工作人员以任何方式非法干涉选取评标委员会成员的，依照本条例第八十一条的规定追究法律责任。

第七十一条 评标委员会成员有下列行为之一的，由有关行政监督部门责令改正；情节严重的，禁止其在一定期限内参加依法必须进行招标的项目的评标；情节特别严重的，取消其担任评标委员会成员的资格：

（一）应当回避而不回避；

（二）擅离职守；

（三）不按照招标文件规定的评标标准和方法评标；

（四）私下接触投标人；

（五）向招标人征询确定中标人的意向或者接受任何单位或者个人明示或者暗示提出的倾向或者排斥特定投标人的要求；

（六）对依法应当否决的投标不提出否决意见；

（七）暗示或者诱导投标人作出澄清、说明或者接受投标人主动提出的澄清、说明；

（八）其他不客观、不公正履行职务的行为。

第七十二条 评标委员会成员收受投标人的财物或者其他好处的，没收收受的财物，处 3000 元以上 5 万元以下的罚款，取消担任评标委员会成员的资格，不得再参加依法必须进行招标的项目的评标；构成犯罪的，依法追究刑事责任。

第七十三条 依法必须进行招标的项目的招标人有下列情形之一的，由有关行政监督部门责令改正，可以处中标项目金额 10‰以下的罚款；给他人造成损失的，依法承担赔偿责任；对单位直接负责的主管人员和其他直接责任人员依法给予处分：

（一）无正当理由不发出中标通知书；

（二）不按照规定确定中标人；

（三）中标通知书发出后无正当理由改变中标结果；

（四）无正当理由不与中标人订立合同；

（五）在订立合同时向中标人提出附加条件。

第七十四条 中标人无正当理由不与招标人订立合同，在签订合同时向招标人提出附加条件，或者不按照招标文件要求提交履约保证金的，取消其中标资格，投标保证金不予退还。对依法必须进行招标的项目的中标人，由有关行政监督部门责令改正，可以处中标项目金额 10‰以下的罚款。

第七十五条　招标人和中标人不按照招标文件和中标人的投标文件订立合同，合同的主要条款与招标文件、中标人的投标文件的内容不一致，或者招标人、中标人订立背离合同实质性内容的协议的，由有关行政监督部门责令改正，可以处中标项目金额 5‰以上 10‰以下的罚款。

第七十六条　中标人将中标项目转让给他人的，将中标项目肢解后分别转让给他人的，违反招标投标法和本条例规定将中标项目的部分主体、关键性工作分包给他人的，或者分包人再次分包的，转让、分包无效，处转让、分包项目金额 5‰以上 10‰以下的罚款；有违法所得的，并处没收违法所得；可以责令停业整顿；情节严重的，由工商行政管理机关吊销营业执照。

第七十七条　投标人或者其他利害关系人捏造事实、伪造材料或者以非法手段取得证明材料进行投诉，给他人造成损失的，依法承担赔偿责任。

招标人不按照规定对异议作出答复，继续进行招标投标活动的，由有关行政监督部门责令改正，拒不改正或者不能改正并影响中标结果的，依照本条例第八十二条的规定处理。

第七十八条　取得招标职业资格的专业人员违反国家有关规定办理招标业务的，责令改正，给予警告；情节严重的，暂停一定期限内从事招标业务；情节特别严重的，取消招标职业资格。

第七十九条　国家建立招标投标信用制度。有关行政监督部门应当依法公告对招标人、招标代理机构、投标人、评标委员会成员等当事人违法行为的行政处理决定。

第八十条　项目审批、核准部门不依法审批、核准项目招标范围、招标方式、招标组织形式，对单位直接负责的主管人员和其他直接责任人员依法给予处分。

有关行政监督部门不依法履行职责，对违反招标投标法和本条例规定的行为不依法查处，或者不按照规定处理投诉、不依法公告对招标投标当事人违法行为的行政处理决定的，对直接负责的主管人员和其他直接责任人员依法给予处分。

项目审批、核准部门和有关行政监督部门的工作人员徇私舞弊、滥用职权、玩忽职守，构成犯罪的，依法追究刑事责任。

第八十一条　国家工作人员利用职务便利，以直接或者间接、明示或者暗示等任何方式非法干涉招标投标活动，有下列情形之一的，依法给予记过或者记大过处分；情节严重的，依法给予降级或者撤职处分；情节特别严重的，依法给予开除处分；构成犯罪的，依法追究刑事责任：

（一）要求对依法必须进行招标的项目不招标，或者要求对依法应当公开招标的项目不公开招标；

（二）要求评标委员会成员或者招标人以其指定的投标人作为中标候选人或者中标人，或者以其他方式非法干涉评标活动，影响中标结果；

（三）以其他方式非法干涉招标投标活动。

第八十二条　依法必须进行招标的项目的招标投标活动违反招标投标法和本条例的规定，对中标结果造成实质性影响，且不能采取补救措施予以纠正的，招标、投标、中标无效，应当依法重新招标或者评标。

附　　则

第八十三条　招标投标协会按照依法制定的章程开展活动，加强行业自律和服务。

第八十四条　政府采购的法律、行政法规对政府采购货物、服务的招标投标另有规定的，从其规定。

第八十五条　本条例自 2012 年 2 月 1 日起施行。